基于山区水土流失防治的河长制推进研究

代德富 著

北京工业大学出版社

图书在版编目（CIP）数据

基于山区水土流失防治的河长制推进研究 ／ 代德富
著 ． — 北京 ： 北京工业大学出版社，2021.10重印
ISBN 978-7-5639-7201-2

Ⅰ．①基… Ⅱ．①代… Ⅲ．①河道整治－责任制－研
究－中国 Ⅳ．① TV882

中国版本图书馆 CIP 数据核字（2019）第 273408 号

基于山区水土流失防治的河长制推进研究

著　　者：代德富
责任编辑：邓梅菡
封面设计：点墨轩阁
出版发行：北京工业大学出版社
　　　　　　（北京市朝阳区平乐园 100 号　邮编：100124）
　　　　　　010-67391722（传真）　　bgdcbs@sina.com
经销单位：全国各地新华书店
承印单位：三河市元兴印务有限公司
开　　本：710 毫米 ×1000 毫米　1/16
印　　张：14
字　　数：280 千字
版　　次：2021 年 10 月第 1 版
印　　次：2021 年10 月第 2 次印刷
标准书号：ISBN 978-7-5639-7201-2
定　　价：54.00 元

前　言

　　江河湖泊是地球的血脉、生命的源泉、文明的摇篮，也是经济社会发展的基础支撑。作为破解治水困局的重大制度创新，河长制在近年来的实践中呈现出了强大的生命力和实战价值，如今，这项制度已经从地方试水上升到国家顶层设计层面。中共中央办公厅、国务院办公厅日前出台《关于全面推行河长制的意见》，要求将这一在部分省区市实践了多年的治水方式形成制度、推向全国。《关于全面推行河长制的意见》明确了时间表和路线图，提出了 2018 年年底前全面建立河长制的目标任务。

　　山区地广人稀，往往也比较容易出现像山体崩塌、水土流失这些地质灾害问题，对此，我国从政策以及实际行动上都想方设法尽可能地避免或阻止这些灾害的出现，也为人们的生命安全做出了许多努力，从环保问题抓起的城乡节能环保全面问题整治到社会各界对一些水土流失尤其一些贫困山区捐资捐物各献爱心，可谓竭尽全力，背水一战，水土流失问题多年以来也困扰着许多研究工作人员，原因是水土流失问题自始至终都未得到缓解，不仅如此，相反的还出现了各种各样新的问题和矛盾，因而，河长制的提出和推进实际上在我国水土流失的治防上开启了先例，发挥了足够的作用，本书中特别对山区水土流失问题做以强调，分三章论述了我国基于山区水土流失防治的河长制推进工作进展，并认真做了案例分析，除此之外，又在此基础上做了发展和延伸，详情阅读正文部分。

　　限于作者水平，加之时间仓促，书中难免存在不妥和疏漏之处，望广大读者批评指正。

目　录

第一章　山区水土流失概况分析

第一节　我国水土流失现状

一、浅析我国水土流失

水土流失是我国当前面临的主要环境问题之一，在我国的黄河流域、长江流域、华南的丘陵山地、北方的土石山地大约共有 180 万 km² 的水土流失面积，其中以黄土高原的水土流失状况最为严重。其实，全国几乎每个省区都有不同程度的水土流失，其分布之广，强度之大，危害之重，在全球屈指可数。我国的农业耕垦历史悠久，大部分地区自然生态平衡遭到破坏，森林覆盖率仅为 12%，有些地区不足 2%，水蚀、风蚀都很强。据 20 世纪 50 年代初期统计，水蚀面积 150 万 km²，风蚀面积 130 万 km²。合计占国土面积的 29.1%，年均土壤流失总量 50 余亿 t，其中 17 亿 t 流入海洋，到 20 世纪 90 年代末，全国水土流失总面积达 356 万 km²，占国土总面积的 37.1%。

1. 水土流失的特点

我国山地面积广大，降水时空分布不均，放牧垦殖历史久远，加之近年城市化和开发建设项目扩展，进一步加剧了水土流失，使水土流失成为我国的头号环境问题，主要表现在以下几个方面。

（1）分布范围广、面积大

据全面第二次遥感调查，水土流失总面积 356 万 km²，其中水蚀面积 165 万 km²，风蚀面积 191 万 km²。水土流失主要发生在山区、丘陵区和风沙区，在平原区和沿海地区也局部存在。

（2）侵蚀形式多样，类型复杂，治理难度大

水蚀、风蚀、冻融侵蚀及滑坡、泥石流等重力侵蚀相互交错，成因复杂，西北黄土高原区、东北黑土漫岗区、南方红壤区、北方土石山区、南方石质山

区以水蚀为主，局部伴随有滑坡、泥石流重力侵蚀，青藏高原以冻融侵蚀为主；西北风沙区和草原区以风湿为主，西北半干旱农牧交错是风蚀、水蚀共同作用区，冬春两季以风蚀为主，夏秋两季以水蚀为主。

（3）土壤流失严重

该区域输入黄河的泥沙约占黄河输沙总量的一半以上。

2. 水土流失的原因

我国是一个多山的国家，山地面积占国土面积的 2/3，同时我国又是世界上黄土分布最广的国家，山地丘陵和黄土地区地形起伏，黄土缺乏植被保护的情况下极易发生侵蚀。我国大部分地区的气候属于季风气候，降水集中，雨季降水量常达降水量的 60%～80%，且多暴雨，易发生水土流失的地区地貌条件和气候条件是我国发生水土流失的主要原因。

植被的破坏和不合理耕作制度,滥砍滥伐森林，甚至乱挖草皮，使树木锐减，地表裸露。如黄土高原在秦汉以前是森林和森林草原带，由于历史上长期不合理地利用土地资源，加上这里还经常是农耕民族和游牧民族厮杀争夺的战场，使得这里的森林、草原逐渐消失，而成为今日的荒山秃岭。雨水和径流以及风力直接侵蚀黄土地面，必然造成严重的水土流失，水旱灾害日益频繁，农业生产陷入恶性循环。

3. 水土流失的治理

水土流失的原因既有人为因素，也有自然原因，更多的事例说明人为因素在现代水土流失成因中的比例是相当大的，当然气候、地形、土壤特点是水土流失的自然基础，在强调人为因素作为重要性的今天，这一点仍然是不能忽略的，因此要根据当地的实际条件，总结一些行之有效治理水土流失的方法，但恢复植被，保持水土，建立有机、高效的农牧业相结合的生产体系，是治理水土流失的首要举措，工程措施、生物措施和农业技术措施三者并用，有机结合，效益互补，工程养林草，林草制根本，林草固工程，而农业技术是提高土地生产率的关键。我国是一个农业大国，在小流域的综合治理已有几十年的实践，许多地区在小流域基础上，连片扩大到农、林、牧综合发展，只适合林、牧业或大中小流域或以县为单元大面积治理，取得了水土保持的显著效果。黄土高原自古以来以盛行轮荒耕作制度，造成了生态系统的恶性循环；另外有些基本建设不符合水土保持的条件，破坏了植被，造成了水土流失，露天煤矿的建设，大面积挖开原生地面，破坏了植被，使矿区土壤的抗蚀能力成倍降低，形成水土流失新的物源和触发机制。

据统计，我国每年流失的土壤总量达 50 亿 t，长江流域年土壤流失总量达 24 亿 t，其中中上游地区达 15.6 亿 t；黄河流域黄土高原区每年输入到黄河的泥沙达 16 亿 t，特别是内蒙古河口镇至龙门区间 7 万多 km² 范围内，年平均土壤侵蚀模数达 1 万 t/km²，严重的高达 3 ～ 5 万 t/km²。

二、我国南方水土流失的特征

我国南方位于欧亚大陆东南缘、祖国南陲，地跨亚热带和热带，高温多雨。夏季长，冬季短，北回归线以南没有气候意义的冬季；与世界同纬度地区相比，由于高温和多雨季节重合，湿度大（包括地上和地下），不见荒漠景观，南方花岗岩地区出现白沙层，被群众称为"白色荒漠"；紫色页岩地区被称为"红色荒漠"，均为水蚀形成的假荒漠景象，没有真正荒漠景观的实质内涵。

南方下垫面的优越环境，孕育了丰富的植物资源，且动物种类繁多，土壤微生物活动旺盛，植物→动物→土壤微生物的物质生产终年不息，生物循环活跃，增强了生态系统中的能源物质流，为造就本区优性生态环境，为保持水土生物治理措施提供了十分有利的条件。

本区土壤抗冲抗蚀性差，加上本区降雨量多，雨量集中，土壤易遭受侵蚀；土体易崩陷，块体运动多。

1. 南方水土流失呈块状分布

南方边远山区，山高林密，人迹罕至，纵使植被人为破坏，其破坏程度亦不致酿成严重的水土流失，也就是说植被被破坏程度较轻，而且在高温多雨的条件下，植被恢复较快，水土流失较轻或无明显水土流失。而盆地、河谷边沿的低山丘陵，居民密集，居民做饭要柴草，盖房要木料，生活器具也少不了竹木材料，植被遭受反复破坏，再生能力难支，生长稀疏。在缺乏植被覆盖的坡地上，雨滴击溅和径流冲刷造成强度不同的水土流失现象，所以从大、中地形来看水土流失区成块状，并不连续分布，其分布特点与黄土高原比较有很大的不同，这就为南方水土流失林草治理提供了十分有利的条件。

2. 坡面水土流失为主，径流、泥沙主要来自坡面

南方水土流失产生的泥沙与黄土高原主要来自沟谷部分。本区沟壑和沟间地的界限没有明显的波折，沟沿线不明显，梁坡可以直达山脚。我们选择在广东省五华县乌陂河源坑水库库区、坡长比较长的丘陵坡面进行了调查，样方面

积为 10000 m²，母岩为印支期粗粒花岗岩，阳坡坡度主要为 35°～40°，坡面植被已逆向演替为稀疏马尾松亚热带草坡，马尾松→芒萁→岗松→桃金娘→鹧鸪草生长稀疏，覆盖度为 30%～40%。调查结果显示，分水岭地带光秃不毛，细沟出现在分水岭以下 4～5 m；分水岭以下 10～100 m 的坡面地段沟蚀最活跃，切沟和浅沟密度为 65～70 条/100 m，100 m 以下仅为 25 条/100 m。经统计，在坡长一定范围内有坡长增加而侵蚀沟减少和单个侵蚀沟宽度增大的趋势。由于本地区阵雨多，短历时暴雨也多，一方面降雨随着坡长的增加，径流越来越集中。由较多的细沟过流到数量比较少的切沟，集中在切沟内的径流又有随着流程的增长而减弱的趋势，表现在坡面中上部的切沟沟床跌水比较多，径流中挟带的泥沙稠度逐渐加大，流速减缓，一部分泥沙在下部沟槽中沉积下来，沟床淤积而跌水逐渐消失，从坡面来看分水岭以下坡度逐渐变陡，在较陡的斜坡上接受的降水量比平面少，在单位时间内以相同的面积平面接受的降雨量为 R，则坡面上接受的降雨量为 $R \cdot \cos\alpha$（α 为坡度），坡度越陡，乘积越小，从而减少了降雨量。另一方面随着坡长的增加，地表将径流水体的淹没层变薄，土与水的接触面为之减少，径流遇到粗糙的地表物质，既减少了径流的冲刷力又增加了土壤渗透，径流逐渐被分散、减弱。因而发生切沟"断头"，只有集水面积大的少数切沟可以直达坡麓。这也就是坡麓切沟减少的原因，其坡长阳坡一般出现在分水岭以下 80～100 m 之间，阴坡在 100～110 m 之间。在实际应用时，分水岭以下 100 m 之间是主要的水土流失防治重点；而 100 m 以下可以种植果树等经济林发展生产；坡麓之下为沟谷，种植水稻。南方水土保持的重点在坡面上。

3. 土壤面蚀流失大，潜在危险性显著

南方土壤面蚀占 60% 以上。土壤面蚀不断侵蚀土壤肥沃的表层，往往不为人们所注意，但土壤面蚀的侵蚀量是十分可观的，南方大雨多，暴雨频率大，而且降雨常常伴随着大风，雨滴在下落的过程中，由于风速大而加速了雨滴下降的速度，从而增强了其对土壤的击溅力。因此南方光板地上，常常可以看到一个个直径为 5～10 mm、高度为 3～7 cm 的小土柱，在小土柱上部顶着一块小石块或者母岩风化过程中残留的小块母岩半风化体，这些小土柱一个个矗立在地面上，我们称之为"小土林"，显然这些小土柱是土壤面蚀残存的产物。在北方或黄土高原光板地上可见雨滴窝，但尚未发现过这样普遍的"小土林"；另外我们在广东省清远市低山沟谷湿地松育苗地上发现，当年三月份整地育苗的湿地松，至八月去调查时已长高 15～20 cm，但湿地松的基部根系却出露了 3 ～ 7 cm，根系周围的土壤由于细根的盘结而成圆锥形土柱，可见南方土壤面蚀强度之剧烈。根据在广东省珠海市丘陵坡地的调查，在坡度为 35° 的花岗岩赤红壤光板地上进行了 300 余年古墓墓基的测定，年平均土壤侵蚀量约为 9200 t/（km²·a）。目前南方花岗岩风化壳上形成的赤红壤，大部分土壤 A、B 层已经侵蚀殆尽，母质出露地表，土壤肥力低，土壤营养在低水平的生物小循环中，连耐瘠薄的马尾松也因立地条件恶化而难以生存，"小老头松"比比皆是。何况目前低山、高丘花岗岩地区大量基岩已经出露，有的已经成为"石山红土戴帽"，大面积石骨嶙峋，土地资源渐趋枯竭。土地是不能进口的，所以本区极大面积的面蚀区，理应引起人们的重视。

4. 降雨量大，土壤块体运动多

南方降雨量多，过程雨量大，最大降雨量都超过 100 mm，有些地区超过 300 mm，过程雨量高达 600 ～ 1000 mm，水是本区土壤侵蚀的主要营力，也是本区土壤块体运动多的重要因素；加上本区丘陵，特别是低丘花岗岩风化壳和第四纪沉积红土层深厚，沟壑深，沟坡陡峭，以及人为劈山修路、挖山平地、采石、取土等造成了许多人为陡壁，致使各种块体运动活跃，从小型的崩塌到大型滑坡，从缓慢的连续性蠕动到高速的山泥倾泻都很普遍。常见的有崩岗（或切沟）陡壁上部径流垂直下泄淘刷崖脚，使陡壁下部侵蚀成凹形，当土壤处于侧悬空、重心高和内聚力小的情况下，块体重力的牵引作用大于内聚力时，土体失去平衡不稳定而产生块体坠落；更常见的是崩岗（或切沟）和人为陡壁后缘地表水汇集，发生孔隙水压，陡壁临空面失去负荷，垂直向力不断增大，在临空面处产生与坡面平行的减压裂隙，以及原基岩节理裂隙的存在，降雨径流沿裂隙或土体下渗，使土壤含水量增加，当土壤含水量超过毛管饱和水湿度时产生的孔隙水压和黏土膨胀产生的向外力致使崩塌发生；另外陡壁在暴雨的诱发下容易发生滑塌，以维持边坡的形态与能量之间的平衡，常常发生在陡壁表层（1 ～ 2 m）以剥离的形式滑动塌落，属边坡调整形态与动力之间以动态平衡的快速方式出现。

块体运动中最大的土体位移量莫过于滑坡，由于降水量大，土层与土层间透水性不同，在不透水层或缓透水层上形成临时储水层或潜水面，减少内摩擦力，粘滞力降低，重力下沉力相对增大，当滑动力矩超过抗滑力矩时，便导致土体失去平衡突然以滑动的形式下滑。我国南方暴雨多、降雨量大，为造成强烈的土壤侵蚀和频繁的土壤块体运动成为隐患。

生泥流现象，面积在 1 ～ 10 m² 以上，成片下滑，由下而上，甚至整块耕地的耕作层流失殆尽，当地群众称之为"蛇蜕皮"或"山剥皮"，土壤破坏十分严重。土壤块体运动危及人民生命财产安全，越来越引起人们的不安，急待治理。

5.土壤侵蚀强度年内变化大，土壤侵蚀的产生具有突发性

南方年降雨量的不均匀性，致使河流水量分配不均匀，每年4—9月降雨集中季节，即出现境内河流汛期，汛期水量一般占全年的72%～80%左右。河流泥沙主要来源于山丘降雨形成地表径流的冲刷，由于降雨径流动能的强弱不同，产生的侵蚀量有所差别，其冲泻入河流的沙量和水量一样与降雨特性成正相关，不过沙量更加集中，汛期4—9月沙量占全年的87%～94%，另外土壤侵蚀量不仅与降水程度有关，和前期降水量也有密切关系，充分的前期降水量是导致暴雨形成径流严重冲刷的重要条件之一。一般河流高含沙量出现在汛期最大的高洪峰之前，特别是首次发洪期，所以有些年份输沙量的高峰期也出现在径流最高洪峰之前，在统计年份中可以占1/3。这是因为岩体经过冬春季节的风化，残积物大量积累，地表干燥，表土松散，易于冲刷，所以这些残积物在首次发洪时便被冲刷下来，虽然不是最大的洪峰，因径流中含沙量最高，形成含沙量的高峰，水质浑浊。

上述特征表明，侵蚀强度的年内变化大，水土流失的产生具有突发性。

特别应该一提的是深山远山陡坡开垦的"挂牌地"以及丘陵地区第四纪红土等母质上土壤发育良好，土体构型完整的土壤，其淀积层坚硬，透水性甚弱，耕作层下容易形成临时储水层，当透水性较强的耕作层土壤含水量达到超饱和含水量时，耕作层便发生河床淤积，防洪压力与日俱增。

南方严重的水土流失主要分布在花岗岩区，风化物中石英占30%～80%，粒大面粗，风化层砂粒含量占43%～74%，其中大于1 mm的砂粒和石砾占40%以上，小于0.01 mm黏粒一般在20%以下。由花岗岩风化壳侵蚀产生的泥沙，其颗粒组成大致与此类同，流入河流中的粗砂粒和石砾又大部分沉积在河流的上游，推移质多，而悬移质少。以韩江为例，韩江悬移质颗粒级配中值粒径为0.006～0.016 mm，输移比小，上游梅江一级支流宁江流域的泥沙输移比为0.37；而梅江二级支流石马河流域的泥沙输移比为0.15，越往上游推移质堆积量越大。如上所述，我国南方河流泥沙运移，干流淤积相对较少，但是干流安危影响到大、中城市，深受高层各级领导极大的关注；而泥沙大量淤积的各级支流，却成了洪涝灾害的多发点，在乡、镇企业经济高速发展的今天，必须给予足够的重视。

韩江河床（包括支流）部分地段已高出两岸，从河流含沙量来看，韩江上游梅江水系五华河平均含沙量为 0.88 kg/m，韩江下游潮安站为 0.34 kg/m，高于广东省 0.09～0.25 kg/m，越往下游含沙量越低。正是由于河流泥沙搬运、堆积的特点，表面上看含沙量比中沙河流的长江小，更小于多沙河流的黄河，但是南方河流输移比小，所以必须重视真正输入河流的泥沙量。从韩江上游梅江河道淤塞情况可知，梅州市大小河流 379 条，河床分别淤高 0.5～2.9 m，每年淤高 2～10 cm；韩江下游澄海县境内河床抬升速度平均每年 4～6 cm，潮州附近韩江河床平均每年淤高 35 cm，30 年来就淤高而成了"地上河"。随着河床抬升和泄洪断面减少，防洪压力与日俱增，故治水必需治沙，上游不治，下游难安，沙患不除，水患无穷，泥沙是水患的症结，因此治理水土流失，减少泥沙来源，才能真正做到利国安民。

三、石灰岩山区水土流失及防治

峰峰矿区位于河北省邯郸市西南部、太行山东麓，是太行山与华北平原过渡地带，总面积 353 km²，总人口 50.2 万，属石灰岩低山丘陵区。由于境内矿产资源丰富，是我国北方重要的煤炭、陶瓷建材、电力工业基地，因而境内普遍存在着不同程度的水土流失，生态环境脆弱，尤其是新开发的建设项目，易于发生水土流失，若不采取防治措施，危害相当严重，将制约当地的经济发展。

1. 水土流失现状

经过十几年的小流域综合治理，峰峰矿区已治理水土流失面积 60 多 km²，且初见成效，但保持水土任重道远。近年来，该区政府把保持水土、再造矿区青山碧水蓝天作为产业结构调整的"过头戏"，制定了"山水峰峰、绿色峰峰、生态峰峰"的奋斗目标，推出了建设十万亩生态森林公园的重点项目，并相继建成北响堂公园区、凤凰山森林花区、元宝山精品公园区、西山九龙皎绿色生态公园区、九山生态农业风景区 5 个生态园区，区内生态环境有所改善，但边治理边破坏，先治理后破坏，一方治理、多方破坏的现象依然存在。目前，境内有水土流失面积 117.88 km²，占总面积的 33.4%，流失类型以水蚀为主，侵蚀模数为 500.2 km²，年均土壤侵蚀量为 28538 t，属中度侵蚀，个别地方侵蚀严重。

水土流失产生的危害，一是影响农村生产力的发展；二是使库池塘坝淤积，降低工程效益，使滏阳河污染严重；三是使生态环境恶化、水旱灾害加剧。

2. 水土流失成因

石灰岩山区的水土流失以面蚀为主，沟蚀次之，危害以沟蚀最重。

（1）自然因素

一是降水。境内地处温带大陆性季风气候区，年均降水量为541.6 mm左右，受气候影响，年内季节降雨分配变化大，集中在7—9月。暴雨是造成石灰岩地区水土流失严重的主要因素，降雨时间越长，降雨量及降雨强度越大，水土流失越严重。

二是土壤。境内为石灰岩低山丘陵区，多为土石山坡，质地松散，节理裂隙发育，抗冲、抗蚀能力差，土壤水分易饱和，土层透水性差，阻碍降水下渗，地表易产生径流，尤其是汛期更为明显。

三是植被。境内植被覆盖面积小，这也是造成水土流失严重的重要因素之一。

（2）人为因素

人为因素主要是对自然地形、植被的破坏，以及管护不当所致。毁坏树木、拔草根无序放牧、放火烧荒堆倒垃圾、不科学的经营种植等，特别是新开发建设项目和一些厂矿、村镇企业无水保方案，并随意弃土、弃石弃渣、排放煤矸石，不采取任何保护性措施的行为，都为新的水土流失的产生创造了条件。

3. 水土流失防治

针对境内属石灰岩质，山丘连绵，山上土层瘠薄，沟谷地土层较厚，水源匮乏，水土流失严重等特征，工程措施配置应因地制宜，因害设防。坡面工程以修建石坎、土坎梯田、鱼鳞坑、水池、水窖等工程措施为主；沟地以修建谷坊坝工程为主。工程均按十年一遇6 h最大暴雨防御标准设计，使之能够蓄水、拦沙土缓洪，并使坡面、沟地径流最大程度地被拦蓄利用，为林草生长提供良好的立地条件，达到避害趋利的目的。

一是鱼鳞坑。坡面坡度较陡，地形破碎且有裸岩出露、土层较薄的地块，易采取鱼鳞坑整地的方式。鱼鳞坑在坡面上沿等高线布置，上下错位呈"品"字形，以利于蓄水保土，提高树苗成活率，配合植物措施，建成水保林或用材林。挖坑时，先将表土刮向两侧，然后把土刨向下方，围成弧形土埂，埂顶宽0.3 m，要塌实，再将表土放入坑内，坑底呈倒坡形。

二是水平梯田。对土层较厚的坡耕地，可改造成水平梯田，梯田形式可选择水平石坎梯田或水平土坎梯田。通过修建梯田，达到改变微地形、拦蓄雨水径流、增加土壤水分和保土保肥保水的目的。

三是水池或水窖。在坡脚或坡面局部低凹处，有一定积水面积的地方，设置蓄水池或水窖，与坡面排水设施的终端相连，以容蓄坡面径流。

四是谷坊坝。在支毛沟内修建谷坊坝。根据地形和降雨条件，可因地制宜地修建浆砌石谷坊和土谷坊，谷坊坝尽量选择在地形地质条件较好，无空洞或破碎地层，即没有不宜清除的乱石和杂物，并且筑坝材料充足，便于就近取材的沟底。通过修建谷坊工程，可防止沟底下切，抬高沟床，制止沟岸扩张。

上述要求，参考类似工程经验，采用中砂和粒径为 0.5～1.5 cm 的骨料，混凝土标号为 C，一级配。

4. 模袋混凝土的施工

（1）施工工艺流程

本工程工艺流程为，河道断面测量→平整水下修坡→整平缝连→铺放模袋→冲灌设备试灌检查→冲灌混凝土→养护→现浇混凝土护坡施工。

（2）施工机械设备

本工程主要机械设备有：混凝土搅拌机，灌混凝土输送泵，灌混凝土输送管，钢管葫芦导链，磅秤，手推车施工船，绳索铁丝和铅丝等。

（3）河道断面修整

为彻底摸清水下地形变化情况，需对原测河道断面进行加密复测。顺水流方向每 5 m 设一测站，垂直方向每 1 m 设一测站。根据设计与复测进行施工放样，并对施工区域开挖削坡、补坡修整和水下清淤。清除坡面上淤泥、杂物等阻碍物并进行修坡整平；对局部被冲刷成陡坎和凹陷的部位打木桩固基，回填碎石砂包袋叠铺牢固。修坡经验收合格后，进行模袋铺设。

（4）模袋铺设

模袋铺设前在平面上先进行单元块缝连，并把反滤搭接布与模袋布在缝连口紧密连接起来，在检查模袋布及缝连口、搭接布、充灌袖口和穿管布等的完好性后，沿斜坡自上而下铺设，分块单元铺设应按顺水流方向由下游向上游铺放。为防止模袋顺坡滑动，在模袋底部与顶部等距离布设带松紧器的地锚定位，水下部位由潜水员定位打桩，并用尼龙绳与穿入模袋穿管孔中的钢管定位系牢固，固定方式由手动葫芦控制，根据水下潜水员反馈的情况随时控制各葫芦的拉力。然后顺坡面平行地向下铺设，在保证模袋不偏斜、不褶皱后于底部与定位桩临时固定。检查冲灌袖口的完好性后，即可转入充灌工序。

（5）模袋混凝土充灌

模袋混凝土充灌是整个施工过程的关键工序，应予以高度重视，严格控制。充灌顺序是先充灌水下后充灌水上，充灌完一块再充灌下一块，充灌完一单元再充灌下一单元。施工前应对施工设备进行检查，并对输送设备进行湿润及试灌，确保设备工况良好。把充灌口与输送泵软管口连接好，绑扎紧密以防脱漏。充灌时要严格控制混凝土的密实度，应注意灌料是否在袋内分布均匀、饱和密实。当灌至上端平台折角处时，拆除连接钢管，充灌折角弯锻模袋混凝土至设计厚度。在一个分块内充灌混凝土应平行浇灌，由低位注料口逐个向上进行，在转移注料口时，停泵并迅速移动输料管至下一个注料口，用细铅丝将已灌袖口绑扎牢固。注意，每次充灌完毕，都应把输送泵与管道清洗干净，以免水泥砂浆黏附于机械和管道表面，影响下次使用。

5. 生物措施

一是林草措施。植树造林是石灰岩山区小流域综合治理的主体工程，为保证充分利用光热资源以及土地资源最大程度地保持水土，实行乔灌草相结合，迅速提高植被覆盖率。树种应选择速生、耐干旱瘠薄、根系发达、抗病虫害、防护性能好、经济效益高的树种。

对坡度大于 25° 的原有植被稀疏、难以治理的地方，以及坡度在 5° 的梁峁坡、有部分裸岩、植被条件较差的地区，实行封育治理，依靠大自然的自我修复力量，以及适当补植，尽快恢复植被以提高林草覆盖率。

在分水岭一带的坡度较缓、土层较薄的地方营造水保林，主要树种为侧柏，灌木为荆条皂荚等，实施乔灌木混交。

在土肥条件较好的坡面、沟道梯田内种植经济林。根据石灰岩地区的特点及适宜性，在山腰地带，以种植花椒为主；在上游沟道内土层较厚的地方种植柿树；在山脚及下游沟道内，有水利条件的地方种植桃、杏、李子等果树，以短养长，长短结合。

在沟谷两侧生长条件较好的地方营造用材林，主要树种为杨树、椿树、刺槐等。

二是耕作措施。可布置在 25° 以下整修的梯田内，应提倡轮作、套种、采取等耕种深翻改土集中施肥等措施，以保持水土、改良土壤，提高农作物产量和覆盖率。

6. 预防人为水土流失

一是把预防工作放在水土保持工作的首位，特别是把遏制开发建设项目造成的水土流失作为重点来抓。同时，加大监督执法工作力度，认真履行法律所赋予的职责，依法对各类开发建设项目造成的水土流失进行监督检查和查处。

二是加大宣传力度，为贯彻落实《水土保持法》创造舆论环境。加大水土保持法律、法规的宣传力度，让群众知法守法，保护水土资源，防止水土流失。

三是严格执行水土保持方案优先审批制度，加强执法检查和方案审批后的监督落实，加大水土保持"三同时"制度的落实力度。根据水保法律、法规的要求，新开发建设项目先要编报水土保持方案，并做到水土保持设施与主体工程同时设计、同时施工、同时投入使用。无水保方案擅自动工兴建的，依法责令其停止违法行为，采取补救措施，并追究有关单位的责任。

四是加大对已建、在建项目的审查。峰峰矿区有大型国营厂矿、乡镇企业和群众性场矿 400 多个，报水保方案的仅 10%。为此，水保监督部门应顶住各种压力，采取措施，责令有关企事业单位限期依法补编水土保持方案，采取防治措施，情节严重的按法定程序停业整顿。

五是加大水土保持执法队伍建设的力度，提高执法队伍的素质，建立一支政治业务素质过硬的执法队伍。

第二节　山区公路水土流失概况

一、山区公路水土流失成因、预测与防治

通过工程实践和理论分析，从设计、施工和运营三个时期全面、系统地论述了山区高速公路建设水土流失的形成原因，预测了可能产生的水土流失量，提出了相应的防治措施。

1. 公路建设水土流失概念、预测及防治

（1）水土流失概念

在水力、风力、重力等外力作用下，水土资源和土地生产力的破坏与损失称为水土流失，它包括土地表层侵蚀及水的损失。公路建设水土流失是在区域自然地理因素即水土流失类型区的支配和制约下，由各种自然因素包括气候、地质、地形地貌、土壤植被等的潜在影响，通过人为生产建设活动的诱发、引发、触发作用而产生的一种特殊的水土流失类型。

（2）水土流失的形成机制及形式

根据公路建设区地质、植被、地形、植物覆盖度及土地利用等因素的不同，将公路建设引起的水土流失表现的外部形式、发展程度和不同的潜在危险性概括为以下几个。

①水力侵蚀：公路建设施工工作面、料场及施工过程中产生的渣、土等松散堆积物，因结构疏松，孔隙度大，在雨滴的打击和水流的冲刷下造成流失。

②重力侵蚀：线路开挖和土方开采，改变了原有地形地貌，使原有地表土石结构平衡遭到破坏，形成了新的陡峭土体和高边坡堆积，它们在温度、暴雨、水分下渗、振动及人为活动的触发下，有可能产生坍塌、滑坡等重力侵蚀，从而产生水土流失。

③泥石流侵蚀：公路建设过程中剥离、搬运和堆置弃土弃渣，为泥石流产生提供了各种有利条件，在剥离地表和深层物质加速改变地面状况与地形条件时，使尚处于准平衡状态的山坡向不稳定状态转变，泥石流易于形成；堆置的弃渣在斜坡或冲沟上，在吸饱雨水后，易造成泥石流、滑坡。

④风力侵蚀：公路建设项目在施工过程中及工程结束后的几年里，由于地表植被尚未完全恢复，局部地表裸露，在风力作用下剥蚀，使表土流失产生风蚀。

2. 水土流失预测

水土流失分为建设施工期和营运期两部分。预测主要包括：公路建设可能损坏的地表及植物面积弃土、弃石和弃渣量；损坏水土保持设施的面积和可能造成的水土流失面积及流失总量；可能造成的水土流失危害。

目前有以下三种预测方法。

①实地测试法。对已建、在建项目，可进行实地测试，有条件的可布设水土流失监测进行实地测试。

②类比预测法。公路项目比邻地区有类似观测、研究成果的，可以通过分析比较，引用相近资料进行预测。

③物理模型法。通过对实物模型进行室内试验，在此基础上进行预测。

对公路项目水土流失的预测，迄今为止国内外均未有提出整套的预测模式以及可供选用的各种参数及其取值的范围和依据。常用方法有：数学模型法，利用各地水土保持研究所、试验站的观测资料和研究成果、观测资料，即降雨、地形、植被、地面物质组成、管理措施等因子与水土流失的定量关系，建立相应的数学模型进行预测。目前广泛采用的土壤流失通用模型为

$$A=R*K*LS*C*P$$

式中：A——单位面积土壤流失量；R——降雨侵蚀力因子；K——土壤可侵蚀因子；LS——坡长、坡度因子；C——被覆盖因子；P——控制侵蚀措施因子。

新增水土流失量预测模型为

$$Ms=A*F*P*N$$

式中：Ms——新增水土流失量；A——加速侵蚀系数；F——加速侵蚀面积；P——原生地貌侵蚀模数；N——预测年限。

3. 水土流失防治

环境保护要贯彻"以人为本、保护优先、治理为辅、再生结合"的方针，在公路建设过程中，将环保工作贯彻于设计之中。山区公路建设设计环节水土保持工作需做到以下两点。

路线选择要坚持"地形选线""地质选线"和"环保选线"的原则，在前期工作过程中，应加强区域地质及遥感地质资料的使用和分析。运用GPS、GIS、RS集成的"3S"技术，选择有利的地形和地质条件布设线位，减少工程对自然环境的影响，绕避不良地质及灾害，对环境保护、水土保持起积极的作用。

路基设计应视地形、地质情况合理选取断面型式，避免大填大挖。如在山坡陡峭的坡面尽可能采用半路半桥或路基分幅型式；路基的石方开挖应进行科学爆破，减少对岩体的挠动。

4. 坡面防护支档加固措施

（1）主体工程区

路堤种植草灌；浆砌骨架种植草灌，三维网植草；排、截路肩挡土墙；护面墙；锚喷；支撑渗沟加拱形骨架植草灌；截、排挡墙；抗滑桩；锚索、锚杆；锚索抗滑桩取土场植草灌和树木；排水沟弃土场植草、灌和树木；排水系统；复垦；挡渣墙临时施工占用区表土剥离堆积，完工后恢复、绿化。

隧道洞口设置要遵循"早进晚出"的原则，尽可能与自然保持一致，减少对山体的切离。隧道选线应充分考虑水文地质情况，通过钻探、物探等多种形式超前探明地下水系分布，避免对原有水系造成重大破坏，影响人、畜用水或使植被枯竭，引起水土流失。

桥梁要视地质情况选取合理桥型、基础和施工工艺，避免地质灾害、水土流失发生。

（2）施工期间水土流失防治

施工期间水土保持采取分区分期防治措施，工程建设前期以工程防护措施为主，因地制宜，辅以生物防护措施，快速有效地遏制水土流失。后期主要以植物防护措施为主，防止水土流失，改善生态环境。公路建设水土流失可分为四个区域：主体工程防治区、取土场、弃土场以及临时工程用地防治区。

（3）营运期水土流失防治

保护沿线水土保持设施，及时、有效管养绿化植被，使其充分发挥水土保持功能。对毁坏的工程防护和生物防护及时修补。

水土保持工作是公路建设中必不可少的内容，由于山区特殊地质、地貌和气候条件等因素，山区公路建设水土保持工作尤为重要，必须做到预防为主、开发与防治并重，从设计选线就贯彻环保的概念，从根本上避免地质灾害和重大水土流失的发生，在施工期间采取工程和生物措施进行治理，营运期间保持和维护水土保持措施的有效性，将山区公路建设成促进经济发展的环保、生态道路。

二、公路工程建设中的水土流失成因、危害及防治措施浅议

近年来，随着经济的快速发展，公路工程逐年增多，在其建设过程中，受人为因素影响产生的水土流失也越来越严重。因此，分析公路工程的水土流失成因及其危害对科学防治水土流失具有重要意义。

1. 水土流失成因分析

（1）自然因素

自然因素主要包括地形、地质、土壤、气候、植被等，各种自然因素的综合作用成为水土流失客观的物质基础。公路工程建设受自然因素引起的水土流失主要有四种情况。一是气候因素。所有的气候因素都对水土流失有相应的影响，其中降水的关系最为密切，其次是风、温度、湿度、光照等。二是地质因素。地质因素对公路工程水土流失的影响最大，不仅包括表层地质因素，如表层岩石裂隙、地面组成物质岩性等，而且包括深层地质因素，如矿床地质因素、水文地质因素等造成的水土流失。三是地形地貌因素。影响水土流失的地形地貌因素主要有地貌类型、坡度、坡长、坡型以及其他地形因素（包括海拔高度、坡向等）。四是土壤和植被。土壤和植被是相辅相成的，共同对水土流失产生影响。

（2）人为因素

人为因素是指受日益频繁的人类活动影响，造成的森林乱砍滥伐，植被破坏；陡坡开荒和不合理的耕作方式；开矿修路，乱采乱挖，乱弃废土，使表土大面积裸露，产生触目惊心的水土流失现象。因此，水土流失的发生、发展、加剧与人类不合理的开发活动息息相关。公路工程建设引起的人为水土流失主要有以下几种。

在公路工程施工过程中，路基施工开挖的大量岩石、土体等固体废弃物将为水土流失提供丰富的物源。在建设施工期，由于占用土地、开挖坡面、整修便道、机械碾压等，破坏了沿山线原有的地貌和植被，扰乱了地表和地下径流系统，破坏了土壤表层结构，使土壤的抗蚀、抗冲能力迅速下降，山坡失稳，土壤侵蚀加剧，在水力冲刷及风力、重力的作用下，必然导致水土流失。

取土场的土方开采，破坏了原有的地表结构，取土后开挖的坡面及对裸露面的削坡，在外力作用下，将产生坍塌、滑坡等危害，产生新的水土流失。

施工过程中，产生的废渣、弃渣，如不及时防护，经水流冲刷也会产生新的水土流失。

施工区内的临时施工便道以及土石砂料的堆放，如缺少必要的水土保持措施，一遇暴雨或大风，将不可避免地产生水土流失。

2. 水土流失危害

（1）水土资源破坏，土地生产力下降

料场开挖及工程建设等施工活动，会使自然植被遭到破坏，造成大面积地表裸露，地表土壤失去保护，遇暴雨易产生径流冲刷，从而使土壤不断遭受侵蚀，导致土层变薄、养分流失，土地生产力下降。

（2）危害工程安全

道路及路基开挖等工程形成的裸露边坡，如不采取护坡等有效防护措施，将可能造成局部滑坡，影响工程安全和交通运输的正常运行。

（3）加速周边土地荒漠化的扩展

各施工场区水土流失量的增加，加剧了对周边土地的冲刷和吹蚀，特别是取土场陡峭的边坡和弃土场松散的堆积物，极易产生崩塌、滑坡等重力侵蚀，从而加速周边土地荒漠化的扩展。

（4）促进沙尘暴、扬尘等灾害性天气的形成

工程建设施工形成的广泛而裸露的沙物质直接暴露于地表，为风蚀的发生准备了充分的物质源，同时也将促进沙尘暴、扬尘等灾害性天气的形成，从而

对周边环境带来极大危害。

（5）增加公路的维护压力

沿线路基边坡及周边的水蚀、风蚀，将冲刷和吹蚀路基，从而增加公路正常的维护压力。

（6）环境恶化，自然景观遭到破坏，导致生态失衡

路基、取弃料场、施工便道、施工营地以及施工人员人为活动等将扰动地表、破坏植被、土壤结构组成，使土壤抗蚀性能降低，易加剧风力侵蚀，产生风蚀危害。

3. 水土流失防治措施

公路工程是线性建设项目，其水土流失主要发生在项目建设期，分布区域主要包括主体工程防治区、取土场防治区、弃渣场防治区、施工便道防治区、施工生产生活防治区和拆迁安置防治区等。本书结合公路工程建设特点、施工布置以及水土流失的成因及危害程度，按照不同的防治分区提出了一些防治措施建议。

（1）主体工程防治区

1）路基、边坡临时防护

对于半填半挖路段填方一侧边坡来说，由于坡面土壤松散，抗冲性差，当坡顶有大的汇流沿坡面下泄时，易对坡面表层土壤造成严重的冲蚀或形成冲沟。此处建议路基施工过程中在路肩边缘设置宽 0.5 m、高 0.2 m 的防水下泄的挡水土埂，并且沿路线纵向每隔 50 m 在路基边坡上设置一临时性边坡排水沟，用以排泄路面上的集中汇流，边坡排水沟在坡脚处需设缓冲带。必要时边坡排水沟下方应修建沉砂池，以阻留坡面上冲蚀下来的土壤。临时性边坡排水沟可以与路基排水工程中边坡排水沟结合修建。

2）桥梁、隧道工程防护

在桥梁施工期间不可避免地对水体产生暂时影响，增加水体泥沙含量，增加河床淤积。因此在施工中要做到以下几点：桥梁施工中，为了保持桥基的稳定性和抵抗洪水的冲刷能力，要用浆砌石进行锥体护坡，并设置导流设施，以保护河岸不受冲刷；施工过程中，避免扰动桥梁征占地范围以外地表；桥梁基础的开挖和隧道工程在施工中产生的弃渣或泥浆，不能随意丢弃到河流和岸边，要及时清运、统一堆放；跨河流桥梁尽量选择在枯水期施工，隧道洞口安排在旱季施工，在开挖前做好洞顶的截、排水工作。

（2）取土场防治区

取土前在取土场外缘设临时截、排水沟，以截取土丘及开挖坡面汇水，将坡面汇水排至天然沟道或与农用渠道相连。对于取土后产生边坡的取土场，根据边坡上游汇水面积，取土前在预计产生边坡的外缘3～5 m处设浆砌片石截、排水沟，以避免取土后产生的边坡受汇流冲刷。取土场取土完毕后对土地进行整治，开挖的坡面经整治后植树种草。

（3）弃渣场防治区

为防止堆渣料滑塌或散落，在弃渣场外缘坡脚修建浆砌石拦渣墙，以保护坡脚，避免引发牵引性滑塌。弃渣时先堆弃废弃的石方，再堆弃土方。在堆渣过程中，应该分级堆放、夯实，增强渣体抗侵蚀能力，防止水土流失。

弃渣场布设在沟谷时，弃渣之前先做好排水暗沟，以引导冲沟汇水，为避免山坡地表径流灌入堆渣体内，弃渣前沿弃渣场台面边缘设置截水沟或边沟，以引导地表水径流。

弃渣场边坡植物防护工程是以保证边坡的稳定性、减少水土流失为目的的，一般采用乔、灌、草相结合的方式进行防护，并加强林草的抚育管理。

（4）施工便道防治区

工程施工便道大多沿缓坡布设，局部需要生挖路段，采取半填半挖施工，基本不产生弃渣。施工期间应做好施工便道的防、排水措施，在施工便道挖方侧修建排水沟，挖方路段、路堑、边坡、顶部若有较大汇水时要修筑截水沟，结合地形排水系统自成体系，将径流排入天然沟道或灌溉渠中。施工结束后，及时进行土地整治、植被恢复。

（5）施工生产生活防治区

施工期预制场、拌和场、堆料场及施工营地的临时用地，使用前清除表层耕植土，平均清除深度30 cm，堆放于路线两侧的临时堆土场。之后在周围开挖截水、排水沟，施工结束后，清除施工废料，对硬化地面进行平整，弃渣运至公路附近的弃渣场堆放，对场地平整覆土后复耕或植被恢复。

（6）拆迁安置防治区

拆迁安置区占地应统一规划，安置区内建房严禁乱占耕地，保护土地资源。开挖地段应保持边坡稳定，必要时采取相应的工程措施，并对裸露面采取植物措施防护。

在公路工程建设过程中，通过统筹布局各类水土保持措施，形成完整、科学的水土流失防治体系，这样既能有效地控制项目建设区内的水土流失，保护项目区的生态环境，又能保证公路工程的建设和运营的安全。

三、山区公路路基水毁因素分析及对策

路基水毁是降低路基岩土抵抗作用的重要因素，山区沿河公路由于受地形、水文等条件的影响，给沿河公路路基稳定性带来了重点隐患，尤其是汛期暴雨导致的冲失水毁为公路交通的畅通运行带来了危害。本书将结合不同水毁类型对路基岩土在水毁机制作用下的影响因素进行分析，并从积极探索水毁公路的防治措施上来提升山区沿河公路的抗水毁能力，从而提高山区沿河公路的养护水平和质量。

山区沿河公路由于受地形地貌、水文气候以及汛期洪水水流的冲刷等作用，从而影响公路路基的稳定性，本节将结合山区沿河公路路基冲失水毁机制的相关资料和现场勘探数据，运用系统的方法来阐述影响公路路基水毁发生的原因，探讨冲失水毁防护机制，提出增强沿河路基抗冲失能力的对策和方法。

1. 山区沿河公路水毁类型及常见原因分析

从山区沿河公路常见的路基水毁类型来看，主要有路基边坡滑移、路基整体坍塌、路基边坡坍塌、路基沉陷等，不同类型的路基水毁，其影响因素也不一致，总的来说，构成路基水毁的主要因素有以下几种。

一是从沿河公路地质水文特征来看，由于山区地质条件的复杂性，从而对河流的流向、山坡的陡峭，以及沟壑纵横而引起的公路线路蜿蜒曲折，尤其是路基在填土上依赖边坡的稳定性，而沿河公路在河床纵坡的作用下，往往受到水流的冲刷，再加上河流弯曲形成的阻塞等，更加加重了山区河流路基的冲刷隐患，一旦形成裂纹或缺口，就容易导致边坡坍塌，危机行人及车辆安全。同时，对于强降雨而形成的公路长期浸水，也是诱发路基水毁的重要因素。

二是从山区公路的路面设计上来看，由于存在设计的不合理性，为路基的养护与管理带来阻碍。对于路面高程的设计不够，沿河水流很容易溢漫路面，从而造成对路面的浸泡与对路基的侵蚀。对于山区公路桥涵位置选择不恰当，由于没有考虑雨季洪水的骤升，对桥涵的泄洪能力以及桥涵孔径大小的设计难以满足现实要求，从而造成泄洪流量偏向，桥涵承受更大的洪水威胁，导致公路路基冲水水毁的发生。

三是对山区公路边坡防护工程建设不够，难以确保公路路基的稳定性。在山区公路建设中，沿河公路在施工中往往侵占部分河道，不仅严重降低了河道的泄洪能力，还容易让公路路基承受洪水的侵蚀与冲刷，加大了路基边坡的水

毁威胁。同时，即使在某些路段增加了防护设施，但由于防护工程埋深不够，难以有效抵制水流的冲刷而形成基础外泥。同时，公路在排水设施上建设不完善，挡水墙、边沟、急流坡以及盲沟等建设不足，对部分河段缺少必要的疏导设施，也容易诱发洪水拥堵，从而影响路基的稳定性。

四是对山区公路的养护与管理不到位，很多道路养护人员在日常巡查中，由于对河流雨水冲刷的桥梁、涵洞以及挡水墙等公路构造物缺少及时的修复，以致当洪水出现时，对边沟及涵洞的泄洪能力带来威胁，不仅造成洪水对路面的严重冲刷，还给路基及公路交通带来影响。特别是有些路段在施工中由于设备机械以及施工质量、施工条件等因素的影响，对工程监理等方面出现的问题难以有效解决，从而为沿河路基的水毁留下隐患。对于以上因素的分析与总结，多是以山区沿河公路季节性洪水等为隐患条件，从而造成对沿河路基的损毁与中断，因此，必须从具体的路段入手，采取有效的防范措施，来加强对关键路段、桥涵等路基的防护，制定防范季节性洪水的对策与措施，减少公路路基的掏蚀、冲刷，确保公路的畅通与安全。

五是从人类的活动来看，由于山区建设用地的局限性，在公路建设过程中，对于河道的侵占极为普遍，特别是山区居民对养路护路意识的欠缺，甚至有些村民直接去路基边坡开山采石，在路肩上堆放杂物，不仅影响了交通的正常行驶，也给路基边坡坍塌带来隐患。特别是有些村民直接在公路边坡上建造房屋，为阻止路面积水的排泄，设置路肩混凝土墙，给路面排水带来了障碍，长久的水浸与水淹，给公路路基造成了严重水蚀。同时，山区矿产资源的开发与建设，部分企业为了建设需要而破坏河流的正常流向，乱开乱挖，导致河谷植被受到严重损毁，水土流失形象严重，从而为河床的淤积带来隐患，影响了泄洪的需要，也给路基、路桥带来了严重影响。

2. 强化沿河公路管理，有效防范水毁的对策与建议

（1）注重山区公路建设设计方案的优化

对于山区公路建设，尤其是沿河公路设计来说，必须从根本上来强化对公路水毁的防治措施。设计环节作为公路建设与公路质量的重要内容，必须从技术上满足《公路工程技术标准》（JTG B01—2014）与相关规范的设计要求，强化选线的科学分析，注重对山区公路排水设施的设计，全面提高沿河路基边坡防护措施，同时，结合不同路段下的地质条件等因素，充分认识到消除公路水毁威胁的重要性，从技术上、设计上、施工上确保沿河公路的抗灾能力。

山区公路选线工程是公路建设的重要内容，尤其是在山区等地质条件恶劣

的情况下更要从加大对周围地质、水文、岩层以及地表植被的全面调查，了解各选线关键点在恶劣洪水高发期，对蓄水等过程中造成的路基影响程度进行分析，避开土质松软、岩层风化严重的不良地段，必要时对相关路段进行额外的特殊加固与防护，从而减少公路路基水毁隐患。同时对路基的排水设施的设计要做到全面、完善，如加强对路基边坡及边坡上方设置排水沟，对挖方或半填半挖路段设置截水沟，以有效拦截路基边坡上方的地表径流的侵蚀，减少路基边坡漫流对公路路基的危害。

山区沿河公路的设计，必须结合路基实际现状来设置相应的排水设施，当路基所处的山坡比较陡峭时，应该设置两道或多道截水沟，对特殊地段要加固铺砌，确保沟底坚实；对于山地有滑坡现象的路段，要在边坡顶端设置截水沟，有效实现水流的排泄与疏导；对于出现落差较大的水流路段，要通过跌水或急流槽来引流；对于出现路基下沉或路基发软的路段，要加大设置盲沟或渗井，从而有效疏导流水侵蚀的影响；对于沿河路段积水较多时，必要时增设涵洞，促进水流的排泄。从山区沿河公路路基的设计上，适当增设排水设施，以有效保护公路路基的安全性与稳定性，对于防范水塞、淤塞具有重要意义。

采取对沿河路基工程的加固与防护设计，可以有效防止路基边坡的水毁危害，增加砌石护坡，用干砌或砂浆砖砌等方式，并结合路段的坡度及河水流量大小，针对性地加强防范措施。对必要河段增加护面墙设计，以有效封闭路基软质岩层，防止洪水冲蚀等水毁危害，同时，在路基边坡的塌陷处或者泥石流危害严重的地方，增加护面墙设施，对保护路基边坡及坡脚，减少水侵等十分必要。结合沿河路基的不同地质要求，适当采取挡土墙，增加石笼防护及抛石防护措施；对于挖方断面来说，更应该采取砂浆砌护坡，来减少边坡溜方；对于迎水段路基，要结合路基边坡和坡脚情况，结合水流速度、水深以及积极性洪峰的威胁程度，来制定综合护岸或挡水墙，从而改善河流流态，消除水流对路基的直接破坏，如设置顺坝以及丁坝等导流构造物，来防范洪水的冲刷。

（2）强化对山区沿河公路的养护与管理

防范水毁关键在于以防为主、防治结合。在日常公路养护与管理中，要加强对沿河路基的观测与预测，不断完善路基排水设施，如加强对路基边坡的防护，对沿河路基的加固与防护，确保各类排水系统处于完好状态。同时，对出现的路基水毁现象要及时给予修复与治理，加强雨天巡路制度，尤其是对关键路段、关键点进行安全状态记录，并帮助公路管理人员制定综合措施，来及早预防和避免路基隐患的发生。加强对汛期前河流的疏浚工作，对水沟与涵洞进行提前清通，确保排水畅通有效。

（3）强化生物防治措施，有效改善公路环境

生物防治作为路基防护工作的重要补充，在山区沿河公路的管理中，切实从改善自然环境，稳固边坡，减少水土流失上，对易侵蚀路段进行有效的生物防治。例如，结合路基高填方路段，增加边坡的植被种植，如防水林带的营造，有效确保路基滑坡、崩塌的危险，在选择植被时，多以种植根系发达、耐旱植物如刺槐等，来提高边坡的生态环境，提高抵御路基水毁的能力。

（4）强化《公路法》的宣传力度，提高沿线居民的爱路护路意识

从思想上做好公路安全养护宣传工作，切实提高沿线居民的养护意识，从源头上确保公路构造物的完整性，提高公路抗灾能力。

塔身坡度的设计优化，这个因素对塔身主材、斜材的规格和基础作用力的大小有直接影响。选择合理的角度会使塔材应力分布均匀，所以在通过测算方法，计算出一个在保证铁塔强度和刚度的条件下，选出最优的坡度。

通过一些参数的优化设计，并结合实际场地情况，设计出合理的方案进行施工。这种设计方案最终的目标是尽量减少土石方开挖量、缩短工期，使施工难度降低，保护环境并节省投资。通过经验的累计、技能的提高以及计算机技术的辅助，输电线路的铁塔结构设计日臻成熟，达到经济、安全、可靠的目的，为电力的发展提供了最根本的保障。

四、山区沿河公路地质风险分类

山区沿河公路的地质安全问题一直困扰着公路养护和管理部门。我国山区占国土面积的 2/3 以上，各种类型的地质灾害、水毁、洪灾等年年都造成山区沿河公路巨大的毁损。全国每年因公路地质灾害造成的经济损失可达几十亿元到上百亿元。在这些损失中，山区公路占有较大的比例。山区公路按路线通过的地貌单元，主要分为山坡公路和沿河公路两种类型，沿河公路是山区公路的重要路线形式。

公路灾害类型包括公路沿线的危岩、崩塌、滑坡、泥石流、山洪、路基水毁、小桥涵水毁等。近年来国内外许多学者对公路地质风险及分类相关问题开展了研究。例如，张家明等，通过统计得出了云南省公路水毁时空分布规律，将云南省公路水毁类型主要分为崩塌、滑坡、泥石流、水毁路基、水毁路面、水毁桥涵、路基沉陷和道路翻浆 8 大类；有国外学者对各种公路边坡失稳风险评估系统进行了综述；陈开圣等，对贵州省公路地质灾害基本特征进行了研究，

得出贵州省内发育的主要地质灾害类型表现为以滑坡、危险斜坡、崩塌、泥石流为代表的斜坡类地质灾害和岩溶类地质灾害;陈洪凯、崔鹏等,以四川省凉山州美姑河省道、川藏公路帕隆藏布路段和中尼公路聂友段等为典型路段对山区公路泥石流灾害开展了系统性研究;陈洪凯对公路沿线的危岩崩塌灾害的形成机理及预警系统开展了研究;有国外学者研究了委内瑞拉一大型古滑坡复活推挤导致公路混凝土桥梁破坏的力学行为,以及对淤埋途经美国加利福尼亚州中部约塞米蒂国家公园的 140 号州公路的一岩质滑坡进行了分析和监控;陈洪凯等,对山区公路高切坡开展了系统研究,并研发了多项边坡治理新技术。另外,还有学者基于神经网络模型和地震前后的实地调研,评估了台湾阿里山地区公路边坡失稳的潜在可能性;吉随旺等,研究了"5·12"汶川地震区干线公路灾害的特征;优素福(Youssef)等,对小流域山洪风险导致公路灾害进行了研究;国外学者研究了伊朗水土流失与公路毁损之间的关系;有人认为中国云南省新建公路导致滑坡等水土流失问题空前严重,这些修路导致的岩土物源淤积沟道,为将来碎屑洪流和高密度泥石流的发生创造了条件。田伟平、凌建明等,分别采用水工模型试验和数值模拟的方法对路基与桥墩冲刷问题进行了分析。20 世纪 90 年代,响应联合国"国际减灾十年"活动的号召,美国联邦公路局、蒋焕章、高冬光等,分别从溪河与公路的相互作用、根治水毁、冲刷机理等角度,对公路地质灾害开展了研究。

迄今,国内外学者对公路地质灾害的研究与国土、矿山、水运和铁路部门采用的研究方法类似,灾害类型以崩、滑、流、水毁、洪灾、沉陷、冲刷等为主。目前的地质灾害分类中未指明公路结构的受力模式,不便于解决公路破坏的力学机制。目前我国的公路管理和养护部门开展工作时,还不是很重视未雨绸缪的地质安全观和风险评估意识,很多情况下只在公路破坏成灾后才被动地组织抢通和处治,往往比事前主动评估、开展预防性养护付出的代价大很多。因此,深化公路破坏的力学机制研究,革新公路养护机制,拓展公路养护科学内涵,在公路工程减灾决策中纳入风险评估的思想,逐步完善公路工程结构地质安全减灾理论体系和公路养护科学理论,都是目前我国公路行业的迫切需求。

本节以山区沿河公路为对象,引入未雨绸缪的地质安全观,提出公路地质风险的理念,并基于公路破坏受力模式对公路地质风险进行分类。该分类体系可为进一步深入开展公路地质灾害形成的力学机制研究打下基础。公路工程结构地质安全和公路地质风险的理念,以及不同地质风险类型易发路段的抗毁措施的提出,能为国内公路部门更新观念、拓展工作思路起到促进作用。

1. 地质风险的界定

1999 年 11 月，第 54 届联合国大会做出"国际减灾十年"活动后续安排的决议，决定在"国际减灾十年"活动的基础上，从 2000 年起开展全球性"国际减灾战略"行动，以提高人类社会对灾害的抗御能力，合理规避灾害风险，将原来对灾害的简单防御提升到对风险的综合管理的高度，这表明风险评估被纳入地质灾害防治的研究范围。

目前普遍认为的地质灾害风险应包含 3 个基本要素：地质灾害事件、地质灾害事件发生的概率以及地质灾害事件所导致的后果和损失。并采用如下表达式来计算地质灾害的风险度。

$$R = H \times V$$

式中：R——风险度；H——危险度；V——易损度。风险度、危险度和易损度的取值范围均为 0 ~ 100%。在地质灾害风险分析中，危险度评价是前提，易损度评价是基础，风险度评价是结果。

在公路工程中，将崩塌、滑坡、泥石流等地质灾害称为不良地质条件。由于特殊的地形、地质条件和沿河水力特征，山区沿河公路的不良地质现象尤其发育，并有其自身的成灾特点和时空分布特征。山区沿河公路的安全与减灾是公路管养的重要环节。但是目前我国的公路管养部门开展工作时，对未雨绸缪的安全观和风险意识还不够重视，很多情况下只在公路破坏成灾后才组织应急抢通和处治。因此，在公路减灾决策中纳入风险评估的思想，具有重要的现实意义。

陈洪凯提出了公路"地质安全"的理念。本节引入这种未雨绸缪的工程结构地质安全观，这样界定地质风险：在与工程结构物岩土防灾减灾相关的研究、决策、设计、施工和管理过程中，将与工程结构物地质安全相关的各种不确定的灾害因素的发生时空概率及其造成的危害综合称为地质风险。

要深入理解地质风险须定义以下术语和概念。

①工程结构物：指公路沿线相关的基础设施，包括路基、路面、防护结构、支挡结构、排水结构、桥梁墩台、涵洞等工程建构筑物。

②地质安全：指工程结构物所处地质环境的安全性态，包括整体和局部地质安全两层内容。

③岩土减灾：指利用相关工程和非工程措施进行地质灾害治理、防护及决策。

④灾害因素：包括孕灾环境、致灾因子、承灾体 3 个方面所涉及的能够导

致灾害发生的不利因素，这些不利灾害因素的异相耦合就会形成地质灾害。

⑤危害：定性或定量地由地质灾害发生所导致的后果或潜在不利后果，一般可通过人员伤亡、直接经济损失、间接经济损失、交通中断时间等指标来表征。

地质风险狭义的理解，可以认为是在地质灾害的分析研究过程中引入风险分析、风险评估、风险管理的理念，对灾害易发性、孕灾环境危险性、承灾体抗灾能力（易损性）、灾害损失估算等方面进行分析、量化，以达到对地质灾害防灾减灾工作进行科学决策的目的。

2. 山区沿河公路地质风险分类

根据事物的共性和个性，通过科学合理的概化、总结，把事物集合成类的过程就是分类。分类在科学研究当中具有重要的意义，不同的分类方式往往标志着研究者在学科发展不同阶段的不同认识，而新的科学分类也往往会推动学科的发展。

（1）已有的地质风险分类模式

从不同的角度，按不同的标准，可形成不同的地质灾害分类体系。在不同的地质灾害分类系统中引入地质安全和风险的理念，就可形成不同的地质风险分类模式。目前山区沿河公路地质灾害分类主要有如下几种形式。

①根据边坡或斜坡上的岩土体在重力作用下的运动形式，分为危岩、崩塌、坍塌、滑坡、沟谷泥石流、坡面泥石流等。

②按导致地质灾害的营力，分为地球内动力导致的地质灾害（如地震）和外营力导致的地质灾害（如河流动力地质作用导致的冲刷、重力地貌演化导致的崩滑流等山地灾害）。

③考虑地质灾害发生的时间因素，分为突发性的地质灾害和缓发性的地质灾害。

④根据人类活动的影响程度大小，分为自然因素演化形成的地质灾害和人类工程活动诱发的地质灾害（如水库水位调度以及公路工程施工时的切坡、填方、弃土等）。

⑤按中断交通时间、造成损失的大小、灾情的严重程度，可分为特大型—严重公路地质灾害、大型—较严重公路地质灾害、中型—中度严重公路地质灾害、小型—轻度严重公路地质灾害。

⑥考虑地下水、降雨、洪水等水文地质、气象致灾因子的影响，分为路基水毁、路面水毁、山洪和洪水导致的公路地质灾害等。

⑦按孕灾环境的条件，分为地质环境脆弱区公路地质灾害和一般山区公路

地质灾害。

⑧按承灾体不同，分为公路上边坡地质灾害、公路下边坡地质灾害、路基毁损、防护结构毁损、路面毁损、桥涵毁损、桥梁墩台毁损、防排水设施毁损等。

⑨按公路与山区河流之间的相对位置，可分为凹岸路基损毁、凸岸路基损毁、顺直河道路基损毁；

⑩根据公路破坏的宏观表象，分为路基沉陷、边坡滑塌、路基缺口、路面开裂等。

以上不同的公路地质灾害分类模式中，引入地质安全和风险的理念，就可得出目前不同的公路地质风险分类模式。

（2）基于公路破坏受力模式的公路地质风险分类

为了达到对山区沿河公路地质风险进行科学分类的目的，笔者于2009年10月国庆期间对豫西山地的公路沿线地质灾害进行了考察，于2010年4月和11月分别对渝东南和渝东北的国省道干线公路的地质灾害进行了调研，于2010年8月对云贵高原北坡、云南省中东部地区和贵州省中西部地区国省道公路地质灾害进行了现场调研。通过以上实地调研和科学考察，获取了大量山区沿河公路地质灾害的第一手资料。同时收集了四川省公路局从2003—2010年的历年公路雨季毁损、断道等灾情的图、文、数据和影音资料。通过以上资料的分析，结合国内外最新的研究成果，按公路破坏时候的受力模式这一标准，初步将山区沿河公路主要地质风险分为5大类（14小类）。该分类可供进一步深入开展地质风险形成的力学机制研究。即"推挤""牵拉""冲""淤""渗"5大类型，包括推挤破坏、牵拉破坏、冲击破坏、冲刷破坏、冲蚀破坏、淤塞毁损、淤埋毁损、淤堵毁损、淹没浸泡毁损和渗透力毁损等小类。

第一大类主要为公路内侧崩滑体对路基的推挤破坏；第二大类主要为外侧边坡垮塌对公路的牵拉破坏；第三大类主要包括落石对公路的冲击破坏、河流对公路的冲刷破坏、降雨坡面径流对边坡的冲刷、洪水对公路的冲击破坏、泥石流对公路的冲蚀破坏、泥石流对公路的冲击破坏、泥石流和滑塌堆积体导致河流改道对公路路基的顶冲毁损、河道内巨石等导致的水流顶冲等；第四大类主要包括泥石流淤埋公路、桥涵淤塞毁损、桥涵淤堵等；第五大类主要指公路的淹没、浸泡毁损和渗透力毁损等。

3. 山区沿河公路地质风险类型力学模式初探

山区沿河公路作为线性结构物，必然会通过不同的地形和地质单元，并且不同路段有不同的水文气象条件、岩土体特征、公路抗灾能力和受荷载特征等，因此山区沿河公路的不同路段往往表现为不同的地质风险类型，且许多灾害点表现为多种地质风险同时存在、链式成灾的特点。

（1）推挤型地质风险力学模式常见的推挤型地质风险

1）在公路内侧滑坡推力作用下的路基破坏

当公路结构物内侧有较大规模的滑坡发育时，位于滑坡体中下部的公路受滑坡推力作用，路基剪断、错位，路面下沉，挡墙破坏。此种情况下路基为阻滑体，起"锁固"作用，随着滑坡变形、推力逐渐变化，路基上积累的能量不断变大，当受力超过路基的抗剪强度时，路基被剪断，能量释放，路基被推移错位，并导致边沟、路面、挡墙等破坏。

从公路的受推挤区域取出一平行六面体作为隔离体进行受力分析，公路内侧受滑坡推挤力作用，路基剪断体两侧为受剪切区域，路基底部为承受压剪的受力特征。

此种地质风险的易发部位：通过滑坡体中前部的公路路段。

抗毁措施：绕避；工程措施平衡滑坡推力；采用桥梁方案跨越滑体等方法。

2）桥台受滑坡推挤变形破坏

当桥梁位于滑坡处时，在滑坡推挤力作用下，桥台发生沿桥梁纵向或横向的位移，并推挤桥面板错位、开裂，甚至垮塌。

易发部位：通过滑坡的路段，桥头或桥墩存在于受滑坡推挤影响的范围内。

抗毁措施：稳定滑坡；对桥梁进行变形监测、预警；对桥梁重新勘察选址等。

3）路堤内侧受大体积的泥石流沉积物流变推挤而变形

当路基位于新鲜的深厚泥石流堆积体的下侧时，沉积物底部有一定的坡度，在重力作用下新鲜的泥石流沉积物发生蠕动、流滑变形，从而对路堤产生推力。当路堤本身的抗剪强度不大时，就可能发生因泥石流堆积物流变推挤导致的剪切错断破坏。

易发部位：通过流域沟谷出口处的公路填方路段。

抗毁措施：拦、汇、排综合治理，及时将泥石流体排出公路外侧一定距离。

4）小桥涵堵塞后受水力推挤、泥石流推挤（同时有冲击作用）

小桥涵堵塞，导致桥涵内侧的洪水或泥石流排泄不畅，从而导致推挤和冲击的联合作用，使桥涵变形、移位。

易发部位：通过流域沟谷出口处的公路桥涵区段。

抗毁措施：及时疏通；合理设计桥涵的孔径；拦、汇、排综合治理等。

（2）牵拉型地质风险力学模式常见的牵拉型地质风险

1）公路外侧滑坡牵引拉裂公路

当公路位于滑坡体中上部或公路位于滑坡牵引影响区域内时，公路在滑坡牵引拉力作用下，路基由于受牵引拉力而破坏，致使路面沉陷。此类公路地质风险可能造成整个路段在滑坡的牵引拉力作用下整体位移或部分路基路面沉陷。公路外边坡在雨水大量入渗的情况下更易受岩土体牵引而失稳，水是此类地质风险发育的关键因子。

取出一平行六面体为隔离体，对公路的受牵拉区域进行受力分析。公路底部受滑坡牵引拉力作用，路基单元体两侧为受剪切区域，路基单元体后部和上部为承受张拉应力的受力特征。

易发部位：位于滑坡中后部，或位于滑坡牵引影响区域内的公路路段。

抗毁措施：采用支挡、锚固等工程措施稳定滑坡；采用桥梁方案跨越滑动沉降区域等。

2）公路外侧边坡坡脚侵蚀诱发滑坡拉裂公路

山区沿河公路外侧下边坡受水流冲刷或泥石流冲磨侵蚀后，导致边坡失稳、公路基础脱空，从而拉裂路基和路面，导致公路垮塌、缺口。

易发部位：沿河凹岸的公路路段；泥石流沟谷公路路段。

抗毁措施：保护边坡坡脚不被侵蚀的工程措施，如石笼防护、护坦、抛石等。

（3）"冲"型地质风险力学模式

这里的"冲"包括：冲击、冲刷、冲淤等力学作用。

1）危岩崩塌冲击毁损公路

崩塌指岩体陡边坡上的不稳定岩体，在重力、降雨、地震等的作用下失稳，做猛烈的向下翻滚运动。按崩落岩体方量大小可分为山崩、滚石。崩塌对公路的破坏为机械冲击破坏。当公路内侧边坡有崩塌灾害发生时，轻者会造成路基外缘、边沟和路面毁损，重者可将该路段路基整体破坏。在山区河谷路段，由于山区河流的强烈下蚀作用，多形成较大坡度的岩质陡坡，若有结构面倾向坡外或岩层倾向坡外，再有垂直和平行公路的两组结构面切割，形成两组剪切面，便有可能诱发此类地质风险。这种公路地质风险发生时间短、速度快，当冲击体的能量产生的应力超过所接触路基部位周围界面的抗剪强度时，便使路基冲击剪切破坏。一般地，公路内侧边坡越高，坡度越陡，岩体越坚硬，冲击体的能量就越大，造成路基毁损的概率就越大；而边坡物质越松散或岩体越破碎，可能造成的破坏就越小。路基物质软弱，路基抗毁能力就差。调研发现，这类地质风险在地质环境脆弱的山区沿河公路随处可见，小型的在坡脚有松散碎落物堆积，淤埋边沟；大型的破坏路基造成路基缺口。

此种地质风险的受力特征是，公路承冲体在危岩崩塌的冲击力作用下，若冲击强度大于所接触路基部位周围界面的抗剪强度，则路基便发生剪切破坏。

易发路段：山区沿河公路岩体破碎的陡坡路段。

抗毁措施：公路内侧边坡危崖支挡、锚固；螺栓锁固；嵌补等。

2）洪水、泥石流等对公路路基及桥涵的冲刷和冲击毁损作用

冲刷作用强调水流挟砂、搬运产生的下蚀和侧蚀作用，在河流凹岸和高速水流区域冲刷易于发生。

冲刷作用的强度还取决于公路路基岩土体的抗冲刷能力。洪水、泥石流冲击作用强调高含砂水流、水石流和泥石流中固体颗粒对公路的撞击与磨蚀，冲击作用也包括液相对结构的冲力。机械冲击作用的强度也与公路的抗冲强度或抗冲能力有关。

由于地形限制，山区河流往往沟床狭窄，河谷纵比降较大，平时为山间小河，汛期为洪水、泥石流流通排泄区，故有较大的冲击动能和侵蚀能力，因此山区沿河公路发生此种地质风险的路段密布，尤其以河流凹岸路基更为严重。

易发部位：沿河凹岸的公路路段；泥石流沟谷公路路段。

抗毁措施：浸水挡墙；双曲型路基防护结构；消能防冲技术等。

3）泥石流对公路的冲淤毁损作用

此种地质风险类型体现为泥石流先冲击毁损公路结构，再淤埋受灾路段。泥石流淤积体的流变固结力和固结过程中产生的超静孔隙水压力对损伤路段的公路结构进一步施加不利荷载，导致公路结构进一步劣化、破坏。

易发部位：跨越沟谷泥石流沟口和坡面泥石流发育的路段。

抗毁措施：对泥石流进行拦挡、汇流、排导的综合整理；控制水土流失的措施；控源减灾（控制泥石流形成的固体物源和水源）等。

（4）"淤"型地质风险力学模式

这里的"淤"包括：淤埋、淤塞（淤堵）产生的力学作用。

常见的"淤"型地质风险如下。

1）滑坡、泥石流堆积物淤埋路面和山体崩塌体阻埋公路

堆积物淤埋路面对公路产生加载作用，使路基产生附加应力，从而导致路基沉降和变形发生。

易发路段：崩塌、滑坡和泥石流易于堆积、覆盖的公路路段。

抗毁措施：及时清淤；泥石流战备浮桥；泥石流承载伞；泥石流蠕变通道；导石槽；排导槽等。

2）沉积物部分或完全淤塞或淤堵桥涵

淤塞、淤堵导致桥涵易于发生冲刷、冲击和淤埋毁损。

易发部位：通过流域沟谷出口处的公路桥涵区段；泥石流和水土流失严重地区公路路段。

抗毁措施：及时疏通；合理设计桥涵的孔径；拦、汇、排综合治理等。

3）深厚的泥石流沉积物淤埋桥涵

淤埋对桥涵产生加载作用，清淤对桥涵产生卸载作用，更为重要的是在泥石流沉积物淤埋桥涵后，沉积物产生的流变固结力和固结过程中产生淤埋。

易发部位：通过泥石流发育区的桥涵路段。

抗毁措施：绕避；对泥石流进行拦、汇、排综合治理；修建泥石流蠕变通道等。

（5）"渗"型地质风险力学模式

"渗"型地质风险主要指沿河公路受淹没、浸泡软化及渗流动水压力导致的毁损。

常见的"渗"型地质风险包括：公路内侧边沟漏水导致的渗透破坏；沿河路堤两侧水位差产生的渗流破坏；汛期山区沿河公路外侧水位陡涨陡落导致的渗透力对公路的毁损作用；涵洞洞周填土导致的路段渗透破坏。

抗毁措施：做好公路防、排水设施的维修和养护；合理设计沿河路基的拔河高度；合理设计涵洞孔径等。

第三节　丘陵山区水土流失及其治理浅谈

一、浅山区水土流失的综合治理

目前全国水土流失面积已达到 367 万 km²，占国土总面积的 1/3 以上，水土流失面积目前仍然呈加大发展态势，已成为目前头号水环境问题。河南省西部山区黄土广泛分布，海拔高度大都在 500 m 左右，大部分属于浅山黄土丘陵沟壑区，该地区的土壤侵蚀类别主要是面蚀、沟蚀和重力侵蚀，水土流失严重。浅山区的水土流失不仅危害农业，造成土地生产力下降，还会带来一系列的环境问题，更是该地区群众生活贫困的主要根源。通过调查研究，根据浅山区水土流失的特点，笔者分析了水土流失的成因和影响因素及水土流失造成的危害，提出了浅山区水土流失的综合治理措施，对同类地区的水土保持工作有一定的指导意义。

水土流失已经成为世界性的环境公害之一，每年都有大量肥沃的土壤毁于水土流失之中。我国是世界上水土流失最严重的国家之一，这不仅是我国当前面临的主要生态环境问题，也是国家和地方经济发展的重大障碍。据调查，我国目前的水土流失面积已达到 367 万 km²，占国土总面积的 38%，受水土流失危害的耕地占耕地总面积的 1/3 以上。几乎所有的省、自治区、直辖市都不同程度地存在水土流失现象，不仅发生在山区、丘陵区、风沙区，而且平原地区和沿海地区也存在，特别是河网沟渠边坡流失和海岸侵蚀比较普遍，水土流失在农村、城市、开发区和工矿区都有发生，而其中的浅山区占有相当大的比例。因此，如何有效地遏止浅山区水土流失恶化，是水土保持生态环境建设的一项迫切的任务。

1.浅山区的背景资料

（1）区域现状

河南省西部山区主要有洛阳和三门峡地区，这两个地区黄土分布广，海拔高度大都在 500 m 左右，大部分属于浅山黄土丘陵沟壑区，特别是三门峡市位于我国黄土高原的东南边缘，水土流失严重。

（2）水土流失类别

依据侵蚀程度的不同，可分为溅蚀、面蚀、沟蚀 3 种。该地区的土壤侵蚀类别主要是面蚀、沟蚀和重力侵蚀。

面蚀主要发生在植被较差和没有采取适宜水土保持的坡地上，将土壤中易溶解的物质、胶粒和细粒即表面沃土带走，留下粗土粒，直接造成土壤肥力下降、农作物产量降低。面蚀不易被人们重视，但造成的危害却很大。

沟蚀一般发生在海拔 500 m 以下的丘陵区，尤其在地面植被破坏较为严重、人畜活动较频繁的地方更为严重。由于该地区属于黄土高原的边缘，大部分地面坡度在 10° ～ 25° 之间，又加之黄土的抗冲击性较弱。所以到了雨季，特别是遇到暴雨时，会将地面冲成大小不等的侵蚀沟。据调查，在黄土高原每 km² 的沟道长达 35 km，有的沟蚀量占总侵蚀量的 5% 以上。

重力侵蚀多发生在多雨和暴雨中心区。尽管这种侵蚀是局部的，但危害却很大，有时会造成人们生命财产的重大损失。对建筑物和农田等也会造成较大的破坏，如该区域内黄河干流两岸，由于河流的冲刷作用，经常可见到黄河塌岸现象。

（3）水土流失的影响因素和成因

造成浅山区水土流失主要有两大因素：一是自然因素，降雨强度大且时空分布不均，易形成地表释流，在雨水和风力作用下造成土壤层的流失；二是人为因素，人们的生产建设活动对地形、土壤、植被等产生巨大的影响，忽视水土保持的人类活动会破坏地形、地貌、植被造成水土流失。

浅山区水土流失的成因如下。

1）降水的特点

水土流失的动力是水，我国的广大地区处于季风控制区范围内，降水集中，且多暴雨，汛期降雨量约占年降雨量的60%。大部分的雨水变成地面径流，从而造成了侵蚀。

2）地表土的性质

该区域属于黄土高原区，其表层裸露、结构疏松，而黄土具有粒度细、团粒结构差和遇水易分散等特点，土粒在暴雨雨滴的冲击下被溅起，并被地面径流带走，引起地面冲刷侵蚀。

3）地形地貌的特点

由于该区域属浅山区，地面坡度在25°左右，坡度既影响接受降雨量的大小，也影响坡面径流的大小。

4）植被的破坏

植被可以防止雨滴对坡面的冲击和减少坡面径流的冲刷。植被的破坏和不合理的耕作习惯、森林的乱砍滥伐，甚至草皮乱挖，使树木锐减，导致地表裸露。据近几年对黄土高原的测定，在年降雨量为346 mm的条件下，林地的冲刷量为4 kg/hm²，草地冲刷量为6.2 kg/km²，农地冲刷量为238 kg/km²，农闲地冲刷量为450 kg/km²。由此可见，有无植被或植被好坏对坡面侵蚀作用有着巨大的差别。

5）人类不合理的经济活动

人为因素往往是造成水土流失的直接原因，在某种意义上可以认为，水土流失是人类违反自然规律，不合理利用土地及其他自然资源，破坏了生态环境所造成的恶果。一是无序的农牧业生产造成了人为水土流失，如对土地实行掠夺性的开垦，片面强调粮食产量，忽视因地制宜的农、牧、林综合发展，严重的超载放牧等，直接导致了生态系统的恶化，大量的土地沙漠化，造成了严重的水土流失。二是无序的资源开发造成的水土流失，有些地方或部门只顾自己的蝇头小利，不按《水土保持法》的规定，到处乱开矿、乱采石，大面积开挖原生地面，大量的植被被破坏，又不履行治理义务，造成了新的水土流失。三是无序的城镇建设造成的水土流失。随着经济的发展，城市和小城镇建设规模不断扩大，占用大量的土地，致使许多地方原有的植被已不复存在，取而代之的是大量的"人为环境""人为景观""人为下垫面"。由于建设城区地面大多为硬覆盖，降低了水土保持功能，在春秋多风季节易形成局部的扬沙和拂尘，造成了新的水土流失。

2. 浅山区水土流失的危害

（1）对土地资源的危害

水土流失对土地资源的破坏表现在外营力对土壤及其母质的分散、剥离以及搬运和沉淀上。在水力侵蚀严重的地区，沟壑面积占土地面积的5%，支毛沟数量多达30条/km、50条/km，沟壑密度达到 $2 \sim 3$ km/km²。水土流失冲走了耕地表层的宝贵肥沃的熟土，使土壤肥力与蓄水保墒能力降低，土地日益贫瘠，甚至被侵蚀殆尽，从而形成了不利于农作物生长的缺肥缺水条件，作物生长不良，产量低而不稳。据调查，该地区耕地每年流失厚 $0.1 \sim 1.5$ cm 的表层土，这些表层土一般每吨含氮 $0.8 \sim 1.5$ kg，含磷 1.5 kg 和钾 20 kg。若以每年流失 1 cm 计算，则每 km² 损失表层土大约 8 t，损失氮 $6.4 \sim 12$ kg，损失磷 12 kg。另外，在浅山区，水土流失还可以使土地的细土变少，沙砾变多，土壤沙化，质地变粗，土层变薄，土壤面积减少，裸岩面积增加，最终导致弃耕，成为荒山荒坡。

（2）对水资源的危害

水土流失使大量的泥沙随洪流下泄，进入库坝、渠道后，因流速缓慢，发生淤积，严重影响了水利工程效益的发挥。据水利部门统计，中华人民共和国成立以来，全国共建大中小型水库 8.6 万余座，总库容 5000 多亿 m³，由于泥沙淤积，目前已经减少了约 1/5。如果这种情况持续下去，水库的蓄水能力就有丧失殆尽的危险。这不仅仅使发电灌溉效益丧失，影响农业生产，还造成了建造水库时所用的巨大的人力财力的损失。

水土流失还可加剧洪涝灾害，黄河的多年平均输沙量为 16 亿 t，其中约有一半来自陕北黄土高原，黄河每年有 4 亿 t 粗沙淤积在下游河道内，年复一年的淤高，使黄河变为世界上著名的"地上悬河"。泥沙的淤积还可造成过水断面的不断缩小，给防汛行洪带来极大的威胁，近几年一些江河出现小洪水、高水位、多险情的严重局面，就是由于中上游水土流失造成下游不断淤高、泄洪不畅的结果。

（3）对生态环境的危害

水土流失对生态资源的破坏，使生物生存的环境恶化，物种减少，涵养水源的能力降低，每逢大雨，汇流的时间缩短，径流直泻而下，山洪暴发，往往危害巨大。特别是浅山丘陵地区的植被遭到严重破坏，土壤涵养水分能力降低，吸收不了水分，造成"雨过地及干""雨过天晴水断流""浇地无水群众愁"的局面。据统计，豫西山区 50 多年来严重干旱年份逐年增加，20 世纪 50 年代为 2 年，60 年代为 4 年，70 年代为 7 年，进入 90 年代后就连年干旱。水土流失流走的是沃土，留下的是贫瘠。目前，全国农村贫困人口的 90% 以上都生活在生态环境比较恶劣的水土流失区域。

3. 浅山区水土流失的综合治理措施

黄河流域水土流失治理工作有着比较悠久的历史，广大干部群众就已创造出许多治山治水的措施，如整修梯田和建造塘、堰、坝等。通过总结多年的水土流失治理措施，笔者认为，水土流失的治理工作应遵循"以恢复植被、改造植被和调整土地为中心，生物措施与工程措施相结合，宣传教育与经济手段并用，依法综合治理"的方针。

（1）加强宣传和教育工作，建立健全行政机制

以电视电影、戏剧等文艺形式充分发挥各种典型示范的宣传教育，大力宣传《森林法》《环境保护法》《水法》《水土保持法》等有关的法律法规。使每一个公民都意识到，搞好水土保持，防止水土流失，改善生态环境是繁荣城乡经济文化的重要措施，也是我国的一项基本国策。各级政府应切实加强对水土保持工作的领导，将其列入目标管理，作为其政绩考核的主要内容之一。健全各级水保机构，并协调农、林、水利、水保等部门工作，拧成一股绳，分工合作，尽职尽责，搞好水土保持。

（2）加强水土保持规划和水土保持执法力度

人为活动因素对水土流失的影响是巨大的，特别是不合理的经济活动是水土流失的主要原因。因此，科学完善的水土保持法律体系及相关法律法规的建设与实施是防止水土流失实施措施的重要保证。提高人们对水土保持和生态环境建设的重要性、紧迫性的认识，认真执法，自觉守法，形成进行水土保持工作，自觉从事水土保持工作的良好氛围。

（3）进一步加大水土保持工作的投入

水土保持工作是增强农业建设的基础工作，而目前又面临着世界性的粮食涨价问题，这在客观上就更要求我们做好水保工作，保持农业生产建设的持

续发展。资金投入是水土流失防治的关键因素之一。在当前的形势下，充分利用国家政策向"三农"倾斜这一有利时机，加大对水土流失的治理投入，把国家资金投放重点放在几个重要的水土流失区域，国家政策更多的是发挥"政策指导""示范推广"的作用，政府部门应采取一些有效的机制和方法，把水土流失投资主体转向集体组织和群众个人，借助社会力量来参与水土流失的防治工作。

（4）控制人口增长、减轻土地压力

水土流失的根本原因在于人口过多形成对土地、环境压力和负荷的日益增加，而治理水土流失的根本措施就是控制人口增长，使人口数量同环境的承载力相适应。因此，要切实控制人口增长，减轻人口增长对环境的压力，为合理利用水土资源、防治水土流失创造条件。

4.浅山区水土流失治理的对策与建议

由于豫西山区是浅山区或丘陵区，区内浅山千沟万壑，地形破碎，水土流失严重，粮食产量低，经济收入不高，过去的治理方法不外乎在荒坡上挖鱼鳞坑、水平沟造林种草、在坡耕地修梯田，由于这些治理方法的科学性，各行其是，零敲碎打，单一治理，成效不大。自20世纪80年代以来，采取以小流域为单元，统一规划，自上而下，先毛沟后支沟，进行山、水、田、林、草、路综合治理，农林牧全面发展，取得了较好的效果。因此，水土保持小流域综合治理是控制浅山区或丘陵区水土流失，改善生态环境和生产条件，增产增收行之有效的措施。

浅山区的水土流失的治理，应大力推广可以控制水土流失的生物措施、工程措施和耕作措施等综合治理措施。生物措施有造林种草、绿化荒山秃岭、建立沟头防护林、防风固沙林、水源涵养林等。工程措施包括治坡治沟、坡地梯田化、沟道川台化、塬面条田化等，起到削减水流冲刷能力的作用。耕作措施包括因地制宜地施行垄沟间作、草田轮作等高耕作、间作套种等。

从目前的情况看，无论是豫西山区，还是其他地区，凡水土流失严重的地区，往往是人口密度较大，经济发展较落后的地区。在治理过程中，强调生态效益的同时，也须施行正确的经济政策和技术政策，认真考虑当地的经济效益，认真分析当地水土保持的社会属性和经济属性，力求做到生态、经济、社会效益三统一。

加强水土流失的监测预报工作，解决水土流失防治效果的定性化和定量化问题。要解决这个问题，则需要有大量的客观观测数据来支撑，就必须借助科学有效的监测手段才能实现。在整个监测过程中，不但要有基础数据，而且还要有动态监测跟踪，更要有效益监测评价，只有这样才能实现防治效益的定性化和定量化。

水土流失的综合治理具有公益性、长期性、艰巨性，对浅山区的治理尤为如此。对水土流失区的治理，不仅是为获取直接的经济回报，更重要的是为该地区人们长期生存和经济、社会的可持续发展创造条件，是一项利国利民、造福后代的大事，意义深远，应坚持不懈。

总之，农村区域的水环境问题已经成为我国社会主义新农村建设过程中不容回避的现实问题，积极开展农村水环境问题的研究，不断探索新形势下解决农村水环境问题的途径，十分迫切和必要。

二、准格尔矿区水土流失的综合治理

1. 矿区开发基本情况

（1）矿区自然概况

准格尔矿区位于内蒙古自治区鄂尔多斯市准格尔旗东部，煤田南北长 65 km，东西宽 21 km，勘探面积 136 km²，煤炭地质储量 267 亿 t。一期工程开发的主要项目是，年产原煤 1200 万 t 的黑岱沟露天煤矿及配套选煤厂，装机容量 20 万 kW，正线全长 264 km 的大同–准格尔 I 级电气化铁路等 32 个单项工程。

矿区地处黄土高原的鄂尔多斯台地，多暴雨和大风天气。年平均降水量为 408 mm，且降雨多为暴雨形式，7—9 月降水量占全年的 70% 左右。春、秋季多为大风扬尘及沙尘暴天气。全年平均大风日 102 天，年平均风速超过 17 m/s 的天气有 28 天。

矿区属黄土丘陵区，地形多为波状起伏的黄土梁、峁和丘陵，其间沟壑纵横，地表切割剧烈，呈树枝状冲沟地貌，自然冲沟发育，沟谷断面呈 "V" 字形。

矿区土地贫瘠，植被稀疏。因受强烈侵蚀的影响，区内地带性土壤不明显，非地带性土壤黄土广泛分布，土壤土质疏松，有机质少，养分含量小。植物种类贫乏，具有抗旱、抗风沙、抗贫瘠的特点，常见的植物有百里香、本氏针茅、沙打旺、锦鸡儿、沙棘、杨、柳等。矿区水土流失严重，多暴雨，地形复杂，下垫面土壤松散，植被稀疏，沟壑切割密度大，岩体风化强烈，侵蚀补给沙量高，是造成地区严重水土流失的根本原因。本区土壤侵蚀以水蚀为主，风蚀和沟蚀普遍存在，多年土壤侵蚀模数为 13000 t/（km² · a）。

（2）开发建设产生的水土流失状况

矿区建设大兴土木，大面积扰动土石，矿区内工程项目占地为 13.85 km²。总土方工程量约为 1.46 亿 m³，其中填（弃）土方量约为 0.38 亿 m³。建设期发生水土流失量为 1.16 t，土壤自然侵蚀量为 0.37 t。

2. 矿区水土流失治理措施及成效

矿区水土流失治理原则是，以土建工程措施为基础，以防洪、防排水为先导，并以生物措施改变生态环境。针对各单项工程建设的具体情况，制定相应的防治措施。

（1）工程措施

1）坝体措施

露天矿采掘在向排土场排弃土石前，在排土场内用剥离岩土构筑非永久性截水坝，在排土场外修筑永久性挡水沙坝，将排土场内的水土拦挡在坝内。对于坡面上的工程，在其坡面下方自然流水冲沟沟口修建挡水拦沙坝，避免因工程建设造成水土流失。

2）修建透水石堤

工程建设范围内存在大的自然冲沟时，先填平冲沟，为了将冲沟沟底的泉水和沉积在沟底的潜水排至沟外，保证沟体稳定，在冲沟的底部，修建透水石堤。透水层厚 0.70 m，石块粒径 0.25 m，反滤层内厚 0.20 m，粒径 0.04 m，外层厚 0.10 m，粒径 0.01 m。

3）地面防排水系统

为防止降水冲刷地表，产生水土流失，在居民区、厂矿区周围，公路两侧及护坡工程下部，均设置排水、截水沟，把大气降水大部分引向地势偏低的方向，然后集中排放到原有自然冲沟。截、排水沟均采用浆砌片石护砌。

4）边坡防护

工程挖方地段和厂区不稳定的边坡，采用浆砌片石和干砌片石护砌；当工程建设处于泥岩、强风化细沙岩地段时，修护面墙防止其继续风化及坍塌；公路路堤高度大于 4 m 地段和风积沙地段采用厚 10 cm 黏土护坡，以防止雨水顺坡流下冲刷坡面。

5）防洪工程

由于电厂、居民行政区建设占用龙王沟、玻璃沟及乌兰苏木兔沟自然河道，故对河道进行改道整治。改道的沟岸回填大量大块片石后用浆砌片石护砌，以保证河道正常泄洪。

（2）生物措施

1）居民行政区、厂区绿化

为防风固沙，改善生态环境，防止水土流失，在居民行政区和厂区采取乔、灌、草结合的方式进行植被建设。在选择使用当地适生树种的同时引进一些外观大方的树木花草，注重绿化美化效果。

2）坡面生物防护

在未采取工程措施的坡面上，挖坑种树，或种植草皮。在排土场边坡种植沙棘、草苜蓿等防风固沙效果显著的植物，防止坡面冲刷。

（3）综合治理成效

1）治理结果

目前为止，流域治理面积 2.4 km²，矿区总的绿化面积 2.54 km²，其中种植乔灌木约 6213 株（丛），草坪 0.1439 km²，排土场土地复垦面积 0.316 km²。修筑永久性挡土堤 12 座，淤地坝 4 座，非永久性截水坝 14 座，贮灰场挡灰坝 1 座，河道整治 1627 m。建成果园 2 处，苗圃 3 个，修公路 27.514 km。

2）效益分析

边坡防护、土地复垦、栽树种草等措施的实施，大大改善了矿区的地表生态环境，植被覆盖度由建设前不足 25%，提高到现在的 60% 以上，水土流失控制程度大于 88.6%，水蚀流失模数已从本底值 13000 t/（km² · a）下降到目前的 2760 t/（km² · a）。

地面防排水系统、坝体工程、透水石堤、干砌浆砌石护坡等工程的实施，坡面生物措施的实施，使地表径流得以疏导。水保工程实施后，减少地表径流量 0.66 m³/a，减少原生地表水土流失量 0.25 t/a，减少水土流失量 72%。应根据技术文档的组织方式，提供多个组合查询子模块，即可根据技术文档标题、分类、部门、关键词、作者、发布时间段等进行任意组合查询。由于只有授权用户才能查询非共享文档，应根据登录的用户名确定其共享的文档权限。

另外，为方便系统的安装和维护，在服务器和各个工作站均安装了统一的应用程序。为确保系统的安全，应用程序的第一个界面应该是系统登录，当用户试图进入本系统时，数据库会对其用户名、密码进行验证。只有当户名、密码都同时符合时，才允许进入系统，并根据用户的级别，激活与权限相应的模块，即在菜单系统设计时，采用不能执行技术文档数据库的开发设计贯穿了易管理、易维护、易使用、低成本的原则。本系统投入使用后，可以充分利用已有的计算机和网络资源，提高办公自动化程度，大幅度提高对技术文档的管理效率，及时地给各部门提供准确的技术文档。系统采用的模块化设计也为 VFP 单机版技术文档管理系统的升迁和进一步开发提供了便利。

三、水土保持中的生态修复与生态安全浅析

水土资源短缺，生态恶化，水土流失严重，是制约人类生存与发展的最大障碍。加大水土保持生态环境建设力度，依靠自然修复能力和人为重建活动，是提高生态环境容量、建设安全生态、实现人与自然和谐相处的有效途径。

水土作为基本的自然资源，是一切动植物等有机体赖以生存的物质基础。采取必要的措施合理利用和开发水土资源，是防止生态衰变，保障生态安全的先决条件。近年来国家提出实施西部大开发战略，将生态环境的综合整治作为基础设施摆在了十分重要的位置，充分体现了党和政府对事关国计民生与经济发展的生态环境问题的高度重视。本节从甘肃生态环境演变入手，着重就水土保持的生态修复功能及对生态安全的影响提出管窥之见。

1. 危及生态安全的突出问题

资料显示，我国的水资源和耕地资源人均占有量分别不及世界人均占有量的 1/4 和 1/2，全国有不同侵蚀强度的水土流失面积 367 万 km²，占国土总面积的 38%。由于厄尔尼诺现象的影响，全球气候异常，干旱、洪涝、风沙、强台风等自然灾害频繁发生。甘肃境内沙尘暴等扬沙天气明显增多，降水过程趋弱，水土流失严重，直接威胁着生态安全。

（1）干旱

据近 70 年资料记载，甘肃省发生了 10 次特大干旱，平均 7 年 1 次，其中 3 次出现在 20 世纪 90 年代，平均 3 年 1 次。干旱间隙时间明显缩短，发生的频率明显增加。中华人民共和国成立 50 年以来的旱灾统计分析表明，甘肃旱灾具有明显的地理分布特点。黄河流域是主要旱灾区，累计受旱面积 2236 万 km²，占全省累计受旱面积的 79%，减产粮食占全省减产粮食总量的 72.5%。

（2）水资源短缺

全省多年平均降水总量 1275.3 亿 m³，年均降水量 280.6 mm，约为全国平均降水量的 47%；全省人均水资源量 1150 m³，为全国人均占有量的 49.6%；每公顷平均水资源量 8400 m³，为全国水资源量平均水平的 32%；农作物全年缺水程度为 13% ～ 95%。

（3）沙尘暴频繁

我国有记载的沙尘暴发生在汉高祖二年（即公元前 205 年），甘肃省文物

考古研究所对敦煌出土的汉简研究发现，汉简上记录有"遗车失马"事件，其中部分内容提及沙尘暴这一灾害性天气。至中华人民共和国成立前的2154年间，我国共发生沙尘暴70次，平均31年一次。从1949年至20世纪末我国共发生沙尘暴71次，平均每年1.4次，尤其是进入20世纪90年代，沙尘天气骤增，仅2000年沙尘天气就达11次。2001年1—4月甘肃大部区域沙尘暴天气更加频繁，已严重影响了农业生产和群众生活。

（4）水土流失严重

甘肃总土地面积45.4万km²，有土壤侵蚀面积38.6万km²，占总面积的86%，是一个水土流失严重的西部内陆省份。境内侵蚀类型齐全，水力、风力、重力、冻融侵蚀均有不同程度的发生，全省仅水力侵蚀区每年输入江河泥沙近6亿t。

2. 水土保持与生态修复

如何开发利用水土资源，实现水土流失区生态环境的改善，构筑经济增长的平台，是甘肃长期研究和探索的重大课题。实践证明，大兴梯田，挖窖蓄水，开展小流域综合治理是适合甘肃省情的生态修复路子，并涌现了定西、静宁、庄浪、成县等一批水土保持先进典型。

（1）梯田工程

为了稳定地解决广大山区群众的温饱问题，早在20世纪90年代初期甘肃省委、省政府就提出了梯田建设的目标，截至20世纪末，全省已累计兴修梯田167万km²，有一定的基本农田作保证，甘肃已成功地解决了群众的温饱问题。特别是1993年庄浪县被列入全国梯田化建设试点县后，带动了全省梯田建设的稳步推进。庄浪梯田化的顺利实施，不仅有效地提高了单位面积产量，而且为传统农业向现代农业的发展奠定了基础，以梯田为载体，县域生态环境明显改善。定西市坚持水保立县，广修梯田，依托梯田工程充分利用日照长、光照足的自然优势，打造了定西马铃薯品牌。生态的初步修复，使农业和农村经济发展的后劲得到增强，据分析全省现有梯田每年增产粮食10亿kg以上。

（2）集雨工程

针对甘肃境内干旱缺水的现状，以用好地表水、开发地下水、集蓄天上水"三水齐抓"为中心，加大了雨水资源的开发利用力度，全省集雨工程已由解决人畜饮水和发展庭院经济向农田节水补灌延伸。全省已建设集雨水窖工程150.66万眼，发展节水灌溉面积23.64万km²。集雨工程等一系列高效农业配套措施的建设，支撑了旱作农业区经济的稳步增长，成为甘肃的特色工程。

（3）综合治理

以小流域为单元开展水土保持综合治理，是甘肃水土保持生态环境建设的最大特色。将小流域作为自然单元、经济单元和生态单元，坚持统一规划，分类指导，科学实施，梁、坡、沟兼治，有效地提高了土地利用率和土地生产率，促进了小流域生态环境的逐步修复，延长了发展农业与农村经济的产业链，成为"治理一方水土、发展一方经济、改善一方生态"的脱贫致富工程。全省列入计划治理的 1100 多条小流域平均治理程度达到了 53.4%。

（4）专项治理

在国家的大力支持下，甘肃水土保持生态环境建设步入了崭新的发展阶段，先后列项开展了中国黄土高原世行贷款项目、长江上游重点防治工程、黄河水土保持生态工程、国债工程等一批重点项目。这批工程的实施，加速了甘肃黄河、长江流域生态环境的修复步伐，项目区水土流失得到初步控制，农业结构得到合理调整，农民收入稳步提高。甘肃"长治工程"实施 12 年来，完成国家投资 1.74 亿元，开展的 6 期流域综合治理面积达 10180 km²，使项目区治理程度达到 50%。项目区农业生产总值由 5.14 亿元提高到 12.89 亿元，增长 150.8%，人均产粮和农民人均纯收入分别比治理前提高了 31.3% 和 141%，林草覆盖率由 25.1% 提高到 50.5%。一批水土保持工程的顺利实施，推进了区域经济的发展，成为拉动经济增长的助力器。

3. 水土保持与生态安全

在人类物质文化生活水平不断提高的同时，全球面临的资源、环境、人口问题亦日益突出，洁净的水资源和可耕种的土壤已成为 21 世纪人类最为重要的战略资源。因此，正确认识和分析生态现状，发展生态经济复合型农业体系是建设安全生态的必然要求，也是今后水土保持生态环境建设的战略性发展目标。水利部列项实施生态修复试点项目，依靠自然的修复功能，是在小流域治理基础上对水土保持事业发展的前瞻性探索，通过生态的修复促进生态的安全，进而达到环境资源的可持续利用和经济的可持续发展。就甘肃省的水土保持生态环境建设而言，今后应处理好几个关系，进而提升全省生态安全水平。

（1）正确处理预防保护与综合治理的关系

随着西部大开发战略的实施，西部地区的开发建设项目明显增多，如铁路、公路等交通基础设施形成的"线状"开发，电站、水库、矿山等形成的"面状"开发，都不同程度地扰动地貌，破坏植被，人为地造成新的水土流失。因此，在水土保持生态环境建设上，应突出预防监督，加大监督执法力度，巩固和保护已有治理成果。改变以往重治轻管的做法，在先行保护的前提下规模化地推进综合治理。

（2）正确处理退耕还林还草与梯田建设的关系

近年来，中央对生态环境建设给予了前所未有的重视，把退耕还林还草工程作为生态环境建设的重要措施付诸实施，并取得了阶段性成果，充分体现了生态优先的原则。甘肃多年的生态环境建设实践证明，在干旱缺水的环境背景下，兴修梯田不仅具有生态效益、社会效益，也具有明显的经济效益，是一项富有成效的稳农安民措施。现有一种观点认为，提倡退耕还林还草了，就无须兴修梯田。笔者认为这一观点有失偏颇，实际上兴修梯田与退耕还林还草并不矛盾，在有一定数量旱作基本农田的基础上，还会加快退耕还林还草步伐。今后甘肃还应该结合省情，树立长期奋斗的思想，任何时候都不能放松粮食生产，坚持宜修则修，宜退则退，绝对不能搞一刀切，使梯田建设与退耕还林还草有机结合，最终实现农村经济稳定、生态环境改善的"双赢"。

（3）正确处理开发建设与生态安全的关系

开发建设的目的在于发展，生态安全的目的是为了环境、资源的更好利用与发展，二者是相辅相成的，但是绝对不能以开发建设中的人为因素造成对生态的破坏。当前许多建设项目的实施过程中，程度不同地存在着忽视水土保持的现象，边治理、边破坏，一方治理、多家破坏，势必使生态环境造成恶性循环。为此，全省上下要进一步加大水土保持法规的宣传和贯彻力度，严格按照"一法一例一办法"的要求，抓好开发建设项目的水土保持方案的编制、审批和监督实施，全面落实"三同时"制度，加快水保监督管理规范化建设，确保水土保持工程的持续利用，促进自然与人工生态系统的良性循环，营造人与自然和谐相处的安全生态环境。

（4）正确处理水土保持与经济发展的关系

水土保持生态环境建设涉及城乡，覆盖面广，城市水土保持与山区水土保持既有共性，也有个性，必须做到因地制宜，分类指导。尤其对山区而言，由于人类耕作等活动影响，造成山区经济的发展明显滞后。水土保持工程建设在农村、农业、农民问题上具有举足轻重的地位，能够成为农村经济发展的有力支撑。21世纪甘肃的水土保持生态环境建设要紧密结合全省经济的发展，加快城市水土保持试点建设，充分利用自然和人类的双重改造潜能，在科学的指导下，实施好重点项目，合理配置水土资源，提高科技成果的生产力转化水平，把水土保持作为推动经济发展的基础工程，作为江河治理的根本措施，作

为群众致富奔小康的必由之路，实现生态安全、社会稳定、经济繁荣的综合
目标。

第四节　水土保持的发展

一、我国水土流失及复垦现状

1.我国水土流失及治理概况

（1）我国水土流失概况

我国是世界上水土流失较为严重的国家之一。据20世纪90代初期遥感调查，
全国轻度以上水力侵蚀面积179万 km²，轻度以上风力侵蚀面积188万 km²。
水力侵蚀主要分布在丘陵区，风力侵蚀主要分布在"三北"地区长城内外、黄
淮平原沙土区及滨海地带。此外，在我国高寒山区还分布有125万 km² 的冻融
侵蚀。

1）流域分布

水土流失在我国黄河、长江、海河、淮河、松花江和辽河、珠江、太湖等
七大流域均有分布，其中长江62万 km²、海河12万 km²、黄河46万 km²、
松辽河28万 km²。

2）省区分布

全国省区除上海外均有水土流失的分布。从各省的分布面积看，新疆为
95.02万 /km²、内蒙古为79.86万 /km²，二者占全国水土流失面积的47.7%；
甘肃（23.62万 /km²）、青海（18.27万 /km²）、四川（18.42万 /km²）、云
南（14.45万 /km²）、黑龙江（12.02万 /km²）、西藏（11.26万 /km²）、山西（10.79
万 /km²）这七省区的水土流失面积占全国的29.6%；从各省水土流失所占比例
看，水土流失面积占本省区总面积50%以上的有6个省区（山西、内蒙古、陕西、
甘肃、宁夏、新疆）。

（2）水土流失治理情况

1）累积综合治理

截至1996年我国共治理水土流失面积4070万 km²，占水土流失面积的
19.1%。其中，修建梯田、坝地等基本农田11.3万 km²；营造水土保持林和经
济林40万 km² 以上；种草保存4万 km²。修建各类蓄水保土工程上亿处。国
家从20世纪80年代起相继开展了片小流域的水土流失重点治理工程，涉及多

个省、区、市、县，已竣工验收的小流域有 27500 多条。

从 90 年代初以来，我国开展了较大规模的水土流失综合治理工作，目前年新增综合治理面积约 3.5 万 km²，年综合治理进度为 0.9%。

2）水土流失发展趋势

随着我国人口增长、经济发展，生产建设和资源开发活动急剧增加，加之在开发建设中忽视了水土平衡，致使全国的水土流失加剧，生态环境恶化，并且呈继续扩大、发展的趋势，已成为实现我国经济及社会可持续发展的重要制约因素。环境问题已被作为当今中国的四大问题之一。其中，水土流失是我国的头号环境问题。

2. 开发建设项目水土流失状况

（1）开发建设造成新的水土流失情况

1）水土流失面积仍在扩大

20 世纪 80 年代全国平均每年新增加的水土流失面积约达 1.5 万 km²；90 年代虽然加强了水土保持执法力度，但每年新增的水土流失面积仍达 1 万 km²。这一势头并没有得到根本遏制，从全国的复垦治理和破坏速度情况看，每年平均新增综合复垦面积 3.5 万 km²，而年新增破坏面积达 1 万 km²，相当于复垦面积的近 30%。

据调查，黑龙江因乱采、滥砍、乱挖造成新的水土流失面积达 1.07 万 km²，占全省累计复垦面积的 50% 以上。该省鸡西市自中华人民共和国成立以来共治理水土流失面积 167 km²，而因开矿、采煤造成新的水土流失面积达 187 km²，破坏速度大于复垦。广东省在 1986—1994 年因开矿、采石、城市建设等造成的水土流失面积达 2894 km²，平均每年新增 414 km²。山东省的万个开矿、建厂、采石、修路等建设项目，造成水土流失面积 2700 km²。四川省的万处建设项目，新增水土流失面积 1115 km²。

2）水土流失量仍在加大

目前从全国宏观来看相当多的地区水土流失在加剧。边复垦、边破坏；先复垦、后破坏；一方复垦、多方破坏的现象较为普遍；处于局部复垦、整体加剧的状况。"八五"期间全国每年产生废弃土石量达 30 亿 t，有相当多的废弃土石被直接倾倒入江河、河道；1997 年全国工业固体废弃物产生量 6t，其去向主要有综合利用、储存、处理处置、排放四种方式，其中综合利用量仅占 38%。

3）水土流失复垦任务加重

北方一些地区沙化面积扩大，沙化土地以每年 2460 km² 的速度扩展。南方裸岩砾石化面积扩大，贵州省石灰岩地区的清镇、赫章两县，因水土流失已形成光石山面积 667 km²，占总土地面积的 11.4%，有的已失去生存条件，恢复良好生态环境的难度极大。

原生水土流失的复垦，在投入较高的国家重点治理区，国家补助也只有 1.5 万元 / km²。而开发建设项目区原有的地形地貌、地面物质、植被等均遭到破坏，国家和企业投入的复垦资金一般每 km² 在几十万元，有的达多 100 万元；按此标准若要复垦每年新增的流失面积，年需资金近 100 亿元。

（2）水土流失发生的新变化

1）水土流失地域发生了变化

由山丘区扩展到平原区，由农村扩展到城市，由农区扩展到牧区、林区、工业区、开发区、草原等。沿海一些平原区由于开发建设破坏植被，水土开始流失，局部地区出现沙化，如广东省广州、珠海、佛山等 12 个城市，1986—1995 年，造成新的水土流失面积达 475 km²，土壤流失量也逐年增加；山东省济南、潍坊、泰安等城市水土流失面积已占城区总面积的 30%；黑土地区等原本流失轻微的区域产生了剧烈的水土流失。

2）水土流失分布及其强度发生了变化

土壤侵蚀分布规律发生了变化。原来水土流失不太严重的地区，局部却产生了剧烈的水土流失，而且土壤侵蚀强度较大，原有的侵蚀评价和数据在局部地区已不适应。山东省泰安市城区的土壤侵蚀模数已高达 2.03 万 t/ km²。

土壤侵蚀过程发生了变化。过去一个地区的水土流失产生、发展过程呈规律性，现在局部地区打破了原有的规律，可能从微度侵蚀迅速跳跃到剧烈侵蚀。

3）水土流失的危害性发生了变化

与原生的水土流失相比，开发建设区的水土流失危害性具有突发性、灾难性的特点。并且由于是人口集中、经济发达、工业密集的地区，造成的损失是破坏性的、巨大的，这就为水土保持提出了更高的要求，加重了复垦的任务。

3. 开发建设项目对水土保持和生态环境的影响

（1）地质矿产

由于矿山长期疏干排水，疏干了矿区及其附近的地表水和浅层地下水，使生态环境恶化，影响植物生长，造成土地塌陷，有的形成土地石化、沙化，供水发生困难。山西省因采矿造成 1826 万人吃水困难，200 km² 以上水地变成旱地。

废渣占地严重，我国重点金属矿山每年剥离岩土约 2.2 亿 m³，矿山渣石占地达 2.62 万 km²；据对 28 个重点露天矿调查，仅土岩场占地即达 45 万 km²，今后每年还要新占地 4 km² 以上，全国煤矿 1990 年后每年还要排放矸石 7309 亿 t，除占地外，还造成水土流失，诱发滑坡。

（2）交通事业

在公路和港口建设方面。改革开放以来，我国的公路建设发展迅速，截至 1998 年全国各级通车公路里程已达 125 万 km，近几年新增通车公路里程达 34 万 km。目前，各省区、县都在兴修公路，特别是主要干线修建高速及高等级公路，就地向河流、沟道倾倒弃土弃石，严重影响排洪，造成新的水土流失，恶化生态环境。

在铁道建设方面，到 1990 年营业铁路里程已达 5.34 万 km。修建铁路对生态环境的影响：一是扰动沿线地形地貌，原有的水土保持功能受到损害，一般新建铁路包括站场等有关工程每公里正线约占地 5.3×10^4 m²，新建复线约占地 6.7×10^4 m²；二是路堑的开挖、路堤的填筑、取土场和采石场等动用土石量较大，特别是隧道的弃渣、高填深挖地段的取弃土极易造成水土流失；三是对周边地区的影响较大，施工战线长，临时房屋、施工场地、便道等对土地的占用、碾压，使土地裸露，引起或加剧土地沙化。

（3）煤炭工业

煤炭工业中除了大量矸石占地外，由于煤的开采，到 1990 年不完全统计，土地塌陷面积达 870 km²，一般每采万 t 煤要塌陷土地 2000 m²，仅从全国平原地区每年采出煤量 2 亿 t，就增加塌陷面积 40 km²。

（4）石油天然气工业

1987 年大陆石油资源量几百亿 t，天然气储量几十亿立方米。在我国西北、东北、中南等区域都发现了特大油气，目前正在大规模开发，在油气开采过程及输送管道建设中，也会造成新的水土流失。

（5）电力工业

我国电力中 76% 为火电，24% 为水电。对生态环境的影响包括：建设过程中的水土流失；电厂生产后的废弃灰渣造成的流失和粉尘污染。1980 年全国 5 万 kW 以上火电燃煤 10225 万 t，灰渣 2595.19 万 t，灰渣综合利用量仅为 367 万 t。此外，22.8% 的灰渣量直接排入江河造成了水土流失。1990 年全国万千瓦以上火电燃煤 523165 万 t，灰渣量 6546.4 万 t，灰渣综合利用量仅为 18470.4 万 t，利用率为 28.11%。灰渣利用率达 100% 的电厂有 5 个，仅占电厂总数的 2.20%。

（6）冶金工业

目前主要是钢铁冶炼，1990年全国外排冶炼渣量6634万t，冶炼渣利用率由1980年的65%提高到74%。对环境的影响主要在矿山开采区、运输及生产区、尾矿尾沙区等，开采过程和废弃物堆放中易产生水土流失。

（7）有色金属工业

有色金属工业包括铜、铝、铅、锌、镍、锡、锑、汞、镁、钛等10种常用金属，此类项目对环境的影响主要在矿区和弃渣场。从开采和排弃量来看，铜、生铁每吨金属消耗矿石量分别为200 t、35 t和400 t，排弃废石量为610 t（地下生产）。1990年有色金属工业产生固体废物6035万t，其中排放386万t，废物综合利用率为61%，占压大量土地和耕地。

（8）建材工业

建材工业包含建筑材料、非金属矿和无机非金属新材料三大部分，产品有水泥、玻璃、陶瓷、砖瓦等1400多种。1990年全国有22万个建材企业，一大批建材企业建成投产，对环境普遍造成了危害。特别是近年来乡镇企业的迅猛发展，由于管理不严格、生产不规范，乱挖、乱倒、乱排现象十分严重，造成的危害也很大。

（9）其他建设

在化工工业方面，炼磺、烧碱、盐、炼油、化工、化纤、化肥等石油化工也在不断兴起，在开采、加工、生产中对生态环境造成了一定的影响。

在轻工纺织工业方面，造纸、制糖、食品、制革、电镀等发展较快。1990年排放工业固体废物2000万t，其中1500万t是煤灰。纺织业也在排放电石渣、污泥等固体废弃物，造成了一定的水土流失。

在机械工业方面，机械电子、飞船舶工业、兵器工业、航空工业等在全国继续发展，一般对生态环境和水土保持影响较小。

4. 开发建设项目中造成水土流失的危害

水土资源是人类赖以生存的基本条件，水土大量流失，我们的经济和社会将难以持续发展，子孙后代的生存也将受到严重的威胁。

（1）破坏水土资源和基础设施

对耕地的危害：广东省因水土流失受害农田达9.2万km²，变为沙地面积6200 km²。江西省由于采矿弃土弃渣造成危害的农田就达1.79万km²，大面积的良田被埋没或水冲沙压，有的被迫弃耕。

对基础设施的危害：四川省绵阳市近几年泥沙淤塞了93处水利工程，损失库容多 40 万 m³，使许多农田丧失了灌溉条件。深圳市的深圳水库 1991—1993 年三年的淤积量超过了建库多年泥沙淤积量的总和。陕西省耀州区的丁家山水库因上游修建水泥厂弃土弃渣，1000 m³ 的库容被全部淤满，遇洪水而垮坝。

（2）加剧洪涝灾害

近几年我国主要江河出现的"小洪水、高水位、多险情"严峻局面，与大量废弃物倾倒于河道有直接关系。长江三峡工程已开工的多个建设项目就已弃渣 1271 亿 m³，大多是直接倒入沟道、江河，每遇暴雨这些弃土弃石就被直接送入长江。黄河中游的晋陕蒙能源开发区、豫陕晋矿产开发区等大规模开采，大多数弃渣直接倾倒在河道，使黄河泥沙显著增加。

（3）破坏生态环境

内蒙古开矿、修路、建厂等排弃废弃物达 5.6 亿 m³，占用毁坏地表植被 1.32 万 km²。辽宁省近几年开矿、采石、基本建设项目有万处，破坏植被 1.95464 万 km²。林草植被的破坏，使本来就十分脆弱的生态环境进一步恶化。

（4）制约国民经济和社会的可持续发展

实例 1：深圳市的城市化和工业化进程很快，水土流失也急剧增加。其中布吉河中游的房地产开发，使河道迅速淤积，1992 年一场五年一遇的暴雨，就造成了 9000 多万元的直接经济损失。1993 年一场十年一遇的暴雨，造成经济损失高达 5.51 亿元。深圳市 1993 年 9 月 26 日一场二十年一遇的降雨，就使深圳河洪水泛滥，造成直接经济损失达 14 亿元。

实例 2：太原市郊区在开发建设中忽视水土保持，使水土流失量骤增了四倍。1996 年 8 月一场暴雨，太原市区洪水泛滥，造成的直接经济损失达 2.86 亿元。《人民日报》以此为题发表了"水土流失进城了"的评论。

实例 3：近几年重庆市在开发建设中由于不注意水土保持工作，发生崩塌、滑坡数千次，有 52 万多户受灾，直接经济损失达 19 亿元。

5. 建设项目水土保持方案的意义和作用

落实法律规定的水土流失防治义务：根据"谁开发、谁保护，谁造成水土流失、谁负责复垦治理"的原则，凡在生产建设过程中造成水土流失的，都必须采取措施对水土流失进行复垦治理。编制水土保持方案就是落实法律的规定，使法定义务落到实处。开发建设项目的水土保持方案较准确地确定了建设方所应承担的水土流失防治范围和责任，也为水土保持监督管理部门的监督实施、收费、处罚等提供了科学的依据。

水土保持列入了开发建设项目的总体规划：法律规定在建设项目审批立项

前，先要编报水土保持方案。这样从立项开始就把关，并将水土流失防治方案纳入主体工程中，与主体工程"三同时"实施，使水土流失得以及时控制。水土保持方案批准后具有强制实施的法律效应。要列入生产建设项目的总体安排和年度计划中，按方案有计划、有组织地实施，防治经费有了法定来源。

水土流失防治有了科学规划和技术保证：按建设项目大小确定的甲、乙、丙级资格证书编制制度，保证了不同开发建设项目方案的质量。同时，方案的实施措施中对组织机构、技术人员等均有具体要求，各项措施的实施有了技术保证。

有利于水土保持执法部门监督实施：有了相应设计深度的方案，使水土保持工程有设计、有图纸，便于实施，便于检查、监督。

从以上分析可知，要搞好我国矿区水土保持与土地复垦工作，在加强农田水利基础建设和生态环境建设的同时，笔者认为急需重点抓好以下几个环节：在搞好大型水利设施建设的同时，重视中小水利设施的修复、配套、更新和改造；加强抗旱水源建设，搞好小流域治理；发展节水农业和旱作农业；搞好农业综合治理；开发和改造中低产田；植树造林，改善生态环境。

而实现可持续发展尚需解决以下三大难题：水资源紧缺；水土流失；耕地面积日益减少。全国土地流失面积已占国土面积的23%，这样严重的流失，使我国成为世界上少数几个水土流失严重的国家之一。每年水土流失带走的肥力，相当于全年使用的化肥总量。因此，治理水土流失应提到各级领导的议事日程。21世纪生产力得到了大发展，但人与环境、人与大自然的关系没有处理好，越来越多地受到大自然的制裁。人类大规模地移山填海，滥用资源，逐渐发展到危害人类自身的程度。保护生态环境，就是保护生产力，就是保护人类的健康和生命。我国矿区水土保持与土地复垦走可持续发展道路是社会发展的必然趋势。

二、简论水土保持与水利可持续发展

发展是人类追求的永恒主题。但是，目前人类丰富的物质生活和经济水平在很大程度上是建立在资源迅速耗竭和生态环境恶化的基础上的。在保护生态环境及合理利用资源的前提下发展经济，才是当今世界追求的目标，可持续发展就是实现这一目标的唯一途径。可持续发展是既能满足当代人的需要，又不对后代人满足其需要的能力构成威胁的发展。人类有追求健康而富有生活的权利，但这些权利的实现必须坚持与自然和谐相处，而不是凭借技术和投资，采取耗竭资源、破坏生态环境的方式来实现。同时，当代人不能只为了追求今世的发展，而剥夺后代人本应享有的发展机会。可持续发展涉及的范围十分广泛，包括各个领域，各个行业，甚至是某一个单位，水利行业也不例外。

1. 水土保持在水利中的作用

在一些侵蚀严重、生态环境脆弱的地区，水土流失影响到水资源的合理利用，对于干旱缺水地区来讲，是最为主要的环境问题。遏制水土流失，实施水土保持，是保证水利持续发展的唯一选择。通过水土保持，保护、改良和合理利用水土资源，维护和提高土地生产力，以利于充分发挥水土资源的经济效益和社会效益，建立良好的生态环境。具体来说，水土保持在水利中的主要作用有三方面：一是减少滑坡、泥石流等地质灾害与洪涝灾害的发生及其所造成的经济损失；二是涵养水源，改善蓄水环境，保证饮水安全；三是减少水库、湖泊等蓄水工程的淤积，延长水工程的使用寿命。

坚持人与自然和谐相处，实施可持续发展战略，是当今世界各国发展的必由之路。水利作为国民经济和社会发展的基础性产业，对于持续发展尤为重要。水土流失对水利的危害十分严重，我们一定要持之以恒地抓好水土保持工作，以保证水利事业的可持续发展。

2. 水利可持续发展的必要性

水是人类赖以生存的不可替代的宝贵资源，是社会经济发展的物质基础。经济发展和人类的生活离不开水的供给与保障。水利包含水资源开发利用、除害兴利、节约水资源、保护水资源等许多内容，是国民经济和社会发展首要的基础设施和基础产业。但是，目前我国在水资源的利用方面存在着诸多问题。第一，人均水资源占有量低，时空分布不均匀，利用粗放。目前我国的总供水量，不能满足社会经济发展的需要。与此同时，我国的水资源利用大多是粗放型，不注重节水，浪费严重。到21世纪中叶，我国人口将接近16亿，社会经济发展要求达到和接近世界发达国家水平，对水的需求将进一步增加，供需矛盾将更为突出。第二，洪涝、干旱灾害频繁。我国的洪涝灾害十分频繁，几乎每年都有发生，加之水利工程及城市、乡村的防洪标准普遍偏低，洪涝灾害造成的损失十分严重。干旱灾害几乎年年发生，造成的经济损失巨大。今后随着社会经济的迅速发展，一次灾害的直接损失将不断加大。第三，耕地中有效灌溉面积少，灌溉技术落后，水的利用率较低。第四，我国现有水利工程有相当一部分工程质量不高，设计标准偏低，部分水利工程设施老化失修严重，大中型灌区工程配套不齐，致使工程效益衰减，有的工程甚至报废。第五，水污染十分严重，水环境问题突出。因此，只有确保水资源和水利工程的可持续利用，才能保障国民经济的可持续发展。只有确保水利的可持续发展，才能保障经济、人口、资源、环境的协调发展。水利可持续发展既是我国可持续发展总体战略的重要组成部分，又是整个国民经济和社会可持续发展的基础与保障。

21世纪的中国，经济和社会能否顺利实现可持续发展，将在很大程度上取决于水资源能否可持续利用。水利的可持续发展是一项复杂的系统工程，涉及很多方面，如水资源的开发、利用、治理、配置、节约、保护，工程的运行与管理，水利的投资与建设，人才的开发与使用，水土保持，防洪排涝，体制与机制，科教与法规等，其中，水土保持是水利可持续发展的重要组成部分。

3. 水土流失对水利的危害

（1）枯水季节水量减少，易造成干旱和水荒

水土流失的首要后果是使枯水季节水量减少，严重区域水源枯竭，河道断流。具体表现在两个方面。一是土壤蓄水量减少。土壤颗粒间的空隙占土壤总体积的40%～50%，空隙是水分蓄存的空间，是涵养水源的关键，由于土壤随水而去，储水空间就随之丧失，土壤的蓄水量也因此减少。从水文角度讲，增强了径流的年内变化，使洪水季节水量更多，枯水季节水量更少。二是水土流失使水塘、水凼、水库、湖泊、河道等发生淤积，蓄水容积减小，蓄水量也相应减少。土壤蓄水量减少容易发生旱灾，蓄水工程水量减少容易引发水荒。

（2）增加地表径流，加剧洪水泛滥

水土流失使枯水季节水量减少，但在洪水季节恰恰相反。水土流失严重的地区，植被大部分遭到了破坏，当暴雨发生时，由于地面坡度大，植被盖度低，涵养水源能力差，极易迅速大量产流，瞬时形成山洪。洪水陡涨陡落，历时短暂，挟带泥沙倾泻而下，使下游人民的生命财产遭受严重损失。

（3）造成河库淤塞，降低水利工程的效益

水土流失区由于表层土壤裸露，在水力侵蚀下，大量泥沙随地表径流流向塘库、江河，一方面淤积的泥沙减少了有效库容，削弱了水库的防洪与供水能力，减少了水库的使用寿命，严重时易造成漫坝、垮坝等事故；另一方面容易造成沟渠江河河床抬高，严重影响行洪能力，致使洪水宣泄不畅，水位上涨，经常出现10年一遇的流量20年一遇的水文现象。

（4）容易引发山体滑坡、泥石流等灾害

由于植被破坏，一遇暴雨，径流汇集，极易形成山体滑坡和泥石流，造成

地质灾害。滑坡、泥石流等灾害除了冲毁房屋、道路、电力、通信等设施外，也将破坏农田、水塘、水库等水利与水土保持设施，严重时还会影响航运。

（5）容易造成水体污染与水质下降

由于洪水增大，发生次数增多，表层土壤以泥沙形式进入水体，水体中含沙量增加，水的浊度增大。同时，流失的土壤中含有大量的有机质及残存的农药、肥料等物质，这些物质随土壤一起进入水体，使水体的面源污染加大。水土流失越严重，进入水体的污染物就越多，水污染就越严重。

三、城市水土保持的发展策略分析

发展是人类追求的永恒主题，但是，往往为了提高物质生活和经济水平，造成了资源迅速耗竭和环境恶化。水利事业的可持续发展就是为避免这一现象的有效和唯一途径。可持续发展是既满足当代人的需要，又不对后代人满足其需要的能力构成危害的发展。因此，我们有必要将城市水土保持的发展策略定为紧紧围绕可持续发展开展工作。

1. 水土流失加剧的原因和现状

随着我国经济的迅速发展，城市化水平不断提高，城市规模不断扩张导致的城市资源短缺、生态环境恶化及人口极速增长等问题给城市生态系统带来了巨大压力。伴随着城市化速度的加快，人类对城市内部及其周边地区水土资源的扰动强度加剧，引发了越来越严重的水土流失，给城市居住环境与安全构成了威胁，制约城市现代化的发展。搞好城市水土保持，改善生态环境，保护和利用自然资源，创造优美舒适的人居环境，建设适宜居住的生态城市，实现城市可持续发展，已成为城市发展的主流。

据调查数据显示，我国现有水土流失面积356万 km^2，其中受水力侵蚀的水土流失面积165万 km^2，受风力侵蚀的水土流失面积191万 km^2，在水蚀和风蚀面积中有26万 km^2 的水土流失面积为水蚀、风蚀交错区。全国水土流失面广、量大，无论山区、丘陵区、风沙区还是农村、城市、沿海地区都存在不同程度的水土流失问题。

2. 水土流失的危害

（1）增加地表径流，加剧洪水泛滥

水土流失严重的地区，植被大部分遭到了破坏，同时，山区更容易发生水土流失。当暴雨发生时，由于地面坡度大，植被不够，坡面截流能力较差，土壤表层涵水能力低,使得降雨强度远远大于土壤入渗速度,雨水来不及入渗,迅速大量产流,瞬时形成山洪,洪水过程与暴雨过程相似,陡涨陡落,历时短暂,凶猛的洪水夹杂泥沙倾泻而下,使下游人民的生命财产遭受严重损失。

(2)造成河库淤塞,降低水利工程的效益

由于表层土壤裸露,在水力的侵蚀下,大量泥沙随地表径流流向水库、江河,一方面淤积的泥沙减少了库容,削弱了水库的防洪能力,减少了水库的使用寿命,严重时易造成漫坝、垮坝等灾害,另一方面造成沟渠江河河床抬高,严重影响行洪能力,致使洪水宣泄不畅,水位上涨。

(3)水环境质量下降

由于洪水量增大,发生次数增加,表层土壤以泥沙形式进入水体,水体中含沙量增加,增加了水的浊度。同时,流失的土壤中含有大量的有机质及残存的农药、肥料等物质,这些物质随土壤一起进入水体,使水体的面源污染加大。水土流失越严重,进入水体的污染物就越多,水污染就越严重。如前所述,水土流失使水库、湖泊、河道等发生淤积,同时,枯水季节水量减少,因此,造成水体的稀释自净能力下降,水环境容量减少,水污染速度加快。

3.水土保持的必要性及发展策略

(1)加强水土保持的必要性

水土流失危害比较严重,影响了水资源的利用,加强水土保持可以防治水土流失,保护、改良和合理利用水土资源,能够维护和提高土地生产力,以利于充分发挥水土资源的经济效益和社会效益,并且建立良好的生态环境。加强水土保持可以起到如下的作用。

①减少洪涝灾害的发生。水土保持可以维持或增加土壤的入渗量,一些工程水土保持措施还可以拦蓄径流,一方面在汛期可以削减洪峰,提高防洪能力,另一方面在枯水季节可以补充径流,减少径流的年际变化。

②减少水土流失量。很多水土保持设施(如水平梯田、排灌沟渠等)还可以拦泥拽沙,增加水库蓄水,提高水利工程的效益,减少水库、河道等的淤积,延长水利工程的使用寿命。

③可以减少滑坡、泥石流等灾害的发生,从而也降低了滑坡、泥石流对水利工程的损坏率。

④可以提高水环境的质量。

(2)水土保持的发展建议

①注重历史经验,坚持综合治理。以县为基本单位,以小流域为治理单元,

以修建基本农田和发展经济果木为突破口，山、水、田、林、路、沟综合治理。工程措施和耕作措施既是治理水土流失综合措施中的重要组成部分，又是有效实施造林种草的必要条件。所以各地制定的生态环境建设规划必须是一个全面的综合治理规划，而不是单一的林草建设规划。

②注重生态、经济协调发展。退耕还林还草是扭转生态环境恶化的关键，但一定要科学有效地具体实施，必须进一步完善生态效益补偿机制，加大补偿力度。

③重视天然植被的保护和改良。人工植树种草无疑是使我国生态环境和农业发展步入良性循环的一个关键步骤，但必须把天然植被保护放在同等重要位置才能达到既定目标。

④加速小城镇建设进程，推动第二、第三产业发展。城镇化发展是一个地区经济社会发展的主要标志之一。但必须一方面严格控制人口增长，另一方面创造条件，结合生态环境建设整体规划战略部署。这样既可促进退耕还林还草的进程，减少对生态环境的巨大压力，又有利于大规模产业化的发展，使区域内外在物资交流、运输、科技和文化教育等方面实现跨越式的发展。

⑤改革生态环境建设项目管理办法，提高投资效益。建议在生态环境脆弱区、恶化区，设立专职机构，加强统一规划和统一管理，协调农、林、牧、水等职能部门，明确责任，分工合作，避免重复投资、重复统计、重复估算治理效益的弊端。项目实施中，采取法人负责制、招标投标制、工程监理制，严格检查验收，保证各项治理措施的实施和工程的质量与进度；同时明确规定工程中必须有水土保持和农、林、牧、水等有关的科研、教学部门参加，促进水土保持与生态环境建设，提高科技含量和投资效益。

⑥充分发挥科学技术的支撑作用。按照国际项目管理经验，专业研究机构应作为技术依托单位参加区域或大型生态环境建设项目的规划、实施以及评估验收的全程工作。为有效发挥科技的作用，在水土保持与生态建设项目中增设"科技专项"。

水是人类赖以生存的无可替代的宝贵资源，是社会经济发展的物质基础。经济发展和人类的生活离不开水的供给和保障。只有确保水资源和水利工程的可持续利用，才能保障国民经济的可持续发展，只有确保水利的可持续发展，才能保障经济、人口、资源、环境的协调发展。水土流失对水利的危害十分严重，水土保持是水利可持续发展的重要组成部分，加强水土保持措施，将是决定水利可持续发展进度的关键。

第五节　城市水土流失强度分级及防治

一、城市水土流失强度分级指标体系初探

我国自改革开放以来，城镇发展日新月异，特别是 20 世纪 80 年代初期，城市的各种工程建设和土地开发活动更是如火如荼。由于大兴土木，造成动土量大，而忽视了城市水土传统水土流失强度分级指标的设置。

由于城市水土流失的特殊性，深圳城市水土流失强度分级指标与传统水土流失强度分级指标有所不同，根据所选取指标进行的强度分级基本符合当时深圳水土流失的客观实际，如按开发区类型所选指标进行的级别强度划分能较好地反映水土流失的现状和特点，对深圳市水土流失的治理和水土保持规划具有一定的指导意义。但其他城市的自然环境和城市建设情况与深圳不一定相同，并且随着深圳生态环境的建设，深圳市的水土流失状况也在变化，所以深圳水土流失强度分级指标不一定适用于其他城市和变化着的深圳的实际情况。另外，其分级指标主要是土壤流失指标，没有直接的水流失指标，而城市中的水流失，特别是城市建成区的地表径流量较大，并且造成的危害较大。

1. 建立城市水土流失强度分级指标体系的原则

从内涵上理解，水土流失是指地表水及固体物质（土壤、母质、岩石风化物等）在外力作用下，从特定的土地单元输移出去的过程。"水"不仅是水土流失的动力，同时也是水土流失的主体之一，水土流失包括"水"与"土"两个流失主体，评价水土流失程度的量化指标，应同时包括"水"和"土"两个流失主体的强度指标。城市和山野乡村一样，其水土流失的含义同样包含着土壤的损失和水的损失。

（1）充分体现城市水土流失的特点和城市水土保持目的的原则

城市水土流失的主要特点是，以人为原因为主；水土流失强度，特别是"两坡一面"的水土流失强度特别大；城市建成区的水流失量极大，危害复杂而严重。城市水土保持具有多目标、多功能、多任务等特征，除了远郊区自然流失或坡耕地以保持土壤肥力为主要目的外，主要体现在为城市建设服务为中心的水土资源保护。城市水土保持工作与城市规划、城市环境保护等多个部门既有分工，又要密切地配合和协作。

（2）科学性和可操作性相结合的原则

科学性是指所选指标能准确度量水土流失强度，其含义明确，测定、统计

及计算方法规范，数据来源可靠，指标要尽量可能量化。可操作性是指所设置的指标尽可能建立在已有的土壤侵蚀指标、径流量指标及其调查资料的基础上，其值易于用地面或遥感测量计算获取。并且运用简便，能为生产和研究部门所接受，有利于推广使用。

　　2. 城市水土流失强度分级指标体系的构成

　　遵循以上原则，建立的水蚀地区城市水土流失强度分级指标体系包括三类指标：土沙流失指标、水流失指标和相关指标。各指标有各自的适用范围。

　　（1）土沙流失指标

　　这是直接度量土沙流失量大小的指标，包括土壤流失模数、土壤流失厚度、产沙模数。土壤流失模数、土壤流失厚度适用于城市远郊自然流失区、坡耕区及开发平土区等地区。产沙模数用来度量整个城市范围土沙流失量，特别适合于表示开发平土区、采石取土场、道路边坡等类型的土壤流失区。

　　（2）水流失指标及其必要性

　　这是直接度量城市水流失量大小的指标。这里设置了径流模数、径流系数和径流深度，它们用来表示整个城市范围的水流失量，特别适合于度量城市建成区的水流失强度。水流失指标值的大小可以通过现有的方法测定和计算，它除了与降水量、气温等自然因素有关外，还与城市建成区的不透水面积、城市绿地系统等人为因素有密切的关系。这些指标在以往的水土流失强度分级研究中往往被忽视。

　　城市水土流失强度分级指标体系中设置水流失指标的必要性如下。

　　1）使分级指标体系更为完整

　　如前所述，水土流失包括"水"和"土"的流失，只有同时包括水流失强度及土流失强度的指标才是科学的，设置完备的水土流失强度指标是题中应有之义。

　　2）城市的水流失量大

　　城市建设的快速发展，强烈改变了自然地貌、植被和水系，使不透水地面迅速增加，下渗量大大减少，城市地表径流量随之增加。城市中的硬地面抗蚀性较大，使得土的流失量不一定很大。城市中土流失量大小难以反映径流量的大小。因此，需设置单独的水流失指标。

　　城市的不透水面积、径流系数等对污染物质的数量及污染程度有重要的影响，城市地表径流污染已成为仅次于农业污染的第二大面污染源，这种水土流失型非点源污染，治理难度较大。

（3）相关指标

它间接反映了水土流失量的大小。所设置的相关指标分别适用于城市的不同区域和不同的城市水土流失类型，如平台面积、斜坡高差等可作为城市边缘地带开发平土区的参考指标，不透水面积百分比用来表示城市建成区的水流失强度的参考指标。

二、城市水土流失特点及防治对策

在城市化进程中，大规模的开发建设，使得原有的地貌、植被遭到破坏，造成严重的水土流失，破坏了生态环境，加剧了洪涝灾害，对城市经济社会的发展，尤其对可持续发展已经构成严重的威胁。因此，加强城市水土保持工作势在必行。

1. 城市水土流失的特点

城市水土流失是在城市开发建设过程中，因扰动地表和地下岩土层，破坏了原始下垫面结构及人工构筑边坡、堆置废弃物而造成的水土资源流失。具有人为性、复杂性、隐蔽性、突发性、艰巨性、特殊性等特点。

（1）灾害的人为性

城市水土流失的原因除与自然因素有关外，与建设者的思想素质、管理机制等社会政治、经济和文化因素也密切相关。城市水土流失主要由人为开发建设活动中的机械夷平作用和低洼地的填土过程所造成。人为作用贯穿于城市水土流失形成和演变的各个环节，重庆市铜圆局长江防洪护岸综合整治工程施工建设区水土流失影响因子测试结果为，降雨因子与施工开挖、填筑以及弃渣运输因子对城市水土流失的影响最为明显。

（2）矛盾的复杂性

城市水土流失的产生，主要为自然和人为等多种灾因复杂叠加，突出表现在与城市建设的空间和发展周期上的联系、人为态与自然态的联系、作用与反馈等方面，促使城市水土流失灾害形成机制的复杂化。城市水土流失本身作为一种原生灾害，必然造成更为复杂多样的次生和衍生灾害，给人们的生命、财产造成惨重的损失。灾害涉及面的扩大，又使在处理城市水土流失灾害损失赔偿和治理中，需要解决和协调日益复杂尖锐的矛盾，处理不当还可能引发复杂的社会问题。

（3）城市水土流失的隐蔽性

在城市水土流失中，除了部分地段外，降水所形成的地表径流常被众多的道路、房屋等建筑分割，或分段进入地下排水管道，在地表难于形成一个完整的输水输沙系统。一般情况下，虽有大量泥沙被流水带走，却难于看到挟带泥沙的滚滚洪流。由于城市泥沙是通过地下管道输移，具有很强的隐蔽性，因而不易引起人们的重视。

然而，一旦城市受灾就可能产生连锁反应，灾害损失逐级放大。直接经济损失主要表现为因水土流失而降低的土地价值以及滑坡、崩塌和泥石流等，造成人员伤亡与财产损失。间接经济损失包括水的净化、疏浚河流、水道、港口解决航运问题以及清除城市排水系统淤塞费用，因河流和水库等淤积而加剧洪灾及其衍生灾害造成的巨大经济损失。在城市水土流失灾害损失中，间接经济损失远远大于直接经济损失，前者可能是后者的十几倍，甚至几十倍。

（4）灾害具有突发性

城市只要存在水土流失隐患，当遇突发性的暴雨，潜在的隐患，就会突然发生，造成严重的水土流失灾害。如山西省太原市郊区因开发建设中不重视水土保持，1996年8月上旬降暴雨，使洪水泥沙进入市区，淤泥厚达1 m，造成重大灾害，失踪和死亡60人，直接损失达2.86亿元。

（5）巧治理任务的艰巨性

治理城市型水土流失，不同于治理山区水土流失按照小流域进行综合治理，其没有规范可循，且人为干扰多，治理难度大，任务艰巨。绝不是仅仅依靠几项能够奏效的工程措施、生物措施，必须拿出更多的资金，修建高起点、高标准、高质量的工程才能发挥作用。然而，据1986年深圳城市水土保持经验，治理成本达43万元/ km²，才能达到城市总体规划布局的要求。

（6）侵蚀等级划分的特殊性

由于城市水土流失的特殊性，城市侵蚀等级的划分自然就不能再采用原用于农村山区土壤侵蚀等级划分的标准，必须采用适于城市水土流失等级划分的新方法。刁基昌等认为对城市水土流失等级划分主要取决于土壤流失指标，而不应考虑径流指标，将城市水土流失分为3级，即较少级（Ⅰ级）、一般级（Ⅱ级）、严重级（Ⅲ级），分级指标按地面坡度、植被覆盖度、年土壤侵蚀深、水土保持措施情况等4个因子来综合考虑。对评价对象分别进行打分，采取加权平均法计算出最后得分分级。

2. 城市水土保持对策与建议

城市作为一个复杂的生态系统，是由社会、经济、环境三个基本要素相互作用、相互依赖、相互制约而构成的。对城市系统发展来说，环境可持续性是基础，经济可持续性是条件，社会可持续性是目的，这三者的协调发展是城市可持续发展的本质内涵。城市要获得持续性发展，必须要有良好的环境基础。以改善和美化环境为目的而开展城市水土保持，它不仅不会阻碍城市化进程，相反能够规范城市开发建设行为，促进城市化进程健康有序地发展。

（1）加强领导，强化管理

城市水土保持工作是一项公益性事业，涉及方面很多，其成败在很大程度上取决于协调和监督管理的好坏。

各级党政领导必须进一步提高认识，加强对城市水土保持工作的领导，把水土保持生态环境建设纳入国民经济和社会发展计划；加强科学管理，不断建立和完善水土保持政策法规，使城市水土保持工作有法可依、有章可循。首要问题是转变观念，认清城市水土流失的特殊性，治理任务的艰巨性。要充分利用各种宣传媒体，采取多种形式，运用正反两方面的典型教材，向社会各界特别是各级领导和各开发业主广泛、深入、持久地宣传城市水土流失的危害性以及开展城市水土保持的重要性，使其牢固树立可持续发展意识，增强对城市水土流失防治的紧迫感和责任感。

（2）科学规划，精心实施

城市水土保持是一项复杂的系统工程。为了有目的、有计划、有步骤地开展工作，应在深入调查与分析的基础上，编制与城市总体规划、城市功能相配套且切实可行的城市水土保持规划。水保部门应精心组织规划的实施，制订出具体的实施方案，根据规划所确定的水土保持功能分区、分类进行防治和监督。

（3）加强科学研究，提高防治水平

水保部门特别是水土保持科研院所，在城市水土保持工作实践中，应不断地总结摸索经验，大力加强科学研究工作，积极探讨城市水土保持工作的新思路、新方法、新措施，提高城市水土流失防治的科学水平。

（4）多方筹资，建立城市水土保持基金

城市水土保持以工程措施为主，工程量大，要求标准高，需要很大的投入。因此需有稳定可靠的资金，以保证开展城市水土保持工作。为此，除了坚持"谁破坏谁治理"的原则，还应多层次、多渠道、全方位筹资，建立城市水土保持基金。

水土流失是当今世界头号环境问题，我国是世界上水土流失最严重的国家之一，在城市化进程日益加快的今天，城市水土流失问题严重阻碍了工农业及经济的可持续发展。目前，由于人们对城市水土保持认识的局限性以及城市水土保持自身工作展开的难度性，导致现今对城市水土流失的防治还未取得质的飞跃，但只要加强宣传，强化执法，加大资金投入，城市水土流失问题完全是可以根治与解决的。

土壤侵蚀是水力、风力、重力及其与人为活动的综合作用对土壤、地面组成物质的侵蚀破坏、分散、搬运和沉积的过程。对土壤侵蚀的全面研究，除继续深化侵蚀过程微观研究外，还须将研究尺度放大到足够的时间跨度和空间尺度，以便认识土壤物质被剥蚀、搬运和堆积的全过程。只有这样，才能深刻认识土壤侵蚀对农业生产的影响，对河床和坝库的淤积，以及污染物质在下游的富集等。近年来开展的全球变化研究，对土壤侵蚀与全球变化关系，水土流失及其治理对区域和全球生态环境的影响，给予了越来越多的关注。同时制定国家水土保持宏观规划和决策，制订国民经济发展计划，要以区域水土流失的基本信息为基础；依法实现对全国、省区和重点流域水土保持状况的公告，也必须依托于区域水土流失定量评价及其数据。可见，区域尺度水土流失研究，既是水土保持科学研究的要求，也是水土保持事业的要求。

第六节　农村宅基地水土流失问题

一、农村宅基地流转问题及措施

宅基地上市流转一直是农村土地管理中的一个敏感话题。十七届三中全会之后，农村宅基地流转问题变得日益突出。《土地管理法》规定："农民集体所有的土地的使用权不得出让、转让或者出租用于非农业建设。"但是该项规定在某种程度上阻碍了农民土地利益的实现。因此，有必要明确流转条件、开辟规范的流转市场，以解决这个矛盾。

1. 宅基地流转产生的主要问题

（1）直接导致炒地、炒房现象

在我国市场经济体制还不完善的条件下，宅基地流转一旦被无限制地允许，有限的宅基地及其上附属的房屋很容易卷入炒地、炒房的热浪中，将严重影响市场经济秩序，破坏市场规范。

（2）间接诱发房屋产权纠纷

由于宅基地具有福利性质，农村宅基地无法获得国家颁发的土地产权证书。而宅基地一旦发生流转，根据"房随地走"的原则，其上的无产权房屋也会随之流转，今后往往会由此引发许多房屋产权纠纷。

（3）恶性城镇化制约农村的发展

当有限的宅基地不足以满足人们的用地需求时，大量农业用地将逐渐被开发利用。表面上是城镇化，而实质是侵占行为，将严重影响农村的发展。

（4）农民根本利益受损

宅基地是农民基本的生活保障。调查数据显示，将宅基地流转后转进城打工者，大部分人收入微薄，且当今社会对农民工的福利待遇并不高，为了维持生计，农民返乡趋势严重。但面对已经流转的宅基地，农民很无奈。农民的根本利益得不到有力的保障。

2. 宅基地流转的措施

相关文件中明文规定，禁止农民宅基地非法上市流转。但是，如果宅基地及其上住宅无法流转，无法抵押，将直接制约农民土地利益的实现。因此，政府应制定宅基地流转政策，从农民的根本利益出发，结合农村发展现状，采取合理措施，实现农村宅基地的上市流转。

农村宅基地之所以不能上市流转，一是由于宅基地属集体所有，具有福利性质，在其国有化之前是无权进行对外流转的；二是由于农民并没有取得宅基地的集体土地使用证，无产权证明土地的上市流转也因此受到限制。可通过改革和制定相关制度等措施来开辟和规范流转市场。

（1）对外经营型流转，颁发"两证"，明确权属

针对此流转类型，可以依照相关规定，明确宅基地及其上房屋的权属问题，办理手续后，向农民颁发集体土地使用证和房屋产权证。但是，拥有"两证"宅基地的流转也并不是随时、无条件和无限制的。任何宅基地在发生流转之前，必须根据当地实际情况、集体土地利用比例关系和经济发展状况等因素，获得集体经济组织的批准，然后才可以凭证转让或出租宅基地，但不能改变其用途。

（2）对外政策型流转，改变土地性质，国有化产权

对外政策型流转受到很大程度的限制。因为除了土地需要长期占用并用于重要的教育、科技、商业经营用地外，一般宅基地的集体土地性质是不能随意改动和国有化的。以上用途的宅基地流转，可以通过改变土地性质，将集体土地国有化、无产权土地产权化后再上市流转。

（3）集体内部流转，置换集体住房

《物权法》草案第6次审议稿规定："宅基地使用权人经本集体同意，可以将合法建造的住宅转让给本集体内符合宅基地使用权分配条件的农户；住宅转让时，宅基地使用权一并转让。"

如村集体组织需要占用宅基地用于公共事业，集体组织可以利用小部分宅基地修建多层住宅，农民用自家宅基地置换住房，这样大部分宅基地便可用于其他用途建设。

（4）规范市场，限定最低地价

农村宅基地的地价在开始流转时较同期城镇地价会低很多，这是由客观环境决定的。随着城市化的不断推进，宅基地价值会受到城市化的刺激而不断提升。此时，限定一个最低地价，如可限定宅基地价格不得低于同期城镇地价一定的百分比例，可以在某种程度上防止炒地现象的发生。

（5）加强管理和监督，严格控制流转量

如果农村宅基地流转量过大，土地市场被刺激，土地需求量扩大，农业用地的有效利用就会受到威胁，容易出现恶性城市化现象。如果宅基地流转条件过于宽松，农民的根本利益则很难得到保障。因此，应加强宅基地流转管理，严格控制宅基地流转数量，全面审核宅基地流转条件，对有必要、有条件流转的宅基地进行批准流转。

宅基地流转既可以增加农民的融资手段，帮助农民实现其土地利益，又可以盘活宅基地存量，节约耕地资源。但是，合理保护农业用地，坚持正确的农村发展路线，保证良好的市场经济秩序是宅基地流转的必要前提。因此，必须制定适宜的土地流转政策，加强监督管理，规范土地流转市场等，这样农村宅基地才能进行流转，才能经受得住历史的考验。

二、当前农村宅基地管理面临的问题及对策

随着社会经济的快速发展和城市化、工业化进程的加快，农村宅基地矛盾日益突出，因宅基地纠纷引起的农民上访案件呈上升趋势，已成为影响农村社会安定的重要因素，农村宅基地管理成为国土管理工作的热点、难点，如何管理好、利用好农村宅基地，缩小城乡差距，确保社会稳定等问题的解决已迫在眉睫。同时也给我们国土资源管理工作提出了更高的要求。

1. 宅基地管理面临的问题分析

（1）存在抢占

宅基地这种情况多发生在城乡接合部或主要交通道路两侧。建房者往往不具备依法获得宅基地的条件，就私自花钱买土地或者与他人私自交换承包地建房，房子建成后自己居住或转让、出租，有的干脆在自己承包的路边地里建房经商赚取大额经营利润。造成这种现象的主要原因是近年来城区房地产升值较

快，带动了周边民房的升值，使宅基地成为投机者的"香饽饽"。

（2）村干部私自规划宅基地

个别村居干部不经过法定程序审批，就给村民划宅基地，以至于房子建成后，办不出房产证、土地证，致使村民到处上访。村干部私批宅基地现象时常发生，一方面反映有些村干部土地法律意识淡薄，另一方面说明执法不严，即很少有村干部因私自划宅基地受到严厉处罚，往往是写一份检讨，补办手续了事。这给一些村干部造成错觉，认为私划宅基地不会出现大的问题，因此屡禁不止。

（3）宅基地分配不公

有些宅基地虽然是按照审批程序批准的，但由于把关不严，甚至有意疏忽，出现了"人情宅基""权力宅基"，造成了不符合审批宅基地的有宅地，甚至多处，急需住宅的村民反而得不到宅基地，形成分配不公，引发矛盾冲突，影响了农村社会稳定。分配不公，主要原因是审批程序不透明，缺乏必要的监督制约措施。村里给谁规划宅基地，事前往往只有村"两委"少数几个人知道，有的村甚至书记一个人就决定了，审批后不按规定公示，欺上瞒下。

（4）"空心村"现象依然存在

特别是在人均土地多的偏远农村，"空心村"现象比较严重。其主要原因是无村庄建设规划，外延扩张，建新不拆旧。另外，近年来由于城市化进程的加快，大量农民到城里经商居住，还出现了大量房屋空置现象。

（5）针对违法行为的执法难

对符合村庄规划和用地条件的农户，由于种种原因未经批准就建设了房屋，如果坚决拆除，退还土地，就会给农民造成很大的经济损失，如果不处理，执法部门就是不作为，使执法者左右为难。即使对不符合"两个规划"的住宅想依法进行强制拆除也很难，因为国土资源部门没有强制执法权，申请法院执行又要履行烦琐的程序，具体执行起来也很困难。

2. 宅基地管理的对策措施

（1）实行宅基地超占部分有偿使用制度

集中开展一次农村宅基地清查整治活动，摸清辖区内宅基地家底，对符合乡村规划、面积不超标、一户一宅的宅基地可以继续无偿使用；对虽然符合乡村规划，但面积超过法定标准的，超出部分实行有偿使用，一户多宅的，多出的宅基地实行有偿使用。对宅基地实行超面积收费，不是增加农民负担，只是对极少数乱占、多占宅基地者的制约措施，符合社会主义市场经济规律以及土地集约利用和保护耕地的要求。超占宅基地有偿使用费按年度交纳，张榜公布，让投机宅基地无利可图，杜绝宅基地投机。

（2）严格宅基地规划、审批管理

建立宅基地审批责任和过错追究制度，严把审批关。乡镇国土资源所要对申请人的情况审查清楚，审查其是否具备申请条件，村委会上报前是否按程序张榜公示，村民有无反映，房址是否符合"两个规划"。审查人要签字盖章，以示负责。县级国土资源部门在审查时，要随机抽样复审，确认无误后报县政府批准。搞好村庄规划，结合新一轮土地利用总体规划，合理确定不同类型村居用地规模。对一般农村要圈定村界，"画地为牢"，严禁无度扩展；偏僻的小村、自然村要逐渐向中心村集中，以达到集约用地的要求。在不违背有关法律、法规的前提下，应允许乡村结合本地实际制定相应的村庄用地规划，经县政府批准后实施。对城中村和城乡接合部的村居可以每年统一规划一次宅基地，但应以建楼房住宅为主，禁止建平房，这样既可以满足村民居住需要，又能防止二次拆迁造成的损失，节约用地。

（3）加强"空心村"治理

各级政府应把村庄规划、改造"空心村"作为目前农村工作的大事来抓，制订计划，统筹安排，分步实施。政府应加强领导，有关部门要密切配合，对个别阻挠村庄改造的"钉子户"，政府应协调公安、法院等部门依法惩处，以儆效尤。把"空心村"治理与宅基地的审批挂钩，对"空心村"严重的村居，不再审批新的土地作为宅基地。在"空心村"改造、村庄搬迁中，对旧房没拆完就建新房的，可收取一定数量的拆除旧房押金，待旧房自行拆除后，退还押金；否则，不予返还，可用作雇人拆房佣金和强制拆除费用，以防止建新房不拆旧房、多占宅基地的现象。旧村改造工作不可搞一刀切，应结合乡村实际有计划分步实施，合理统筹资金，尽量减轻农民负担。

（4）强化执法监察

建立国土、公安、司法等部门联合执法办案体系，强化执法能力。对那些不听劝阻、顶风而上的违法者要敢于碰硬，不合理房屋该拆除的要坚决拆除。要健全执法监督举报体系和举报奖励办法，鼓励村民互相监督。特别是要强化基层国土资源所执法巡查职能，对各种非法占用宅基地现象，做到早发现，早制止，将问题解决在萌芽状态。加强对村干部的国土资源法制教育，强化村干部的宅基地管理第一责任人意识，把好第一关。对宅基地规划管理好的村居干部给予适当的奖励，以提高村干部参与管理的积极性和主动性。

第二章　河长制的推进

第一节　河长制推进的落实

一、河长制推行中的档案管理

加强河道管理，实施水环境综合治理，是一项长期、艰巨和复杂的系统工程。2016 年底，中共中央办公厅、国务院办公厅印发了《关于全面推行河长制的意见》，为将这一体制抓实抓好，前期准备工作必不可少，如河流建档立卡、完善档案信息是河长制推行工作的基础和重要环节。

1. 河流建档立卡的必要性

（1）水质污染无记载

造成水体污染的原因是多方面的，包括自然污染和人为污染，而尤以人为污染最为严重，如工业废水、生活污水、农业污水等。河流水体污染往往受到多种性质的污染，建筑垃圾、生活垃圾倾倒以及农药残留物现象十分普遍。但不了解每条河流的具体污染原因，就无法制订合理的方案，进而采取有效的治理措施。

（2）水域变化无记载

在经济社会和城市化发展进程中，部分河流已经不同程度地被侵占和受到破坏，河道被乱挖乱采，河床滩地被围垦种植，城市化建设项目占用水域，甚至有的水域几乎被全部挤占，河道断流，原有水域设计功能消失，造成城市内涝、田间积水、行洪不畅等问题，甚至给人民的生命及财产造成极大损失。

（3）生态变化无记载

近年来，因人们对河道生态认识程度与经济发展速度不相适应，河道被侵占圈养、污水排入、垃圾堆成堆等现象普遍存在，河流行洪排涝能力降低，水污染状况严重，河道生态环境遭受严重破坏，生态环境退化严重。各级政府与河道管理部门不断采取措施，加大河道生态保护与修复力度。但河道生态变化情况记载的缺失，使后期的生态修复中无法对河流生态变化原因、修复措施、治理经验进行总结，对今后河道生态治理起不到较好的借鉴作用。

（4）管理人员变动无记载

由于河流管理档案的缺失，给河流管理工作带来诸多漏洞，影响了治理工作的开展，为此需对河流档案进行进一步的搜集和整理。整理过程中会因管理人员工作调动、退休等诸多变动给工作带来一定难度，尤其是河流管理档案中缺少河流管理人员相关信息，造成河流管理档案的搜集无从着手。

2. 完善河流档案管理体制

一是成立河流档案工作领导小组，由分管档案或河长制工作负责人担任组长，制订具体工作方案及推进计划，工作责任到岗到人。二是建立协调沟通机制，在档案收集过程中，有关部门、科室、人员密切配合，大力支持，共同努力，确保完成档案目标任务。三是健全各项工作制度，建立工作人员岗位责任制度、收集制度、归档制度、整理制度、保管制度、统计制度、利用制度等，明确工作标准操作规程，做到档案建设有章可循。

3. 全面加强河流档案管理

（1）提高重视程度

河流档案材料是开展河长制，加强河流管理的必备条件，同时也是加强河流生态治理修复的基础和依据。各级政府、相关部门要提高对河流档案工作重要性的认识，切实把河流档案资料收集好、管理好。

（2）加强人员力量配备

选择政治素质较好、责任心强，熟悉档案管理及河流管理知识的人员充实河流档案管理队伍。加强档案管理人员业务素质培训，提高其业务技能，打造一支既掌握河流管理法律法规，又掌握档案理论知识，既懂河流业务知识，又会档案操作技能，既会利用原有档案资源，又掌握新的档案处理技能的专业档案队伍，全面适应新时期河流档案管理工作需要。

（3）尽快完善河流档案

一是组织力量对原有河流档案进行系统整理、校核、修复，尽可能保证历史档案资料的原始性、完整性和准确性。二是与建立河长制工作人员积极配合，全面开展河道现状调查，对河流的起点、终点、长度、宽度、建筑物等指标进行摸底备案，对河流水深、水面、水质、河岸绿化、淤积等情况进行详细数据记录，形成河流详细名录，建成"一河一档"。同时有条件的地方可加强信息化建设，建立河道信息数据库、在线监控信息化数据管理平台，实现管理信息自动化。

（4）强化河流档案管理

进一步改善河流档案管理基础设施，提高档案存放管理条件，采取有效的档案防护、保护措施，确保档案实体安全。加强河流档案数据库、检索查询利用工具管理和维护，做好档案管理与备份，强化安全保密意识，确保档案信息安全。

建立河流管理档案，将河道信息全面登记造册，将河流历史、发展及现状作为修复河道生态、改善河道水环境、保障水安全规划的依据，为推行河长制，实现"一河一策"打下良好的基础。

二、河长制在河道管理中的应用

全面推行河长制是落实绿色发展理念、推进生态文明建设的内在要求，是解决我国复杂水问题、维护河湖健康生命的有效举措，是完善水治理体系、保障国家水安全的制度创新。2011年党的十八大报告提出了把生态文明建设纳入中国特色社会主义事业五位一体总体布局，提出大力推进生态文明建设，水环境质量能否改善，成为衡量生态文明建设成效的一个重要指标。

1. 河道管理的重要性和特殊性

河道不仅是行洪通道，而且还是水资源的载体、生态环境的组成部分。其具有行洪功能、蓄水灌溉功能、供水发电功能、渔业养殖功能、旅游景观功能、休闲娱乐功能、航运功能、纳污功能、生态功能、地质功能、文化功能。

河道自河源至河口，沿线不仅穿越不同的地形地貌，很多河流还跨越不同的行政区域，河岸线较长、涉及面较广、涉及数量较大。长期以来，人们只重视行洪、排涝、航运、发电、供水、养殖等有形功能，却忽视了生态这一无形功能，导致河流生态系统退化，影响到河流的利用。河道生态破坏带来的负面影响是缓慢的、渐变的、非刚性的，具有时间上的滞后性。当发现时，情况可能变得不可逆转，要恢复其应有功能，代价巨大。

2. 河道管理面临的问题

人类工业化的进程加速了水的需求量和排放量，水的数量、质量、分布发生了很大变化。河道面临洪水、干涸、污染萎缩的危机，存在水多为患、水少为愁、水脏为忧的局面，随着经济社会的快速发展，河流的水污染、水生态恶化、河流空间萎缩问题尤为严重，关系到地区和国家的水安全与生态安全。

（1）河流普遍污染，部分污染严重

随着经济社会的快速发展，人们生活水平的提高，无论是城市还是农村都产生了各类大量的生产、生活垃圾，垃圾未经处理直接排入河道，河道成了垃圾场、污水池，进而水环境遭到严重破坏。

（2）水生态恶化，生物多样性锐减

不合理的水资源利用模式，生产与生活造成的水污染，给水生态系统带来了巨大压力，使淡水生态系统成为全球生物多样性丧失速度最快的生态系统，众多的珍稀水生物数量锐减。

（3）水域占用，河流空间日益萎缩

经济发展与土地资源的供需矛盾日益尖锐。为保持基本农田面积不变，很多地区的基本农田"上山下河"，河滩地的土地性质由水利工程用地变为基本农田。

3. 河长制管理的必要性

（1）河长制是改善河道环境的迫切需求

在现实生活中，由于水的流动性，以及河流上下游、左右岸各自管辖范围的权限交叉，导致出现水污染时，一些推诿、扯皮现象在所难免。解决这些复杂的水问题，必须要有能够统筹协调有关各方的权限和能力，有必要最大程度整合各级党委政府的执行力。河长制就是要遵循河流的自然规律，面对发展中出现的问题，解决一龙治水的局面，形成社会合力，齐抓共管，补齐短板。这是人们认识自然、遵循自然规律，科学治水，实现可持续发展的必然选择。河长制工作的主要任务包括6个方面：一是加强水资源保护，全面落实最严格水资源管理制度，严守"三条红线"；二是加强河湖水域、岸线管理保护，严格水域、岸线等水生态空间管控，严禁侵占河道、围垦湖泊；三是加强水污染防治，统筹水上、岸上污染治理，排查入河湖污染源，优化入河排污口布局；四是加强水环境治理，保障饮用水水源安全，加大黑臭水体治理力度，实现河湖环境整洁优美、水清岸绿；五是加强水生态修复，依法划定河湖管理范围，强化山水林田湖系统治理；六是加强执法监管，严厉打击涉河湖违法行为。

（2）河长制需全面贯彻落实

2016年10月11日，中共中央总书记、国家主席、中央军委主席、中央全面深化改革领导小组组长习近平主持召开中央全面深化改革领导小组第28次会议，审议通过了《关于全面推行河长制的意见》。2016 年 12 月，中共中央办公厅、国务院办公厅印发了《关于全面推行河长制的意见》，并发出通知，要求各地区各部门结合实际认真贯彻落实。为此，要树立全局意识、战略意识，从地区安全、国家安全的角度和政治的高度来看待和落实河长制。实行河长制是党中央、国务院对全国一盘棋、全面深化改革制定的一项重大制度，事关国家安全、人民健康。各级各部门要充分理解这一制度的出台背景，将认识上升到中央的决策部署，自觉履行这一制度，使这一制度全面贯彻落实。

三、新常态下水行政执法工作的思考与建议

近年来，随着工业化、城镇化建设步伐的加快和县域经济的快速发展，侵占水域、填占河港、与水争地的现象时有发生，水事违法案件呈逐年上升的趋势，时常引起社会矛盾，影响社会稳定。为促进人水和谐，扎实推进新常态下水行政执法工作，笔者针对当前水行政执法工作现状及实践，谈一些不成熟的想法。

1. 水行政执法现状

水行政执法也如同绝大部分行政执法一样，在 20 世纪 90 年代开始经过了从无到有、从摸索到不断完善的过程，日益加强且取得一定的成效。

（1）水行政执法网络基本形成

根据水法律法规及水利部《水政监察工作章程》，某市水行政执法机构及人员从无到有，从零乱到逐步规范，队伍素质不断提高，逐步适应执法的需要。1998 年，成立市水政监察大队，到目前已形成了乡镇水管站和工程管理单位有水政监察员的水行政执法网络，现全市通过培训上岗的水行政执法人员共有106 人。全市水行政执法人员在学习中提高，在锻炼中成长，严格按照水法律法规及各项规章依法行政，执法力度不断加大，执法行为不断规范。

重点学好水利"四法一条例"和《行政许可法》《行政处罚法》《行政复议法》《行政诉讼法》等相关法律法规，为依法治水、依法行政打好基础。

大小事情有汇报，重大案情集中分析讨论，件件有总结。执法办案过程中讲政策、讲原则、讲策略。

针对实际工作中遇到的新问题、新情况，及时向执法者讲授，详细说明遇到此情况时的具体操作，促进案件处理的质量和水准季度培训工作，主要做好经验的交流和成果的推广工作，去除执法盲点，进行总结并进行成果交流，在交流中提升每支队伍对问题的处理能力。同时，邀请单位法律顾问进行讲授，

弥补执法人员没学过的法律知识，确保案件质量，使办案过程少走弯路。通过一系列培训学习，提高全体工作人员的综合素质和执法水平。

（2）疏堵结合，严格项目审批程序与监管

河道管理要用超前的意识、发展的眼光制定好河道管理规划，使行政审批、案件查处有据可查，有法可依，做到河道管理审批、监督、执法三到位。在项目审批上，工作人员严格按照《水法》《河道管理条例》等法律法规赋予的权限进行审批。真正做到合理开发、利用、节约和保护水资源，防治水害，保护生态环境，支持经济社会的可持续发展。

（3）巡查到位，遏制水事案件发生

通过分析多年来水事案件发案概率和背景，将巡查作为执法工作的重中之重来抓，真正实现由事后查处向事前监管为主的转变。一是细化巡查范围。二是分解巡查任务，确定定期巡查时间和主要巡查内容，既要突出工作重点又要兼顾巡查死角。三是签定巡查责任状，并将此项任务纳入年终考核范围。

（4）协同配合，提高联合执法效果

为确保和谐的水事秩序，促进经济发展，在案件查处上坚持做到发现一起查处一起，举报一起查处一起。办案过程中严格按执法程序办事，注重证据收集、法律条文的适用和处罚的公正，并且坚持办一案、结一案、学一案。在河道管理中难免会遇到一些大的案件，在实际办案过程中，水政监察人员积极加强与地方公、检、法、司、国土等单位的沟通和联系，取得他们的大力支持，扩大联合执法范围，有效地提高了办案效率和办案质量，严厉打击了违法行为，为经济社会发展起到了重要的保驾护航作用。

（5）水行政审批工作逐步规范

经过近几年的努力，水行政审批工作逐步规范，服务窗口已建设到位，做到所有项目"应进则进"，杜绝"双轨制"运行。凡保留的水行政审批事项，无论属本级审批项目，还是本级审查审核上报的审批项目，以及需要与其他部门联合审批项目，一律进入市政服务中心窗口受理。同时，严禁搭车审批和收费，严禁人为增加办理的前置条件。窗口实行"520"政务服务模式（即办理时限压缩50%，中介机构和行政事业单位的经营服务性收费按下限的20%收取，涉企审批环节零收费），同时，大力精简审批事项（由22项精简为8项），实行行政审批"三集中"（即审批职能、审批项目和审批人员向一个科室集中，部门行政审批科室向市政务服务中心集中，行政审批项目向电子政务平台集中）和"一表制"收费（水利规费由市政务服务中心统一代征），优化服务流程，全面推行一次性告知制、一站式服务制和限时办结制，最大程度地方便人民群众。

（6）水事违法案件依法得到查处

近年来，加大了水事案件的查处力度，做到了有警必出，有案必查，有违必究，极大地震慑了水事违法分子，有力地维护了正常水事秩序。开展了以查处侵占水域、破坏水工程、非法采砂、非法取水、擅自设障等为重点的专项执法活动，保障了河湖使用功能和防洪安全。特别对长江非法采砂行为长期实行高压严打态势，采取水追岸堵的方式严厉打击，并与长航公安、海事、港航等部门建立联合执法机制，使长江采砂可控有序。在水行政执法中，坚决克服管理就是收费，执法就是罚款的现象，做到文明执法、依法办案，以保护水土资源为己任。同时，为了保证法律的严肃性，敢于碰硬，敢于办大案，达到办理一案教育一片的效果，如东气西输、黄黄高速等案件的查处。

2. 当前水行政执法存在的问题

（1）司法打击还是一片空白

新时期水事违法案件更具有隐蔽性、时效性和严重性，稍纵即逝，很有必要进行司法打击，以起到很好的法律震慑作用。但是，当前水行政执法与刑事司法未有效衔接，水法律法规对关于涉刑的规定过于笼统，没有出台具体的司法解释和案件移交细则，法律规定比较抽象，大多数条款都是以"构成犯罪的，依法追究刑事责任"这样笼统的话放在罚则后面，究竟违法程度有多大？怎样才算是构成犯罪？都没有具体的立案标准和规定，全靠侦查机关和检察机关研判，而公安部门往往是"不打起来不插手，不进入程序不出警"，认为提前介入水行政执法行动，不是法定程序，怕犯错误。这样一来，造成了一些严重的水事违法案件不能及时有效地得到司法打击。

（2）部门之间缺乏协作意识

从近几年水事案件查处的情况看，发现许多案件都是由于基层干部法律意识淡薄造成的，没有在第一时间制止，甚至纵容违法。到了无法收拾的时候或造成严重后果的，才报告给水行政执法机关查处。特别是涉水违法建筑，如果不及时打击，往往形成了捉迷藏式的抢建行为，一旦建成了，人住进去了，处理起来难度非常大，申请法院也难以执行，最后很可能造成负面影响，群众"跟风学"。另外，涉水建设项目的审批和建设项目水土保持方案的报批等手续未纳入发改、环保、国土、规划、建设等部门的行政审批前置条件，而水法律法规只做原则性的规定，没有作为硬性措施来要求相关部门执行并追责，导致部分涉水项目建设未依法作为相关部门审批的前置条件，使水行政执法工作很被动。

（3）人为干扰执法时有发生

为发展经济，繁荣市场，个别地方存在政府管理职能"越位""缺位""错位"问题和权力干预等人治因素，人为造成了执法难的问题，普遍存在重经济轻法治的思想，不能很好地处理法治环境与经济环境的关系。为吸引外商投资，促进地方经济发展，当出台的一些优化经济环境政策与法律法规相冲突时，往往是经济优先，法律靠边。对招商引资的企业，个别地方政府给予一些与法律规定不一致的优惠政策和特殊保护，而水利部门又受地方政府的领导与管理，很容易导致水行政执法人员无所适从，不敢大胆、严格执法，执法力度削弱。

3. 对策及建议

（1）清理职能，划清事权

按照减少行政成本、相互制约、共同监管的原则，对现行的法律法规进行全面清理，合理划分事权，科学设计审批程序及前置条件，确保相关部门能提前介入监管，避免事后执法、重复执法、交叉执法。同时，建议由地方政府牵头建立跨部门流程监管机制，从源头上防止执法监管空档。

（2）两法衔接，形成合力

建设法治水利，没有司法作支撑，法治水利也将成为空中楼阁。因此，水行政执法与刑事司法必须同步跟进，协调一致，才能实现真正意义上依法治国理念下的法治水利。当前，最紧迫的是对水行政执法与刑事司法这两法衔接规定要进一步细化，建议上级水行政主管部门出台水行政执法与刑事司法衔接具体办法和指导意见，以便于提高案件移送质量，形成共同打击的合力。两法衔接工作实质是两个国家权力体系的协调一致，对维护社会稳定，促进人水和谐，打击水事违法犯罪行为有着重要的意义，是新常态下法治水利建设的迫切需要。

（3）建章立制，协调配合

在水行政执法过程中，相关部门的支持和配合很关键。要以政府为主导，建立相关部门之间的协调协作及信息共享机制，同时，还应建立干扰执法问责记录制度，对干扰执法、行政不作为、行政乱作为的要记录在案，终身问责。另外，水行政主管部门还应加强对所属执法机构的日常监督考核工作，督促其依法执行水法律、法规和政策，并跟踪提出相关建议，确保水行政执法工作取得实效。

第二节　探析中小河流治理问题及措施

一、浅析山区中小河流治理措施

随着我国经济的发展和社会的进步，我国的河流污染问题也越来越严重，特别是山区中小河流。当前，中小河流治理已成为中央关心、人民期盼的重要民生工程，成为水利的重点工作之一。山区河流坡陡流急，洪水冲刷能力强，水土流失和因灾损失严重。以往人们注重河段防洪和水资源开发，忽视山区河流生态系统建设与维护，不从根本上整治水患，必将导致严重后果。

1. 河流生态功能

（1）水资源功能

河流水资源比较丰富，它不仅用来为人们提供生产生活用水，也是调节生态系统的重要资源，是经济发展和人们生产生活的重要保障和物质基础。同时，河流也是农业发展的重要保障。一些水资源比较丰富的地区，河流还担任着发电的功能，为周围的企业和居民提供充足的电力。在雨季到来之际，河流还能够进行蓄水，防止洪水给周围居民和下游带来灾害。

（2）水流能量功能

河流的水流蕴含大量的能量资源，主要有以下 3 种：河流水流与河岸的交界处蕴含大量的能量，通过水流的冲刷作用对河流沿岸造成影响，使河岸的线条更加合理；河流为流域生物提供大量的能量，河流的生物生存需要大量的能量，水流为这些生物提供能量，生物之间又互相提供能量，如此循环往复，构成一个系统的生态链；水流的电能，水流在一定条件下能够发电，为周围的经济发展提供能量。利用水流发电不仅能够节省资源，还可以保护生态环境。

（3）纳污、排污功能和自净功能

河流的自净作用，是水中污染物的浓度在流动的过程中自然减少的现象，这种现象的机制可分为 3 点：物理净化，即通过污染物的稀释、扩散、沉淀等作用使浓度降低；化学净化，即通过污染物的氧化、还原、吸附、凝聚等作用使浓度降低；生物净化，即通过生物的作用使污染物浓度降低，特别是水中的异养微生物对有机物质的氧化分解在其中起主要的作用。

（4）对地下水的调节功能

天然状态下，在枯水季节，河流水位低于地下水位，河道成为地下水排泄通道，地下水转化成地表水；在洪水期间，河流水位高于地下水位，河道中的地表水渗入地下补给地下水。

2. 中小河流治理问题

（1）缺乏系统规划治理

具体表现在，山区需治理的河道长，缺少资金，使河道治理缺乏系统性；河道治理多偏于防洪功能，而其他功能被严重忽视。以往建设了一些临时防洪工程，工程标准低，年久失修，防洪问题突出，许多中小河流的重要河段仍处于未设防的自然状态。

（2）长期投入不足是治理的瓶颈

中小河流治理建设面广、投入大，由于群众投劳减少，加之山区一般属于欠发达区域，中央、省对水利项目采取的是补助政策，地方财力无力配套投入，给山区项目包装、资金争取等方面带来一定的难度，影响河流治理项目推进的积极性。

（3）河流治理任务艰巨

山区中小河流分布范围广，洪水峰高量大，暴雨后一般 $2 \sim 5\,h$ 即出现洪峰，严重威胁群众的生命财产安全。由于各河流上游缺乏较大洪水拦蓄调节作用的控制性工程，中、下游未建较高标准的防洪堤，且河道淤积严重，90% 的河段行洪能力为五十年以下一遇，有些河段其至达不到五年一遇，治理任务十分艰巨。

（4）管理薄弱，河流功能衰减

山区中小河流流域内岩石裸露，堤防单薄，加之水土流失严重、不合理采砂、拦河设障、向河道倾倒垃圾、违章建筑等侵占河道的现象较多，洪水来时容易造成不同程度的洪涝灾害。并且工业污染和农业面源污染逐年增加，两岸村庄生活污水、垃圾直排河道的情况相当突出，河道生态破坏严重。

3. 中小河流治理措施

（1）植树、植柳河流治理应为工程措施和植物措施相结合

山区河流、河源和上游区段进行植树、插柳措施是一项治本措施。结合水土保持、小流域治理有计划性进行植树、河岸插柳可基本保证河源区的水土稳定、减少水蚀、固定岸坡；要禁止在沿河两岸开荒种地，应按国家公布的相关规定收回一定距离的岸边耕地，植树固岸，中下游陡立岸坡应据土质情况进行削坡、植柳固岸。对有益于两岸的滩地，进行植柳固滩。

（2）抓好建设管理

抓好项目法人组建、招投标、项目管理、项目验收等各个环节工作，规范项目建设管理，提高管理水平，保证工程质量，加快建设进度，及时竣工验收。

同时，加快制定中小河流治理项目建后管护制度，明确建后管护责任、管护主体、管护经费等。建立河道综合治理保护利用长效机制，有效遏制新的水土流失，加大无序采砂整治力度，大力推行农村生活垃圾收集处置项目建设。

（3）强化监督检查

中小河流治理建设项目要在开工前、竣工后公示，县水务局应组织力量全过程跟踪监督、检查和指导项目实施，发现问题及时督促整改，推进治理建设项目有力有序有效实施。根据财政部、水利部出台的关于中小河流治理的规定，在项目全过程贯穿绩效管理，作为加强管理的重要抓手，实行绩效评价结果的报告和公开制度，既为决策服务，又增强政策的社会公信力。

（4）河流自然资源保护的非工程措施

随着经济的发展，一些开发商往往只看到眼前的利益，忽略了长久的利益，因此，在河流的治理过程中要改变人们的这种思想观念，开发过程中要尽量减少对生态的破坏。导致河流生态破坏的重要原因之一是污水排放。因此，在河流治理过程中要严格控制污水的排放，无论是生活污水还是生产污水都会给河流的生态带来严重的影响。

治理过程中应该总结过去的治理经验，对于能够长久使用并且发挥效益的治理对策重复使用，针对存在争议的治理措施则要慎重考虑，结合实际情况考虑是否使用，避免出现之前曾经出现过的失误。在总结经验的基础上还要结合现代科学技术进行治理，将新的治理理念导入河流治理中去，努力通过治理使河流的生态逐步恢复到原来的样子，营造出一个适宜居住的生态栖息地。鉴于山区中小河流治理对山区水资源开发利用的重要性，因此本节研究这个课题具有非常重要的现实意义。

二、浅谈城市中小河流治理

1. 河流与城市的生存及发展

（1）河流是城市诞生的摇篮

世界上主要的大城市基本上都是傍水而建的。一般河流中下游地区大多是城市集中、经济相对发达的地区。在我国七大江河的下游地区，人口密集，城市集中，经济发达，集中了全国1/2的人口、1/3的耕地和70%的工农业产值。

（2）河流是城市发展的灵魂

在城市形成和发展中，河流作为最关键的资源和环境载体，关系到城市生存，制约着城市发展，是影响城市风格和美化城市环境的重要因素。城市河流对城市的作用更加重要，成为水源地、动力源、交通通道、污染净化的场所；在现代，城市河流在城市生态建设、拓展城市发展空间方面具有不可替代的作用，是城市发展的灵魂。

（3）河流是城市景观环境的重要依托

良好的河流景观与濒水环境是现代化城市的重要内容，而营造城市景观环境离不开大自然中与城市关系最密切的河流和水面。当代国际大都市环境建设的价值观念趋向表明，都市人与大自然的关系已由疏离、隔绝变为亲近和融合。开阔的水面和流动的水体所形成的自然风貌，无疑能给城市增添许多魅力。

（4）河流是城市生态系统的重要因素

在现代城市规划中，河网是城市生态系统的绿色生命线，是城市生态平衡的重要因素。城市河流具有供应水源、提供绿地、保护环境、自然保护、旅游娱乐、交通运输、文化教育等各项生态功能，对城市生态建设有重要意义。目前，城市河流作为城市生态系统的重要因素，已经和正在被城市建设者关注，其生态功能的应用，也逐渐被引入生态城市的建设中。

2. 中小河流治理存在的主要问题

（1）盲目填没河流，减少水面，导致生态系统和排水系统破坏

随着城市化步伐的加快，城市河流水面被人为侵占或缩窄，加重了内涝发生的概率。在城市建设中，为了多争一块土地，许多城市盲目填河，将河道排水改为管道排水，将软排水改为硬排水，城市排水管网与城市河道不配套，排水系统不协调。防汛排水时，市区内河水满为患，泵站被迫停机的事时有发生，致使城市排水的矛盾十分突出。

当城市河道水质污染严重，恶臭难忍时，人们往往迁怒于河，干脆"活埋"了事，或以此作为与河争地的借口。人与河道争地，人不给水出路，水不给人留情，城市调节雨洪的能力越来越低，一遇降雨，到处积水，损失越来越大。人类无节制地向大自然索取、挤占河道，堵塞洪水通道，自然也给人类以报复，水位一年比一年高，灾情一年比一年大。

（2）河流被硬化、渠化，导致城市景观、生态系统和水环境被破坏

以往城市河道治理工程片面追求河岸的硬化覆盖，只考虑河流的防洪功能，而淡化了河流的资源功能和生态功能，破坏了自然河流的生态链，破坏了生态

环境。为保护城市安全，河流完全被人工化、渠道化，以为这便是将水系"治服"，以图一劳永逸。河流的硬化、渠化，使人类自动放弃数百年来的亲水环境，断绝人与水的关系，造成地面与水面相隔离，人工与自然的比例不协调，破坏了原有的生态平衡。其实，自然的水系是一个生命的有机体，是一个生态系统，从生态学角度讲，硬化河床是治标不治本的做法，根本解决不了水污染净化的问题。河道是有自净能力的，自然的河道中大量的生物、植物和微生物都有降解污染有机物的作用。植物还可以向水里补充氧气，有利于防止污染。水泥衬底和护衬之后，割裂了土壤与水体的关系，使水系与土地及其生物环境相分离，有些生态功能就会随之消失。失去了自净能力的河道只会加剧水污染的程度。另外，如果河岸做硬化处理，则能够阻挡垃圾的植被破坏，更容易造成河道水质的污染。

（3）河流污染严重，河流生态功能遭到破坏

市区河道一般都具有防洪、排涝、生态环境景观等综合功能。随着改革开放的不断深入，城市经济迅猛发展，河道两岸土地被开发利用，城市化步伐加快，城市河道功能遭到损害，大量工业、生活污水不经处理直接排入河道，造成河水严重污染，水质恶化，河道生态环境遭到破坏。据全国2222个监测站的统计，在138个城市河段中，符合Ⅱ、Ⅲ类水质标准的仅占23%，超过Ⅴ类水质的占到38%，能饮用的地面水已所剩无几。其原因就是工业废水和城市污水未经任何处理排入河道。河流污染使鱼虾等基本绝迹，而代之以适应污染环境的各类底栖微小生物类群，导致城市河流及其两岸的生物多样性下降，特别是一些对人类有益的或有潜在价值的物种消失。

3. 城市中小河流治理的措施

（1）以人为本，建设生态河堤

城市河流治理的主要目的，一是减轻或避免水灾对人类造成的损失，二是营造河流景观与人类及周围环境的和谐。

从城市生态环境建设出发，生态河堤建设要给予充分重视。

生态河堤把水、河道与堤防、河畔植被连成一体，通过科学的配置，在充分利用自然地形、地貌的基础上，建立起阳光、水、植物、生物、土壤、堤体之间互惠共存的河流生态系统，适合生物生存和繁衍；生态河堤采用种植于水中的柳树、菖蒲、芦荟等水生植物，能从水中吸收无机盐类营养物，其舒展而庞大的根系还是大量微生物以生物膜形式附着的良好介质，利于水质净化，能够增强水体自净；生态河堤的植被有涵蓄水的作用，同时，河堤土壤中有大量的土壤动物

和微生物,使河堤土壤具有很高的孔隙率。丰水期,水向堤中渗透储存,减少洪灾;枯水期,储水反渗入河或蒸发,起着滞洪补枯、调节水量的作用。

（2）保护水面,还河流以空间

目前我国城市的排涝标准较低,一遇大雨,市区到处积水,交通堵塞,城市功能不能正常发挥,甚至产生巨大的经济损失。因此,在进行城市规划时,要对城市水的出路有很好的考虑和安排。尽可能地保留城市内原有的河流、湖泊、洼地及排水通路,不任意填埋和淤塞。必要时应开挖人工湖和运河,这不仅可提高城市的排涝能力,也可以改善城市景观和城市生态环境。

在城市河道断面形态规划设计上,既要注重河流防洪排水的功能要求,又要体现城市生态环境和城市景观的要求,尽可能采用复式断面,这样可以加大洪水过水断面,保持河流主槽常年不淤积,增加人们良好的亲水感和视觉美感。

（3）营造水景,建立濒水环境

水环境是城市环境的重要组成部分,应当融入城市居民的整个生活环境中。在城市规划中要充分体现"以人为本"的思想,重视城市濒水空间的规划设计。要结合城市景观规划,以水造景,把水景观融入城市景观,充分考虑城市河流沿岸居民和游人的活动需求及环境感受,以"绿"和"水"作为空间基质,构成景观开敞的亲水性人文活动空间,为市民创造一个安全、舒适和富有情趣的水滨环境。

（4）标本兼治,控制河流污染

①城市河流的生态功能一定程度上依赖于河流水质的清洁,从生态环境保护的观点出发,城市河流不应是工业、生活污水的纳污之地。城市河流如果成为城市排污场所,则意味着城市河流生态功能的消失,城市河流只剩下排污的功能,对城市的生态建设将是致命的威胁。

②城市与河流要和谐相处,在城市发展过程中,要切实贯彻可持续发展的战略,抓好水污染治理。治理河流污染,一是要全流域共同治理,二是在保护的前提下开发河流,三是对河流实行有偿使用制度。

③治理河流污染要标本兼治,治本为主。只有重视污染源治理,才是根本出路。

三、浅析中小河流存在的问题与治理措施

我国大约有 5 万多条河流,其中大部分是中小河流,平原地区的河流约占1/4,山区的河流约占 3/4。中小河流作为一个重要的水利资源,在社会生产以

及生活中兼有防汛抗旱的双重作用，积极发挥着重要的综合效益。经过多年的持续性建设，对大江大河的治理取得了显著成效，但是绝大多数的中小河流缺乏系统的治理，洪涝灾害发生频繁，严重地威胁城镇与农村的安全。与大江大河防洪建设等治理工作相比较，中小河流仍是一个防洪薄弱的环节。同时，中小河流还存在着乱占滥挖、污染、破坏、乱排乱放等严重破坏现象，运行不良，给防洪以及经济建设带来许多的安全隐患，中小河流前景令人担忧。

目前，我国的中小河流灾害比较严重。在近年来，大江大河的防洪体系已经基本形成，防洪能力也得到明显的提高，目前，中小河流的水灾损失占全国水灾损失的80%左右，中小河流山洪灾害及洪水灾害造成的伤亡人数约占全国水灾伤亡人数的2/3。近几年国家提出了力争10年基本上完成重点中小河流重要河段的治理，水利部、财政部等相关部门主要针对流域面积大，而且有防洪任务的一些中小河流，要按照轻重缓急的原则，先将耕地多以及洪涝灾害比较频繁的2209条河流纳入规划当中，争取到2013年底完成综合治理的任务。在这个基础上，陆续安排28条中小河流重点河段治理任务，治理河流的长度大约为45万km。

1. 中小河流治理存在的问题

（1）防洪标准低

到目前为止，我国绝大多数的中小河流还没有进行过有效的综合治理，防洪标准非常低，不少中小河流的防洪标准仅为三年一遇，甚至有的中小河流都不设防，完全是"听天由命"，对防洪安全造成了严重的威胁。例如，江西省还有13个县城615个乡镇没有设防，已经设防的41个县城基本上都在10年一遇以下，而已经设防的191个乡镇基本上在五年一遇之下。

（2）泥沙淤积比较严重

我国大部分的中小河流泥沙淤积现象比较严重，水旱灾害交替出现。由于各流域的植被覆盖率比较低，蓄水保土的能力非常差，水土流失现象比较严重，年土壤侵蚀量达到了 $4000 \sim 6000$ T/km²。中小河流的河道普遍具有洪水峰高量大、汇流历时短等特点，而且降水又主要集中在汛期，此时大部分的降水形成了径流进入河道，造成中小河流河床不断淤积抬高，导致水灾经常发生。另外，由于洪水的暴涨暴落，入渗比较少，对地下水的补给量有限，一年当中大部分时间河道会出现断流的现象，属于季节性的河流。灾害的变化规律具有季节性、交替性、普遍性、频繁性等特点。

（3）污染比较严重

由于河流附近的工矿企业和居民比较多，一些河道变成了生产垃圾以及生活垃圾的排放地，一些工矿企业排放了大量的废渣，造成了河道的污染和淤积。由于污染物的大量排放以及水资源的过度开发利用，不少地区的河流存在水资源短缺、生态环境恶化、河流污染等问题，导致了河流基本功能的衰退，使河流生命受到了严重的威胁。例如，安阳市的水资源公报显示，只有洹河小南海段能够达到Ⅱ类的水质，其他的基本上全是Ⅴ类水质。

（4）资金投入存在大量缺口

国家资金投入严重不足，长期以来中小河流治理缺乏有效的投资渠道，投入机制不健全，对治理所需要的资金存在大量缺口。近年来，义务工和劳动积累工取消之后，群众对农田水利的组织方式和投入机制发生了重大的变化，群众对于投劳投资积极性不高，各地不能组织有效的治理工作，不少地方对中小河流治理（河道清淤、堤防加固等）逐渐减少，我国的中小河流面临的问题更加严峻。

2. 中小河流的治理措施

中小河流的治理是个复杂的系统工程，不仅关系各地区的防洪安全，还关系到水资源利用和生态环境的保护，必须坚持以保障群众的生命财产安全为核心，治理工作要有序推进、突出重点、注重实效、合理建设、统筹安排、科学规划，在确保安全的基础上，充分发挥中小河流治理的综合效益，为实现经济和社会的可持续发展提供一个坚实的保障。

（1）做好清淤以及环保工作

政府要出面组织相关部门以及相关乡镇，逐条河流地开展勘查工作，核算好防洪的标准，对影响泄洪的现有各类林木以及建筑设施等，坚持"谁设障、谁清除"的原则，责令限期进行清除，必要时采取法律手段，依法追究当事人的法律责任。对污染比较严重或者一时无法进行治理的一些工矿企业，要进行关停和并转，最大程度地减少对河流及地下水的污染。同时，要对废渣、废料、废水等严加管理，进行就地消化，争取变废为宝，再次利用。

（2）建立健全资金投入机制，加大投入力度

改变过去那种单一的由政府投入资金，群众投工投劳的做法。建立健全资金投入机制，在国家相对加大投入力度的同时，引进受益群众、个私经济、股份制企业等投入水利事业当中，促使资金来源多样化，而且要完善有偿使用水资源的机制。同时，各级政府以及相关的职能部门做好技术服务、质量监督、

资金扶持、政策引导等工作。

（3）加强建设管理，提高防洪标准

要建立健全中小河流治理的建设管理制度，认真执行工程项目法人负责制、合同管理制、建设监理制以及招投标制等。根据中小河流的治理项目特点，积极创新和探索有效的建设管理模式。通过招标，选取有实力的施工单位来进行中小河流的治理施工。同时，要引入监理制度，加强施工现场的施工质量管理。通过一系列有效的管理措施，提高施工质量，也提高了中小河流的防洪标准，人民的生命财产安全得到了最大程度的保障。

（4）加强宣传，提高人们对中小河流治理和保护意识

各个地区都要把宣传教育的工作做仔细、做到位，面向农村、社区、学校、社会等进行水利知识教育以及水利普法宣传，充分利用宣传栏、宣传车、报刊、广播、电视媒体、网络平台等各种宣传媒介，激起人们对中小河流现状的社会责任心和忧患意识。通过教育和宣传，使社会各界都明白水利事业不仅是国家的责任，水利工程也不仅仅需要水利部门的维护和修缮，还需要全社会共同去爱护、去保护。只有通过全社会共同努力，才能够使水利工程充分发挥出综合效益。同时，通过宣传使人们多保护水利工程，减少人为损害，从而减轻国家财政负担。

中小河流的治理工作是一项长期水利工程，需要全方位的配合及协调。同时，中小河流的治理也是一项功在当代、利在千秋的系统工程。针对中小河流比较突出的洪涝、防洪等问题，要兼顾自然生态的和谐，合理协调、统筹规划，通过加大重点地区的中小河流治理的力度，保障地区的粮食安全和防洪安全，促进社会和经济的全面可持续发展。

第三节 以河长制为抓手推进水利工程长效管理

一、太湖流域片推进河长制向纵深发展

经过多地十年河湖治理的实践探索，以中共中央办公厅、国务院办公厅印发的《关于全面推行河长制的意见》为标志，一个具有鲜明特色的河湖管理模式——河长制，由"试水"逐渐成熟，正式上升为国家行动。作为河长制的发源地，太湖流域起步早、基础好，目前，流域片各地正全力推进河长制向纵深发展。

1. 实行河湖差异化绩效评价考核

河长制起源于无锡，经过多年的实践探索，江苏初步形成了较为完善的河长体系。全省 727 条省骨干河道、1212 个河段的河长已落实到位，其中由各级行政首长担任河长的占 2/3，太湖 15 条主要入湖河流实行由省级领导和市级领导共同担任河长的双河长制。

江苏的"升级版"河长制，要求实现覆盖范围升级，由原来全省骨干河道升级为全省范围内河道、湖泊、水库等水域全覆盖。目前，全省共有村级以上河道 10 万多条，乡级以上河道 2 万多条，流域面积 50 km² 以上河道 1495 条，被列入《江苏省湖泊保护名录》的湖泊 137 个，在册水库 901 座。

近几年，省级财政每年专项安排河道工程维修养护资金 4 亿多元，市县两级财政仅河道管护经费每年投入将近两亿元。

江苏省在河长制实施中，坚持因河制宜，实施"一河一策"；而且根据不同河湖存在的主要问题，实行河湖差异化绩效评价考核，明确考核的目标、主体、范围和程序。建立各级总河长牵头、河长制办公室具体组织、相关部门共同参与、第三方监测评估的绩效考核体系。

例如，无锡市出台了《治理太湖保护水源工作问责办法》《关于对市委市政府重大决策部署执行不力实行"一票否决"的意见》，对工作不力者实行问责，全市因分管河道水环境治理不达标被约谈的河长达 17 人。

2. 河长制不是"冠名制"，而是"责任田"

葛平安：浙江省水利厅党组成员，省河长制办公室副主任

2013 年 11 月，浙江省委、省政府作出"五水共治"的重大决策部署，以治水为突破口倒逼经济转型升级，河长制作为"五水共治"的重要抓手，省委专门印发文件，全面实施河长制，省领导多次强调河长制不是"冠名制"，而是"责任田"。河长制在浙江落地生根，全面开花，有力地促进了水环境质量的改善。到 2016 年 11 月底，全省 221 个省控断面，Ⅲ类水以上断面占 76.9%，比 2013 年上升 13.1 个百分点；劣 V 类水断面占 2.7%，减少 9.5 个百分点，垃圾河、黑臭河基本消除。

目前，浙江省有 6 名省级河长、199 名市级河长、2688 名县级河长、16417 名乡镇级河长、42120 名村级河长，形成五级联动、河流全覆盖的河长制体系。

在考核问责方面，浙江省委、省政府将河长制落实情况纳入对各地"五水共治"和生态省建设工作考核范围，考核结果作为党政领导干部综合考核评价

的重要依据。省委成立了 30 个督查组，每季度赴各地开展明察暗访。

2015 年开始，浙江推广了河道"警长制"，全省公安机关对应河长制体系，配置"河道警长"，加大执法力度；探索设立"华侨河长""企业河长""乡贤河长""河小二""河小青"等，发挥企业家和民间治水积极分子作用，大力推行全民治水。以市场化、专业化、社会化为方向，探索治污设施运行维护、河道保洁清淤、农村保洁管理等方面的第三方专业运行维护管理模式。

3. 一张河长名单，二类河长设置，三级组织体系

上海市及时响应国家政策要求，正式印发《关于本市全面推行河长制的实施方案》，这是全国第一个出台的省级实施方案。

为更好地发挥河长的作用，上海的河长设置体系可以概括为"一张河长名单，二类河长设置，三级组织体系"。其中，一张河长名单，是指一张覆盖全市所有河湖的河长名单。二类河长设置，是从辖区管理的角度，设立总河长、副总河长；从具体河道管理的角度，设立一级河长、二级河长。同时，突出"党政同责"，在区层面设立"双总河长"，由区委书记任第一总河长，区长任总河长，党政领导齐抓共管河长制推行工作。目前，上海已初步建立了市政府主要领导担任市总河长，市政府分管领导担任市副总河长，区、街镇主要领导分别担任辖区内区、街镇总河长的三级河长组织体系。

上海河长制覆盖范围是全市所有河湖，目前正在开展名录外水体分类解泽和上图工作，建立"一河一图一信息"全覆盖、无重复、无遗漏河湖本底数据库。以此为基础，确保三批河长名单涵盖本市所有河湖。

为了保证水环境质量，上海提出了五个主要目标，其中，全市河湖河长制全覆盖、全市中小河道基本消除黑臭两项目标已在 2017 年年底完成，基本消除劣于 V 类的水体、重要水功能区水质达标率提升到 78%、河湖水面率达到 10.1% 这三项目标要在 2020 年年底前完成。

4. 从区域到流域全覆盖、从大江到小河全覆盖

福建省从 2014 年开始积极探索实施河长制，已取得了明显成效。全省水生态、水环境有较大改善，12 条主要河流水质保持为优。

2016 年全省主要河流优质水的比例大幅度提升，Ⅰ类、Ⅲ类水水质占比 96.5%，其中Ⅰ类、Ⅱ类优质水比 20 年前提高 22 个百分点；119 个集中式生活饮用水水源地达标率为 96.6%。福建省明确提出河长制工作对全省所有河流，包括流域面积 50 km 以下的河流，实现全覆盖，做到"从区域到流域全覆盖、从大江到小河全覆盖"和"全域治理、全域保护"。

在推进河长制过程中，福建积累了不少经验。一是推进治水PPP模式，对新建的乡镇及农村生活垃圾、污水处理项目，强制应用PPI模式，鼓励厂网一体、片区一体化运营；推广治水工程包，鼓励以流域、区域为单元，统筹上下游、左右岸、城市乡村综合治水和开发利用项目，策划生成投资额大、质量较优的项目工程包，整体招标、整体签约、整体设计、分期实施，吸引有实力的大企业参与，发挥规模效应。二是推进河流管养分离。通过购买服务等方式，培育专业公司承担堤防维护、河道疏浚、水面保洁、岸线绿化工作，实现企业化管理、社会化服务。

此外，如漳州的"三铁治水"，龙岩的"河道警长"，三明大田的"易信晒河"和生态综合执法，泉州德化的"微信治河"等，也取得了很好的效果。

二、新形势下农村水利工程管理的新思路

首先，要进一步解放思想，更新观念。改革开放的实践证明，先进的思想观念是发展水利事业的强大推动力。进取争先、自谋发展意识不强，就会妨碍工程管理，束缚水利事业的进一步发展。其次，要强化对水利工程管理的认识，切实加强水利工程管理。各管理单位必须建立健全管理机构，做到有管理房屋、有办公设备、有规章制度、有经济实体和相对稳定的管理人员。再次，要加强对财务的监管工作。管理单位必须有财务自主权，实行独立核算，自负盈亏，水行政主管部门要定期对财务管理进行审计。最后，要认真学习水法规，进一步落实水利工程管理措施。

1. 建立管理机制，完善建设程序，提高科学管理水平

农村中小型农田水利工程内容广泛，实行统一管理，合理规划布局，完善建设程序，根据先申请规划审批，再建设施工，后验收交付使用的原则进行广泛宣传，科学管理，使各地农村中小型水利工程建设不断往规范有序方面发展。

2. 建立农田水利建设规划审批制度

规划是水利工程建设的前提，是搞好工程建设、合理利用资源，使工程发挥更大效益的基础依据。为此，要求地方，如乡镇、村一级在拟建五万元以上的中小型水利工程时，如打井、建坝、扬水、拦河、修渠、排水、微滴灌等，先申报，对工程地点、规模、投工、投资计划等，由乡（镇）水管站报上级水行政主管部门审批实施。

3. 严格设计资质认证制度和工程招投标制度

严格设计资质认证制度，依据审批工程的规模，建立健全资质认证制度，确保聘请具有一定设计资质的、从事相应水利工程的设计单位设计，严禁无资质的单位和个人通过不正当渠道获取从事水利工程设计的权力，设计图纸必须加盖资质证章方能使用；所有审批的中小型水利工程，必须经行政主管部门招标办招标。招标办组织建设单位和有施工准入证的三家以上企业或单位，依据设计工程项目进行投标，落实工程招投标制度，引进竞争机制，规范施工管理，明确工程投资，遏制工程建设中出现的腐败现象，签定公证合同方可进入施工程序。

4. 建立施工准入证制度和实行工程监理制度

施工准入证是指具有一定的水利施工技术和条件，达到一定的施工管理水平的施工企业，才能准许其进行水利工程施工的一种制度。已取得水利施工准入的企业，必须具备一定的技术人员、生产设备和有一定实践经验的施工人员为标准确定，施工准入证由省水行政主管部门发放并检审；在工程进入施工阶段，质监单位配备一定数量的质监员，施工单位的技术员随时配合质监员对工程各个部分进行检测，填写检测记录，特别是对影响工程质量的主要材料，如设备、水泥、钢材、试件、试块等能验证和影响工程质量的材料，双方共同到有关权威部门做鉴定，才能作为保证资料、必备资料和安全资料汇入施工档案，为综合验收和今后工程管理检验提供可靠真实依据。

5. 建立竣工验收备案制度和实行严格奖惩制度

在工程竣工后，建设单位要以竣工报告形式报请上级行政主管部门进行验收。同时施工单位也要报经甲乙双方共同签字盖章的施工保证资料和必备资料，汇总的真实完整资料一套备案。地市县水务局根据竣工报告和施工资料，组织有关设计、质监和相关单位的技术人员与建设单位和施工单位，对工程进行全面验收，通过听取报告、查询资料、检测实体、细查局部的程序对所建工程验收，做出该工程的综合评定意见，所有未经验收的工程不准交付使用和结算工程款项；加强农田水利工程建设管理，严格按建设程序施工，提高工程质量，对年内新建工程项目进行评优，对被评为"优质工程"的凭验收证明兑现一定的奖励，同时加强宣传，形成一种狠抓工程建设质量的良好社会风气，对未按建设程序施工的，根据有关法律法规并报相关职能部门进行处罚，并通报批评和备案，特别是不按有关规范施工造成施工质量不合格的豆腐渣工程，严厉打击，绝不手软。

三、全面加强对现有水利工程的使用管理和维护

1. 安全管理

安全管理首要的是加强《水法》的宣传，在防止水利工程受到洪水等自然灾害的侵袭时，也要防止少部分唯利是图的人为破坏；另外，工程建设工程没有主次，每个环节都很重要，特别是工程配套设施的建设质量一定要保证，如小型水库的泄洪口等。

2. 内业资料管理

关于工程管理的标准、规定、法律等资料必须齐全；设计图纸及文件、施工记录、检测结果、竣工验收报告等应立项建档；工程建设中出现的问题及解决的结果以及工程管理的各项检查记录资料也应当妥善保存。

3. 工程设施管理

对小型水利工程设施等级造册，绘制工程分布图分类进行排列，对重点工程实施挂牌，设专人重点管理，落实目标责任制，确保已有工程项目特别是重大型项目的设施管理安全。

4. 经费管理

制定合理的工程维修养护费标准，根据受益面积和各地的具体情况，向受益者和受益单位征收一定的费用，用于工程维护；利用水利发展基金等形式对工程进行维修和养护；推行义务工制，接受受益人或者单位的义务工。目前景德镇市乐平部分乡镇成立了"理事会"，按照"谁建设、谁管理、谁受益"的原则，用好经费，做好项目建成后期管理工作。

5. 技术推广和人才培养

水利工程建设是效益长期的工程，因此建设规划必须具有发展的眼光。地方水利部门可以采取派出去、请进来、实行短期培训等方法，抓好管理人员的业务培训，提高管理人员的业务水平；使已有的、在建的和规划中的水利项目都能充分发挥其自身的效益，服务于民。小型农村水利建设的根本是质量问题，要确保建设优质的工程就必须有一套健全合理的建设监督管理体制，规范的项目建设管理程序；同时要加强工程项目的后期管理，做到不出纰漏不出事故，使工程项目能够充分长效地发挥其效益，确保农业生产的顺利进行和人民的正常生活。

四、实行绩效预算管理

农村水利是农业和农村现代化建设的前提和基础，是整个现代化建设的组成部分，应该保持与经济和社会同步发展，用先进技术和设备装备农村水利，用科学的方法和现代的观点指导农村水利，为实现农业农村现代化提供基础性的支撑保障，实现农村水利的新飞跃。

自20世纪80年代以来，许多发达国家在宏观经济失衡和持续的财政压力背景下，纷纷开始反思传统预算管理制度，并主导了一场全球预算改革浪潮。为促进良好的公共治理与提高财政透明度，解决预算管理中总量控制与支出效益两大核心课题，他们采用了以产出预算替代投入预算为核心的"新公共管理模式"。在这种理念中，人们日益重视支出绩效并进而改进公共部门的运行效率。"规划—计划—预算""零基预算"和"绩效预算"是这一产出导向改革的重要组成部分，尤其是绩效预算，它集中反映了产出预算的理念，在各种产出预算模式中居于核心地位。

1. 绩效预算的定义和内容

对绩效预算的定义可以追溯到1967年美国总统预算办公室的定义："绩效预算是这样一种预算，它阐述请求拨款是为了达到目标，为实现这些目标而拟定的计划需要花费多少钱，以及用那些量化的指标来衡量其在实施每项计划过程中取得的成绩和完成工作的情况。"实际上所谓绩效预算，就是以项目的绩效或效益为目的，以成本为基础而编制的预算。绩效预算要求政府的每笔支出必须符合绩、预算、效三要素的要求。

绩：指请求财政拨款是为了达到某一具体目标或计划，即业绩指标。这些目标应当尽量量化或者指标化，以便编制预算，并考核效果。

预算：指完成业绩所需的拨款额，或公共劳务成本。它包括人员工资和各种费用在内的全部成本（办公用房通常不计入成本）。凡是能够量化的，政府都应当计算并公布标准成本。对于那些无法量化的支出，可以用以下两种办法来确定成本。第一种，通过政府公开招标方式、政府采购来定价。第二种，只能由某一部门提供的公共劳务（如行政管理部门的经费），这部分成本计算最困难。在日本，其成本通过由财政部规定的"标准财政支出"来确定，标准财政支出是指各地方政府提供"合理水平的行政服务"所需的支出；而在美国，政府公布各项"业绩指数"。

效：指业绩的考核包括量和质两个标准。绩效预算产生于政府各部门分配预算指标之中，作用在于解决各单位该得到多少拨款才合理，是实物量与资金供给量相匹配的预算，是实现财政收支平衡的有效手段。通常，对于绩效的考核由审计部门或委托社会公证机构来进行，财政部门根据考核结果拨款。

2. 推行绩效预算的必要性

我国在 20 世纪八九十年代政府财政运行状况不佳，反映出了预算管理制度的缺陷。它同样无力对支出机构的需求施加必要的控制以及对支出效果进行考核。我国的现行预算体制以及财政支出效率存在以下问题。

（1）现行预算制度缺乏绩效信息

财政支出效率不高有多方面的原因，现行的公共预算管理模式的制度性特征是财政支出效率问题的根源，预算管理方式的落后是财政支出效率不高的重要原因。

1）基数法编制预算不科学

现行预算编制基本上是按照基数加增长的方法编制而成的，这种预算编制方法是在承认既得利益的基础上进行的，固定了总的行政支出在各部门间的分配格局，没有能够切实反映预算年度的实际情况，财政无法根据机构和人员变动调整行政支出的规模，因而缺乏科学性。在此基础上进行的财政支出安排缺乏合理性和有效性，给不同的预算单位在经费供给方面造成贫富不均、支出不足和浪费并存的现象。在这种情况下，继续沿用基数法编制支出预算，显然是不合理的，并且会加重财政负担。

2）现行预算中缺乏绩效信息

长期以来，我国政府预算的编制方法和管理模式仍是传统的投入预算。在投入预算模式下，预算分配的依据是部门人员的多少而不是部门的绩效，其实质就是默认部门的现有人员数是合理的，而不考虑部门实现业绩目标所需要的合理人员数。预算一经确定，对预算执行的审计和检查就侧重于投入方面的问题，如实际的人员经费比预算中规定的数额是多了还是少了，是否有挪用现象等。而对预算执行中财政资金的产出和结果并不关心，财政资金拨出后，缺少跟踪问效，财政资金的使用效益到底如何，财政部门也难以说清。政府各部门只需对投入负责，即确保财政资金的取得和使用是合规的，不需要对财政资金使用所产生的结果承担相应责任。各部门预算的多少和部门的绩效之间没有联系。在这种制度下，每一个政府部门都把工作重心放在争夺预算拨款上，而不是放在用好预算资金以取得成效上，导致预算执行的结果总是偏离预算所应体现的政府本来的政策意图。

3）严格的分项预算不利于提高资金效率

现行的分项预算是按照一个层层细化、互不交叉的项目编列的，它将支出总体分为基本支出和项目支出，基本支出和项目支出又可以细分为人员支出、公用支出、对个人和家庭的补助支出，然后细分为基本工资、津贴、奖金、社会保障缴费、办公费等明细项目。预算中列示的这些项目和资金，预先都规定了具体的用途。在预算执行中，各个项目之间的资金转移受到严格的限制，即专款专用，买肉的钱不能用来买酒，特别是在基本支出和项目支出之间。在这种制度下，有专项结余的部门担心下一年度会因此而削减本项目的经费。因此，尽管管理人员知道应该如何省钱，但"精明的"政府管理人员不得不把每一个明细分类中的每一分钱都花掉，不管他们是否需要。从某种角度来说，我们的预算制度实际上在"怂恿"管理人员浪费钱财。

4）公众无法进行有效监督

我国的政府财政预算，对社会公众而言几乎是封闭的，公众的参与程度非常低，缺乏表达意见的途径。预算过程欠缺程序民主，更谈不上听证、辩论。社会公众不知道财政支出的各个预算项目需要多少费用，不知道政府预算是如何分配的，也不知道政府如何使用财政资金，因而社会公众无法对政府的财政收支活动进行有效的监督。

（2）当前财政支出效率较低

在经济发展的基础上，财政支出持续稳定增长，使得财政在促进资源优化配置、收入公平分配和经济稳定增长等方面发挥了积极有效的作用。但我们也不得不清醒地认识到，由于政府职能转变的滞后、预算管理方式的落后等多方面的原因，我国财政支出效率不高的问题仍然比较突出。

（3）财政支出结构不合理，行政管理支出过高

行政管理支出是财政支出的主要组成部分之一。一般来说，行政管理支出会随着财政支出的增长而增长。不过，由于行政管理支出属于纯消耗性支出，因而其增长速度应小于财政支出的增长速度，这样才有利于政府把财政支出增长的大部分用于经济建设和社会公共事业，对我们这样的发展中国家更应如此。

（4）财政资金供给范围不规范

目前，财政的职能范围与支出责任尚未能完全适应市场经济的要求，财政资金的供给范围缺乏明确、科学的界定。一方面政府支出范围过宽，包括了许多既管不了又管不好的事务，如经营性投资支出过大、各种补贴过多过滥、各类事业费庞杂、财政供养人员过多、负担过重等；另一方面政府支出又严重缺

位，即财力过于分散，支出重点不够明确，使得在应由财政供给的市场失灵领域中出现保障不足和无力保障的情况。如对社会保障的支持不足，对某些社会文教、公共卫生、公益事业的保障乏力，对基础设施和某些公共设施建设的投入不足等。

（5）相当部分财政支出并没有纳入政府年度预算

由于体制上和管理上的原因，这部分支出缺乏必要的管理与监督，支出安排难以体现财政的公共性、民主化和法制化，导致公共部门及其领导者个人将公共资源用于本部门的事情或者领导者个人的事情，公共部门不是为社会提供公共服务，而是为本部门、为领导服务，而且这部分支出数额不容忽视。财政分配不公的现象仍然存在。由于我国预算不是按照政府部门的产出核定，预算的多少和部门的绩效之间没有必然的联系，预算分配更多的是政治博弈的过程，人为因素较多，导致一些强力政府部门取得的财政资金远远多于普通部门。

鉴于以上原因，绩效预算作为政府支出管理改革战略的主要方向，也日益被我国财政学者关注与研究。目前，我国的部门预算改革已取得阶段性成果，要巩固和发展这个成果，必须通过推行绩效预算来配套和完成。

3. 几点建议

（1）建立相关配套制度，构建实施绩效预算的制度框架

实施绩效预算需要建立与完善一系列的相关配套制度。这包括公共支出制度自身的配套和外部监督制度的配套两个方面。在公共支出制度的配套方面，财政部门要把绩效预算制度、绩效评价制度、国库集中收付制度和政府采购制度统一协调起来，不可孤军深入。这四项制度各有优势，各有自身的作用范围和实现的目标，任何一项制度不与其他制度相匹配，其优势就难以发挥出来，甚至无法坚持下去。只有这四项互为条件、相互配套的制度联合实施，我国的公共支出制度的框架才能构建起来。在外部监督制度的配套方面，要逐步建立并强化政府与公共部门的报告制度、问责制度，以及公开的审计制度。这些制度的建立能够保证社会与公众对政府与公共部门的预算及其执行的过程和结果进行有效的监督，从而迫使政府职能部门和公共部门更加关注自身行为与业绩的关联，推动政府部门提高社会资源的使用效率。

（2）明确评价对象，确定量化指标

财政支出内容十分繁杂、涉及的范围广泛，财政支出绩效评价的对象难以进行统一分类。考虑到我国的绩效评价刚刚起步，如果将财政支出的综合效益作为评价对象，则实施难度较大。因此，可按财政支出的受益主体，将评价分

为支出项目绩效评价、单位财政支出绩效评价和部门支出绩效评价三类，本着从简单到复杂的原则，先开展项目支出绩效评价，再逐步扩展到单位和部门支出的绩效评价。同时，要根据部门单位的机构职能、人员配备等基本情况确定财政支出量化标准和与之相联系的成果量化指标。其中支出的量化标准尤为重要，绩效预算中的支出说明了公共产品和服务的成本，应具有明确的量化标准。对不能标准化的支出可通过政府公开招标、政府采购或社会实践中产生的标准财务支出来衡量。

（3）实行部分权责发生制

在传统的财政管理体制中，政府会计只反映当期的财政资源，而无法全面反映政府公共资源存量和整个政府公共资源的使用和配置状况。目前，我国以及世界上不少国家都在使用收付实现制的政府会计方法，这种会计方法存在一些缺陷：可以通过提前或延迟支付现金人为地操纵各年度的支出，从而扭曲绩效信息；不能及时确认和计量政府负债；忽略了投资的机会成本，不能正确完整地反映政府行政的成本。权责发生制与收付实现制之间的根本性区别在于会计上确认的时间不同：收付实现制以款项的收付为标准记账；权责发生制以权利和责任的实际形成和发生作为记账的标准。权责发生制中会计可以更准确、更全面地反映一定时期内提供产品和服务所耗费的总成本，被广大企业普遍应用。目前，已有一些较发达的国家开始在政府预算会计中使用权责发生制，或采用部分权责发生制。在这方面，走在前面的是新西兰和澳大利亚，而且英国、法国、冰岛、美国、加拿大等欧美国家也已开始这方面的改革。

（4）建立正确的激励机制

过去的预算不考虑绩效，常常是哪里问题比较严重，就增加预算拨款，隐含在这种做法背后的一个令人深思的弊端，它不是在奖励成功，而是奖励失败。实行绩效预算，就是将各部门的预算与其工作绩效挂起钩来，建立正确的激励机制。另外，在绩效预算改革中，各国都不同程度地增强了各部门执行预算中的灵活性。一些国家还改变了对结余资金的处理办法，将它留给部门，结转下年使用，以期提高资金的使用效率。

（5）依靠群众进行绩效执行情况评估

无论是社会主义国家的政府，还是资本主义国家的政府，民众对政府的满意度都是测评政府绩效的最终标准。积极引入民众参与，根据民众的需要提供公共产品和公共服务。根据民众的满意程度测评政府绩效，是绩效预算成功实施的必要条件。在我国，可以考虑在人大之下增设一个与预算委员会相并行的绩效评估委员会，由有关专家组成，负责监督和组织各部门绩效指标的制定和年终的绩效评估。同时，让民众参加评议也是绩效预算的重要方面。

第四节 河长制的问题探讨及美国水污染控制解读

一、我国全面推行河长制中的难点问题及对策建议

我国水资源保护问题严重、水质量状况不容乐观、水生态遭受严重破坏、水环境风险问题突出。全面推行河长制，需细化责任、公众参与，制定科学合理的考核体系，完善相关法律法规及监管体系，着力解决我国水污染防治的困局。

1. 河长制起源

2007 年无锡蓝藻引发的水污染事件造成严重的供水危机，这一事件引起了全国人民的轰动乃至全世界的关注。江苏省委省政府痛下决心，一定要从根本上解决这一事件引发的灾难性后果，确立了"治湖先治河"的思路，创立了河长制的先河。于 2007 年颁发的《无锡市河（湖、库、荡、汊）断面水质控制目标及考核办法（试行）》，明确提出将 79 个河流断面水质的监测结果纳入各市（县）、区党政主要负责人（即河长）政绩考核。2008 年，《中共无锡市委、无锡市人民政府关于全面建立"河（湖、库、荡、汊）长制"全面加强河（湖、库、荡、汊）综合整治和管理的决定》，明确了组织原则、工作措施、责任体系和考核办法，要求在全市范围推行河长制的管理模式。至 2010 年，无锡市实行河长制管理的河道的数量迅速增加，覆盖到村级河道。河长制的全面施行，由党政一把手和行政主管部门主要领导负责。江苏省不断完善河长制及相关管理制度，建立了断面达标整治地方首长负责制，将河长制实施情况纳入流域治理考核，在全省推行河长制。至 2013 年，全省 727 条省骨干河道 1212 个河段大部分已经落实了河长、具体管护单位和人员，基本实现了在组织上、机构上、经费上、人员上四个方面的落实。

2. 首长负责制

我国的河（湖）管理保护涉及水利、环保、发改、财政、交通、国土、住建、农业、卫生、林业等部门。但各部门并未在河流管理问题上做出清晰合理的职责划分，长期以来各部门间协调力度不够，管理权责不清，未对河流问题做出完善的管理方案。

各省、区、市都要设立河长制，由省委书记或者省长担任河长。河长制逐渐向首长负责、部门协作、社会参与的形式靠拢，规避了原有由几大部门共同负责的缺陷。河长制的河长分别分为省、市、县、乡四级，各省总河长由党委或政府主要负责同志担任；各省行政区域的河长由省级负责同志担任；各市、县、乡均分级分段设立的河长由同级负责同志担任。规定河长的职责由各有关部门和单位互相协作推进，主要包括水资源保护、水域岸线管理、水环境治理、水污染防治等，对出现的问题进行协调、整治，对下一级河长的履职情况进行监督，完成目标任务的考核工作。对生态环境造成损害的行为要严厉追究责任，对河长实行生态环境损害责任终身追究制度。强化考核问责，将其作为领导干部的重要考核内容。

3. 河长制施行中的难点

河长制至今已近 10 年的发展历程，积累了不少经验，在体制机制上有所突破，但仍然任重而道远，面临着许多难题。

第一，河长制职责缺乏法定性。对于河长制属于人治还是法治，长期以来存在很多争议。目前只有少数地区如昆明以地方法规、无锡以政府令的形式赋予河长职责，但如何落实依然存在法定手段缺位问题，多以行政命令、外力强迫为主推动，具有临时性、突击性的特点，不少河长缺乏内在持久动力。

第二，河长制权责不对等。河长制建立的省、市、县、乡河长体系规定，由相关领导及负责人担任河长，但是县级以上党政一把手担任河长的毕竟占少数，担任河长的大多数是副职领导，或部门、街道和乡镇领导，甚至是村委会干部，他们缺乏必要的工作手段和协调推进能力，尤其在人事管理、资金调配等关键环节能力有所欠缺。

第三，协同机制失灵。尽管很多地方致力于破除"九龙治水"的积弊、营造全社会参加的氛围，但是条块割据、边界模糊、以邻为壑、公众缺位等很难从根本上解决，协同机制失灵的现象依然普遍存在。在苏南某市新一轮河道治理工作中，一边是政府紧锣密鼓组织清淤，一边是少数沿河居民同步向河道扔垃圾，清出的垃圾量是淤泥量的一倍，整治完成后也很难保证居民不继续倾倒垃圾。

第四，考核方式科学性欠缺。考核方式的科学性还有待进一步改进。对地方河长考核主要以结果为导向，以水质改善目标为主。但水质改善并非朝夕可至，仅衡量短期内的水质结果，一定程度上可能引发反向效果，甚至会挫伤基层河长的积极性。

4. 全面推进河长制的建议

制度建设是生态文明建设的重中之重，全面推行河长制就是如何建立横向的党委政府及职能部门乃至社会各界的生态文明建设的体制机制问题。因此，今后河长制的推进更要着眼于树立整体性政府理念，实现各部门间的职能、结构和功能的转化、整合，搭建公众参与的多种渠道，推动社会共治。其主要从以下三个方面来考虑。

第一，修订法律法规，实现权责对等、构建大环保格局。由"多头管水的部门负责"向"首长负责、部门共治"转变，由党政一把手管河湖、部门联防、区域共治。最大程度地调动各级党政机关的积极性，更好地做好统筹协调推进。从法律规定上赋予地方政府及其职能部门相应的权利和手段，推进环境治理的跨区域跨部门协同机制的法定化。

第二，科学建立考核机制，更好地落实生态环境损害责任追究制度。由县级及以上河长负责组织对相应河湖下一级河长进行考核，直接锁定考核对象。但也要注意提高问责的科学合理性，实行差异化绩效评价考核、激励问责，同时也提出实行生态环境损害责任终身追究制。吸取经验教训，把握好尺度，切实落实好责任，公平合理，奖优罚劣。

第三，实行公众参与，建立社会共治体系。发挥民间组织、民间河长的功能，弥补政府能力不足，可以让公众成为监督河道治理的第三只眼睛，成为社会共治的一股重要力量。

二、我国政府绩效评估理论研究与实践的反思

反思政府绩效评估的理论研究与实践，是科学实施政府绩效评估的基础性工作。历史地看，自20世纪70年代后期以来，政府绩效评估作为西方发达国家政府再造（Reinventing Government）的重要内容和根本性措施在财政预算、公共人力资源管理和政府内部管理等方面得到了广泛运用。十一届三中全会以后，我国社会发展进入了历史转型时期，具有西方意义雏形的政府绩效评估工作从20世纪80年代初试行机关工作人员岗位责任制开始，至今已有20多年的历史。1982年，劳动人事部下发通知要求国家行政机关都要制定岗位责任制，将岗位责任制同考核制度、奖惩制度及工资改革结合起来，在此基础上还普遍实行了目标管理责任制。1998年，我国开始建立财政投资评审制度体系，明确了评审对象，建立了相对独立的投资评审机构队伍。2001年，湖北省财政厅率先在恩施土家族苗族自治州选择5个行政事业单位进行了评价试点，开始了真

正意义上的预算支出绩效评价。2008年中国共产党第十七届二中全会《关于深化行政管理体制改革的意见》明确指出，推行政府绩效管理和行政问责制度，建立科学合理的政府绩效评估指标体系和评估机制。这表明推行政府绩效评估事实上已经成为党和政府议事日程中的重要内容。

因为我国现实的需要和西方"新公共管理"理论的影响，政府绩效评估研究成了我国学术界研究的一个热门话题。周志忍教授、张成福教授、薄贵利教授、刘旭涛教授、竹立家教授、蔡立辉教授、倪星教授、陈天祥教授、卓越教授、吴建南教授、包国宪教授、彭国甫教授、吴江教授和桑助来研究员等一批政府绩效评估研究的学者涌现出来。全国绩效评估研究会、北京大学政府绩效评估中心、兰州大学中国地方政府绩效评价中心等一批政府绩效评估研究的学术机构纷纷建立。中山大学行政管理专业专门设立了人力资源与绩效管理的硕士培养方向、政府组织与绩效管理的博士培养方向，"政府绩效评估"课程被评为国家级精品课程，在政府绩效评估的学术研究、人才培养和政府咨询服务方面取得了重大进展。

在中国知网1999—2009年9月30日期间检索到的关于政府绩效评估的790篇研究文献中，从研究议题与文献数量上统计分析，有关西方政府绩效评估理论与经验介绍的文献67篇，研究中国施行政府绩效评估的意义、必要性和工具性价值的文献144篇，总结和研究中国政府绩效评估实践经验与发展趋势的文献114篇，探索政府绩效评估实施途径、评估指标体系构建、评估模式与评估方法的文献445篇。

这些研究起初主要集中在西方发达国家政府绩效评估理论引进与经验介绍上，以及在我国开展政府绩效评估的意义、必要性及其价值等方面；之后主要集中在总结我国政府绩效评估的实践经验和研究政府绩效评估发展趋势等方面；现在主要集中在研究推进实施政府绩效评估的途径、探索评估指标体系设计和评估方法等方面。这些研究议题的变化反映了研究内容与研究发展阶段、社会需要之间的内在关联性，对推动我国传统考核制度的改革与完善、进行政府绩效评估的观念启蒙、促进政府管理创新都起到了积极作用。但同时，研究的表象化问题也比较严重。

研究的表象化主要是指政府绩效评估研究只注重从政府管理面临的问题出发，而忽视了产生问题的原因与政府绩效评估功能的内在联系；只注重绩效评估的一般性特征，忽视了政府绩效评估实施的国情和环境条件。其结果是深入、系统的政府绩效评估原创性理论研究少，结合政府管理特征和行政业务需求来促使企业绩效评估科学应用到政府绩效评估的研究少，通过沟通、争鸣达成共识性的研究少。研究普遍存在着脱离具体环境和发展阶段、缺乏理论与实践有机结合、缺乏从西方到中国和从企业到政府的科学延伸、缺乏应用性与可操作性等缺陷。有些研究表面上在追求评估的科学性，但实际上这种追求科学化的过程已不知不觉陷入了谬误的泥潭。因此，这些研究不仅难以对政府绩效评估的施行产生正确的指导作用，反而加重了政府绩效评估工作的盲目性和非科学性。

在实践上，迄今为止，我国称之为政府绩效评估的形式主要有三大类。第一类是普适性的政府绩效评估。这种评估作为公共管理机制中的一个环节，通常表现为目标责任制、社会服务承诺制、效能监察、效能建设、行风评议、干部实绩考核等评估形式，其主要在政府组织内部进行，目的是要通过目标责任制等评估手段追求传统行政模式下行政效率的提高，存在着对上不对下、对内不对外的责任缺失现象。第二类是行业绩效评估。这是将评估应用于具体行业，由政府主管部门设立评估指标和对其所管辖的行业进行定期评估，具有自上而下的单向性评估特征。第三类是专项绩效评估。这是针对某一专项活动或政府工作的某一方面而展开评估，主要强调外部评估，目的是要通过社会调查、满意度评价等方法提高公众对政府工作的满意程度。但这种评估形式存在着如何识别和选择公众评估主体、满意度评价是否适用于所有党政机关、评估结果能否客观地表征被评估对象的绩效等问题。

适应我国社会转型和管理创新的现实需要，以广东、湖南等省份为代表，全国各地方政府、各行业、各部门结合自身实际，积极推行政府绩效评估，制定了各具特色的干部考核指标体系和考核办法，积累了宝贵的绩效评估经验。例如，广东省以科学发展为主题，颁布了《落实科学发展观的评价指标体系和干部政绩考核办法》，以此促进树立科学的政绩观。湖南省成立了以省长为主任、省委组织部部长为副主任的省绩效评估委员会，出台了《关于开展政府绩效评估工作的意见》，并决定从 2009 年起，逐步开展政府绩效评估工作，力争到 2013 年基本建立有湖南特色的政府绩效评估制度，对重点工作指标、民生建设指标、经济和社会发展指标以及政府自身建设指标进行评估。纵观全国的实践情况，与传统考核制度相比，目前推行的政府绩效评估在以下方面取得了重大改进。

第一，越来越重视分类评估，逐步改变了以往一套指标评全国的不科学做法。例如，广东省根据所辖的都市发展区、重点发展区、优先发展区和生态发展区四类不同的功能区的划分，将评估指标区分为共性指标与差异性指标，并通过评估指标权重设计和分值的不同安排，来体现分类评估。分类评估有助于科学测量绩效，更科学地满足不同地区、不同部门、不同业务、不同岗位之间绩效目标、职能或职责、工作流程、难易程度等特征要求与差异。

第二，越来越重视定量评估，逐步改变了凭主观、凭感情、凭印象的传统考核方式，使绩效评估的依据进一步明确。例如，湖南省将针对各级政府的评估内容明确为：重点工作指标、民生建设指标、经济发展指标、社会发展指标、政府自身建设指标（包括就业与再就业、为民办实事、环境保护与资源节约、安全生产、社会稳定等）。将针对政府工作部门绩效评估内容明确为：行政业绩、行政效率（包含机关工作效率、计划落实、行政审批、办文时效、对建议提案和信访投诉事件的处理等）、行政能力、行政成本、部门特色等指标。政府绩效评估是一种科学的管理方法，其科学性就在于通过科学的量化指标来评估行为者实现目标的程度。

第三，越来越重视综合评估，逐步改变了单纯国内生产总值评估的传统做法。绩效形成过程是一个持续的、有一定周期的循环过程。在这个过程中，要实现外部衡量和内部衡量之间的平衡、公共管理所追求的效果和产生这些效果的执行动因之间的平衡、定量衡量和定性衡量之间的平衡、短期目标和长期目标之间的平衡。因此，政府绩效评估应是一种综合性评估。正因为这样，广东省《落实科学发展观的评价指标体系和干部政绩考核办法》将评估项目划分为经济发展、社会发展、人民生活、生态环境四个一级指标。这四个指标体现了综合评估的科学评估思想，体现了科学发展的要求和以人为本的现代管理思想。

当然，与完善、成熟的政府绩效评估制度相比，我国施行的政府绩效评估还很不完善，存在着许多问题，主要表现在如下几个方面。

第一，还没有真正掌握、运用好定性与定量的关系，没有真正建立可量化的、综合的、多层次的评估指标体系，导致定性评估多、定量评估少，评估还主要是凭感觉打主观印象分。例如，绩效评估中包含的民主测评，无论是划分为优秀、良好、一般、较差四个等次，或是优秀、称职、基本称职、不称职四个等次，还是满意、比较满意、不满意、不了解四个等次，都没有对各个等次上的具体绩效标准、绩效要求做出明确的规定，评估时还主要凭感觉打主观印象分。

第二，权重设计及分值安排，基本上还是依靠主观确定，缺乏科学依据。在绩效评估过程中，一是虽然明确了评估总分或评估包含的明确内容与环节，但各个一级评估指标或各个评估环节占总分的多大比例，还缺乏依据。例如，广东省《落实科学发展观的评价指标体系和干部政绩考核办法》将实绩评估明确为总分 100 分和 4 个一级指标，但每个一级指标占 100 分的多大比例没有设计依据；将正职的政绩考核分为实绩评估（60%）、民主测评（20%）和群众满意度评价（20%）三个环节，60%、20%、20% 的比例划分也没有科学依据。二是虽然认识到了分类评估的科学性和重要性，但没有找到区分各个不同的被评估对象绩效难度的权重，导致不同的被评估对象缺乏可比性和难以形成相互间的比较与竞争，导致分类评估不能真正实行，最终还是共同评估多、分类评估少，各地基本都是按同一内容、同一权重进行评估，分类评估没有真正实现。例如，广东省《落实科学发展观的评价指标体系和干部政绩考核办法》区分了 4 个不同的区域，体现了分类评估，但各个区域在评估指标上所显示的不同权重设计和分值安排仍然是建立在经验的基础上的，缺乏科学依据，不能反映区域之间绩效的难度。三是虽然明确了不同的评估主体、实行了评估主体的多元化，但对各个评估主体在整个评估中所占的比例，缺乏科学依据。例如，广东省《落实科学发展观的评价指标体系和干部政绩考核办法》将省直部门领导班子考核评价的主体及权重区分为领导（50%）、下属（30%）和部门之间互评（20%），这种确定领导、下属和部门作为评估主体及各自的权重设计，显然也是缺乏科学依据的。

第三，单位评估多，岗位评估少。总的来说，各地普遍施行的绩效评估只是对部门、对单位的评估，都属于整体性绩效评估，尚未真正做到"分级实施、评估到人"。

第四，传统方法多，现代手段少。已有的政府绩效评估普遍以定期评估为主；评估资料的收集还主要依靠人工填报、人工收集和评估时的问卷调查，资料收集方式传统，资料的客观性、准确性等价值缺乏保证；评估资料的收集与业务处理行为脱节，业务的办理要填写各种表格和数据，绩效评估又要再填写各种行为数据和表格。这样，为了绩效评估而耗费大量的时间与精力填写各种报表，占用了处理业务的时间，造成重复劳动，没有充分利用现代科技手段实现绩效评估工作信息化和高效化，也没有形成评估工作的有效监督机制。

第五，绩效评估指标体系的设计，没有体现部门、岗位应当履行的职能或职责，绩效评估与职责履行严重脱节。我国的干部考核自 20 世纪 80 年代以来就确定了德、能、勤、绩全面考核和注重实绩的原则，但实绩考核标准和测评体系一直没有建立起来，在实践中存在单纯用国内生产总值考核干部的倾向。①严格来说，实践中的政府绩效评估还没有真正做到对部门或岗位履行职能或职责过程中做了什么——业绩、做得怎么样——质量、水平、效率以及社会影响和公众的反应如何进行评估；②绩效评估没有与部门使命和战略目标有机结合起来；③这种表面化的绩效评估进一步助长了政府部门及其领导者把主要精力放在见效快、表面化程度高的事务上，不考虑经济效益和社会效益，挥霍公共财政，刻意制造政绩工程。

第六，评估活动多，评估结果运用少，评估流于形式。我国虽然强调要通过实施政府绩效评估，建立落实工作的责任机制，把评估结果作为干部考核、选拔任用、职务升迁、奖励惩戒的重要依据；虽然强调绩效评估作为综合反映和衡量政府工作水平和工作业绩的一项重要手段，要把实施绩效评估与推进职能转变、促进机关效能建设和推行行政问责结合起来，但是由于绩效评估缺乏客观性、科学性，缺乏相应的配套措施，导致评估结果的运用只注重奖惩而忽视了员工与组织能力的提高，导致绩效评估不是运用科学合理和可量化的绩效目标、绩效标准来规范行政行为和发挥激励作用，而是作为消极防御、事后监督与制裁的手段，因而总是陷于被动，不利于形成事前、事中和事后的动态监督机制。

第七，在推进途径方面，忽视了实施绩效评估的基础性工作以及配套措施的完善，包括没有通过重新梳理政府部门之间的职能来达到解决职能交叉重复的问题，没有通过工作分析来解决岗位职责与岗位工作标准不明确的问题，没有通过制定和完善行为规范、服务标准来解决绩效评估时的评价尺度问题，没有通过建立健全绩效评估相关的制度来解决绩效评估施行与已有制度或措施的冲突。由此导致绩效评估不是根据公共的评价尺度而是根据评估者个体利益满足和实现的程度来进行评估，导致绩效评估结果应用流于形式，评估效力微弱。

三、政府绩效评估中的难点分析及其解决措施

政府绩效评估是一项科学的管理措施，要使政府绩效评估能够发挥积极的导向作用、行为规范作用和激励作用，就必须科学地推进。科学推进就是要按照政府绩效评估的内在要求及其规律来推进。

形象地说，评估政府绩效、评估党政国家机关及其公务人员的绩效，就像测量一块土地的面积一样，假如要测量的这块土地极不规则，测量前就要根据判断将其弄成一块规则的地，才能使其具有可测量性。绩效评估也一样，假如被评估对象极不规范，也需要将其规范之后才能评估。事实上，目前我国党政机关组织与人事管理的现状是，机构设置还没有科学化，职能配置交叉重复，

业务流程缺乏优化，人、事与岗位缺乏有效的匹配，绩效目标不清晰，在一个岗位上该做什么、做到什么程度不明确。面对这种现实，科学实施政府绩效评估，需要扎实地做政府绩效评估的基础性工作，使被评估对象具有规范性和可评估性。这是解决科学实施政府绩效评估途径的一个基本认识。

在被评估对象还极不规范的情况下，开展政府绩效评估会遇到来自两个方面的难点和障碍：一是来自绩效评估本身科学性要求所遇到的难点，包括绩效目标设定、评估指标体系设计、权重设计、评估主体选择等；二是来自施行绩效评估所遇到的基础性工作障碍，包括如何开展工作分析、评估结果如何应用、配套制度的建立健全和观念、体制性障碍等。

1. 确定绩效目标

绩效目标是指行为者（党政机关或公务人员）履行职能或岗位职责所应达到的程度。绩效评估就是对行为者履行职能或职责的实际结果与其应达到的程度（即目标）这两者进行的对照或比较。

因此，明确绩效目标具有非常重要的意义，是科学实施绩效评估的第一步和前提。没有绩效目标，行为就失去了方向，绩效评估就没有参照系，评估就只能测出"绩"而不能测出"效"。要科学设定绩效目标，就要注重以下三个方面。

第一，目标是可测的。目标的可测量性，一是指目标能够被分解为分目标或更细的具体目标；二是指综合的、多层次的评估指标体系既是目标分解的结果，又是目标的测量器。因此，在实践中要正确处理目标与指导思想的关系：目标是在指导思想的指导下制定的，要反映指导思想的内容；指导思想高于目标，指导思想本身并不是目标。将目标与指导思想混同起来，就会妨害甚至破坏目标的可测量性特征，导致绩效评估难以量化。

第二，目标的内容要反映行为者应履行的职能或职责。因为目标是行为者履行职能或职责所应达到的程度，因此，只有目标的内容反映行为者应履行的职能或职责，才能实现绩效评估与职能（或职责）履行的有机结合。除此而外，在我国，目标的内容还必须反映党和政府赋予行为者的中心工作。中心工作的经常变化性、评估标准的灵活性使我国政府绩效评估更加复杂。

第三，目标表现为一定的"度"。目标的"度"是表示一定时间、地点等环境条件下行为者履行职能或职责所要达到的程度，是表示受动者对行为者行为的期望值。目标"度"的设定是一项科学、复杂的工作，一是因为目标的"度"不是固定不变的，它会因时间、地点、期望值的不同而不同，目标具有差异性、多样性特征；二是因为目标的"度"既不能过高，也不能太低，目标过高或过低都不利于激励作用的发挥。

2. 科学开展工作分析

工作分析就是将部门中的各项职能和目标有效地分解到各个职位上，明确规定各个职位的目的或使命、所承担的各项职责和所需完成的各项任务，并针对其职责和任务规定相应的绩效目标，明确各个职位与部门内外其他单位和职位所发生的关联性关系，确定职位任职者的基本要求。具体地说，工作分析就是要明确一个部门应设置多少个职位、明确每个职位应做什么（职责、工作任务）和应做到什么程度（绩效目标、绩效标准）、根据每个职位的工作要求和难易程度明确每个职位的任职资格要求、明确各职位之间的相互关系，从而形成"职务说明书"。

工作分析是绩效评估的基础，是使被评估对象具有规范性和可评估性的一项基础性工作。根据工作分析，产生与绩效评估相关的信息，一方面分析出职位任职者的一些主要任职资格；另一方面可以将工作目标、职责、任务、工作难易程度等转化为绩效评估指标。如果缺乏工作分析这个基础性工作，就会导致一个部门内部职位设置、人员配备不合理，部门内不同内设机构之间、不同职位之间、不同人员之间苦乐不均、忙闲不均等现象。一部分人没事做，人才浪费严重，但他们认为是领导对他们不重视或被边缘化；另一部分人工作非常辛苦，承担了部门内部绝大部分工作，但得不到合理的回报，干和不干一个样。这样，不做事的人有意见、做事多的人也有意见，有效的激励机制没有建立起来。因此，工作分析就是要解决工作任务分配、绩效目标设定存在的不公平问题，使绩效评估与职责履行有机结合。要科学开展工作分析，就要注重以下三个方面。

第一，工作分析的结果是设计绩效评估指标体系时的重要依据。工作分析对绩效评估指标体系设计的作用表现在评估的内容必须与工作的内容密切相关。在设计绩效评估指标时，首先应根据工作分析的结果按照职能和职级的区别对各个评估涉及的职位进行分类，设计出一个大的指标体系框架，其次根据每个职位所负有的和部门的战略密切相关的核心职能或工作职责，对已有的指标体系框架进行具体化，从而设计出个性化的绩效评估指标体系。

第二，绩效评估也会对工作分析产生影响。绩效评估的结果可能反映出工作设计中存在的种种问题。例如，在较长一段时间内某一位公认的优秀公务员在绩效评估中都得到较差的评估结果，在分析原因时，就应该考虑到可能是工作设计出现了问题。也就是说，绩效评估的结果也是对工作设计是否合理的一种验证手段。由于在绩效评价中发现了有关的问题，人们可能需要重新进行工作分析，重新界定有关岗位的工作职责，从而达到提高绩效水平的目的。

第三，注重工作分析的具体内容，并从以下几个方面来分析。一是组织的任务、职位的目标；分析所考察职务在组织价值链中的位置以及其所承担的目标，这是组织所赋予的任务；二是工作所要解决的问题，即工作中所要完成的事情；三是完成工作的人，即工作的担当者，工作担当者的能力与资格决定了组织目标和工作任务的完成程度与质量，进行目标、人、事的具体结合，这是工作分析的核心所在；四是工作分析的结果，要形成职务说明书，确定任职资格，评定职务价值。

3. 科学构建综合的、多层次的评估指标体系

政府绩效评估就是依据科学、综合的绩效评估指标体系，运用严格的程序和科学方法，对行为者履行职能或职责的情况进行全面、客观和公正的测量，划分绩效等级的活动。因此，评估指标是影响评估结果准确性、公正性、客观性的重要因素，如果评估指标的设计缺乏科学性，评估结果就会失去准确、客观和公正，评估工作就会给实际工作带来误导。

现行的分散于各业务部门的各种绩效评估指标往往是由上级垂直对口业务部门发下来的，是垂直式绩效评估。这种垂直式绩效评估，主要表现在主管领导对所管辖的业务部门进行绩效评估、科长对科员进行绩效评估、主管部门对管辖的分支机构的对口业务科室进行绩效评估。一些内设二级机构在自身部门业务范围内，往往配合主管部门的对口业务部门设立一定的评估指标，其目的是起到业绩考核的作用。但不同的内设二级机构使用的绩效评估指标各不相同，在没有科学确定不同业务部门之间工作难度系数的情况下，就缺乏了横向比较的功能。因此，这种垂直式绩效评估是将上级用来评估下级的指标，下级又拿来评估自己的下级，未对本级、本部门做任何适应性调适。这样，导致了绩效评估与职责履行脱节，绩效评估对不同部门缺乏有效的激励机制。因此，构建科学、综合、多层次的绩效评估指标体系，是施行绩效评估的一个难点。科学构建综合、多层次的评估指标体系，要注重以下三个方面。

第一，注重符合综合、多层次评估指标体系构建的总要求。一是既要有共性指标，也要有差异性指标；既要有定性指标，也要有定量指标；二是既要体现行为者实际行为结果与绩效目标之间的比较，测量出效，也要体现本部门、本岗位自己跟自己历史的比较以及部门之间、岗位之间的横向比较，测量出进

步幅度；三是既要考虑行为者绩效的经济效益和社会效益，也要考虑短期效应和长期效应、直接效应和间接效应，避免出现绩效评估指标对被评估者产生逆向激励的效应；四是既要科学设定基本的评估事项，又要科学设定加分和减分的评估事项，还要科学设定"一票否决"的特殊评估事项。

第二，注重评估指标体系的科学性。一是评估指标的设立应具有明确、合法的依据，绩效评估指标是绩效目标、承担职能与职责以及中心工作的具体化，要准确反映绩效目标、承担职能与职责以及中心工作的具体绩效要求；二是评估指标体系中评估指标划分得科学合理，权重设定和分值安排要根据多个影响因子不同程度的影响来确定，能够科学反应不同评估指标之间、不同被评估单位之间或岗位之间的差异和绩效难度；三是评估指标所依据的评估资料具有可获取性，评估资料的客观性、准确性及其对评估的价值具有可辨别性。

第三，注重评估指标体系的设计步骤。评估指标体系的设计步骤，整体绩效评估与岗位绩效评估的指标体系设计步骤不同。

整体绩效评估指标体系设计步骤：第一步，运用平衡记分卡原理，取得反映各部门整体性特征的一级评估指标，并且所有部门对这些一级指标及其权重予以认可；第二步，在一级指标的基础上，设立反映各部门绩效目标、职能、工作流程、难易特征和一定时期内工作重点差异性的二级指标、三级指标（甚至四级指标）；第三步，将反映各部门绩效评估整体性的一级指标和反映各部门绩效目标、职能、工作流程、难易特征和一定时期内工作重点差异性的二级指标、三级指标（甚至四级指标）有机结合在一起，构成整体绩效评估指标体系。

岗位绩效评估指标体系设计步骤：第一步，将一个部门的所有二级机构按职能、工作流程、工作技术等特征进行分类；第二步，进行工作分析和目标分解；第三步，在经过多轮"德尔菲"过程后，针对每一个类别的二级机构，设计类别内各岗位共同的一级评估指标和反映各岗位绩效目标、职责、工作流程、工作技术等特征和绩效要求的二级指标、三级指标（甚至四级指标）；第四步，将反映各岗位绩效评估一致性的一级指标和反映各岗位绩效目标、职责、工作流程、难易特征、一定时期内工作重点的二级指标、三级指标（甚至四级指标）有机结合在一起，构成由共性指标和差异性指标组成的、综合的、多层次的岗位绩效评估指标体系。

4. 确定绩效评估的主体及其评估权重

评估主体与被评估对象（即行为者）之间，存在着内在的联系：评估主体的需求、期望值是被评估对象（即行为者）的行为导向。因此，在某种意义上，谁是评估主体，谁就具有了话语权，被评估对象就对谁负责。

在西方国家，随着新公共管理运动的兴起和发展，社会公众评估政府绩效的模式备受推崇和广泛流行。美国市政府普遍把公众满意度作为测量公共服务质量的重要指标。这种评估模式强调社会公众作为政府绩效的评估主体，强调公众满意度评估的权重，体现了顾客至上和结果导向的价值取向。

在我国，政府是公共服务和公共产品的提供者、公共事务的管理者，由社会公众来评估政府、给社会公众评估政府绩效的话语权、请社会公众打分考评政府工作和干部业绩，这是人民政府的本质要求。同时，客观上，政府管理与服务的质量如何，体会最深、体验最直接的是接受管理与服务的对象——社会公众，政府服务的满意程度如何，社会公众最有发言权。无疑地，社会公众参与政府绩效评估、行使政府绩效评估的民主权利，应是情理之中的事。但我们认为，我国目前还只是处在社会公众有限参与的阶段，社会公众普遍作为评估主体直接参与评估的社会条件还不具备，社会公众评估所占的权重还不宜过大。正如周志忍教授所认为的，我国政府绩效评估的公民参与还应是在"有限参与阶段"——范围、角色、方式、影响力等都相当有限。湖南省省长周强也明确指出，把政府绩效评估、官员政绩考核的权力还给公众，扩大公众的话语权，这是一个巨大的进步，但要真正实现这一点还需要一个过程。因为，一方面坚持政府绩效评估的结果导向和外部责任，就必须要有公众参与的外部评估，这也是我国社会主义民主政治的重要内容；另一方面在现实条件下，社会公众普遍参与评估的能力问题、公众评估过程中的信息不对称问题、公共目标与公众个人目标之间的矛盾冲突问题、公众评估是依据公共标准和公共尺度还是依据个人利益满足和实现度问题等，都是影响社会公众评估效果和评估结果是否客观公正、准确的关键问题，往往造成社会公众评估与政府绩效实际状况不相一致。

正如学者们所认为的，在政府绩效评估推行初期，我们不应该把注意力只放在论证社会公众参与政府绩效评估的意义上，以及如何获取和使用社会公众评价的数据上，还应该思考确保社会公众评估结果客观、准确的效度。因此，选择参与政府绩效评估的公众代表，确定公众评估的权重，明确公众参与政府绩效评估的形式、环节和程度，都是关系政府绩效评估结果客观公正、准确的重大问题。

在我国现实条件下，选择评估主体、明确各类评估主体的权重，要注重以下三个方面。

第一，分清内部评估与外部评估各自的必要性和局限性。从党政国家机关与社会二者关系来划分，内部评估主要表现为执政党对其所领导的党政国家机关及其公务人员的绩效评估、国家权力机关对其他国家行政机关和司法机关及其公务人员的绩效评估、国家监察机关对国家行政机关及其公务人员的绩效评估、上级政府及部门对下级政府及部门以及分支机构和所属公务人员的绩效评估。因此，内部评估是依法行使领导职责的重要组成部分，是行使领导权和监督权的重要内容。外部评估主要表现为社会对党政国家机关及其所属公务人员的绩效评估。因此，外部评估是民主权利的重要内容，是加强社会对党政国家机关监督的重要方式，是吸收公众参与公共管理和国家决策的重要途径与形式，也是公众表达利益与意志的一种方式，评估结论具有重要的咨询和参考作用。

内部评估是领导权和监督权的重要内容，对提升党政国家机关及其公务人员自身的管理、促进行为规范，对谋求公共管理目标的充分实现和促进党政国家机关及其公务人员全面履行职能、提高效能和服务质量，对加快服务政府、责任政府、法治政府、廉洁政府和绩效政府建设，都是不可缺少的。外部评估是民主权利的重要内容，体现了以结果为本和顾客至上的公共管理理念，强调最大程度地满足公众的需求，是发展社会主义民主政治、健全外部监督体系不可或缺的重要内容。

然而，内部评估存在着自我监督力度的有限性，以及对上不对下、对内不对外的责任缺失等缺陷。由领导或主管部门、上级部门设立绩效评估指标，并组织对其所管辖的下级部门及分支机构和所属公务人员进行绩效评估，具有自上而下的单向性特征和长官意志色彩，运用绩效评估手段强化外部监督和党政机关公共责任的作用难以发挥。而外部评估的实现，取决于一个国家社会监督机制和公共权力约束机制是否完善；取决于公共管理主体行为规范、服务规范和质量标准是否健全与完善，因为外部评估就是以这些规范、标准为尺度而不是以个人利益的实现程度为尺度；取决于社会发展完善的程度，特别是公众的公共政策水平、法律意识和公共责任意识等能力和综合素质的提高。

因此，根据经济社会发展水平的实际情况，以及民主政治发展是一个从不完善到完善的过程和规律，我国目前还处于社会公众有限参与政府绩效评估的阶段。在现实条件下，社会公众对政府公共事务的管理、公共服务质量的知觉还不能客观与准确地反映实际。在有限参与阶段，外部评估还不是主要的评估方式，社会公众还不能普遍、直接地参与评估，社会公众评估所占的权重还不宜过大，还应坚持内部评估为主、外部评估为辅的内外部评估相结合的原则，并进一步完善内部评估机制。随着社会监督机制和公共权力约束机制的逐步完善，随着公共管理行为规范、服务规范和质量标准的逐步健全与完善，随着社会发展越来越成熟和公众能力与综合素质逐步提高，才能逐步加大公众外部评估的权重。

第二，评估主体的多元化，科学区分不同评估主体的评估权重。实践证明，任何单一主体的评估都有局限性。因此，在内部评估为主、外部评估为辅的内外部评估相结合的原则下，应促进绩效评估主体多元化。不同的评估目的和评估任务，就会有不同的绩效评估类型；不同的被评估对象，就会有不同的管理行为和利益相关者。赋予不同的利益相关者以评估的话语权，也就是坚持了评估主体的多元化，逐步将管理和服务对象纳入评估主体。但是，由于受现实社会条件的限制和各种因素的影响，这些评估主体在客观、真实地反映被评估对象实际行为结果的能力上存在差别。因此，应当科学区分不同评估主体权重。评估主体权重的确定，应当有科学的依据，经过科学的途径，不能人为主观确定。

第三，正确认识社会中介机构——第三方评估机构的作用。表面上看，第三方评估机构置身于被评估对象及其行为所涉及的利益相关者之外，似乎是公正的。但事实上，第三方机构评估的过程具有相当的局限性，评估结果的客观性、准确性受到了严重质疑。因为，第三方评估机构的权限有限，调查取证和获得评估资料都有相当难度；其评估过程得不到社会和各种利益相关者的理解、配合和支持，处于信息极端不对称状态。当然，第三方评估机构的评估作为外部评估的重要组成部分，其绩效评估结论或成果，可以作为一种提高政府绩效的建议方案或参考。

5. 科学设计权重

在政府绩效评估中，权重设计主要存在于绩效评估的如下三种情况：一是评估指标权重设计；二是不同评估主体的评估权重设计；三是部门之间或岗位之间难度系数设计。在绩效评估实践中，权重的设计往往都是靠主观确定，或采取多人对不同因素依靠主观打分确定。这种主观确定权重的做法，既在理论上缺乏科学性，难以服众，又在实践上极大地伤害了公众的积极性，甚至误导公共管理实践和产生负激励效果。因此，如何摆脱领导主观确定或简单打分确定权重，从而使绩效评估真正具有科学性，这是绩效评估中普遍存在的难题。

为了解决这一难题，美国学者萨特（Satay）在 20 世纪 70 年代创建的层次分析法（AHP），对权重设计方法做出了创新，特别是在权重设计中采用了统计检验方法，提升了层次分析法的科学性。从此这种方法在政府绩效评估的权重设计中得到了广泛运用。在群体性决策或多目标决策中，需要对众多决策影响因素的重要性（对目标的权重）做分析判断，进一步得出测算结果。早在18世纪，法国科学院孔多塞院士就论证了，在多因素公共问题的判断中，科学的方法只能是"两两比较法"。①当代公共选择理论的领军人物肯尼斯·阿罗、萨缪尔森都充分肯定了孔多塞的成果。②萨特放弃了对不同因素简单打分的做法，构建了对不同因素重要性判断的"两两比较"判决的"成对比较"矩阵和1～9标度法则。如果判断者认为A比B绝对地强，便赋值9；如果A比B明显强，便赋值7；如果A比B强，便赋值5；如果A比B稍强，便赋值3；如果A与B的效用相等，便赋值1；而2、4、6、8表明A与B的比较中处于各相邻等级之间。③也有学者对萨特的这个标度方法提出质疑，认为萨特方法在一定程度上仍未能回避现代公共选择理论所批判的"基数效用"方法。为此，我们根据公共选择理论提出的"序数原理"优化了萨特方法，提出了权重设计的基本步骤，概括起来就是：序数效用→结果统计→建立统计结果与1～9标度（包括1/9～1/2标度）的映射法则→回到层次分析法→确定权重或难度系数。具体来说有以下几点。

第一，按照"序数效用"原则，排除人为打分法。将需要进行"价值判断"的评估指标、评估主体、被评估的部门或岗位放入列联表中，采用"两两"效用比较法，让参与选择的人独立地对不同指标、评估主体、被评估的各部门或岗位按照其价值程度做两两比较判断，即由参与重要性判断的决策群体每人独立地对各指标、评估主体、被评估的各部门或岗位做序数判断。在调查表上判断者就相对重要性做出"优于""等于""劣于"的两两比较判断，并用符号"+""=""-"表示。

第二，收集汇总参与者填写的调查表，运用基数统计方法计算每个指标、评估主体、被评估的各部门或岗位所得到的"净优"（或"净劣"）数占总（有效）调查表的百分比，然后建立这些百分比值与萨特1～9标度（包括1/9～1/2标度）的数值映射，重新得到层次分析法中的"成对比较矩阵"。

第三，回到萨特层次分析法中"成对比较矩阵"以后的计算步骤。得到各指标、评估主体、被评估的各部门或岗位的权重或难度系数初始结果，再根据专家意见对这个初始结果做适当调整，得到最后各指标、评估主体、被评估的各部门或岗位的权重结果。

绩效评估的权威性是通过评估的科学性和评估结果的应用来体现的，评估结果不应用就会削弱评估的权威性而使评估流于形式。关于绩效评估结果的应用，实践中普遍存在着不应用或应用不正确、不到位的情况。绩效评估结果没有应用的主要原因在于：一是评估过程本身不科学，评估无法应用；二是各种措施、制度不配套，绩效评估结果的应用与已有的制度发生了冲突，绩效评估的效力缺乏应有的制度保障。绩效评估结果应用不正确、不到位主要表现为：普遍将绩效评估的结果与奖金相联系，绩效评估就变成了一个奖金分配方案。平时进行工作就好像是在挣工分一样，最后用一分兑换多少奖金。而且，凡是绩效评估做得比较好的地方，都是将结果与奖金挂钩。因此，评估结果的应用作为绩效评估中的一个难点，必须解决绩效评估本身的科学性问题、制度措施的配套问题和如何正确应用的问题。

总的来说，绩效评估结果的应用主要是用来改进和提高绩效，发挥绩效评估的行为规范作用、导向作用和激励作用，应用绩效评估结果来解决能上不能下、能进不能出，以及干和不干一个样、干多干少一个样等问题。

具体来说，整体的政府绩效评估结果应用，主要用来改进政府服务、改进公共政策、改进财政预算、改进部门之间的合作关系和加强政府责任。公务员个体绩效评估结果的应用，主要表现在以下几个方面。

第一，加强公共人力资源的科学管理。其包括运用绩效评估结果不断改进绩效计划，找出问题所在，寻求解决办法，努力提高绩效；运用绩效评估进行人力资源管理的科学决策，包括人员补充、培训、分配使用、晋级、晋薪等，实现人力资源的最佳配置，最大程度地开发和利用人力资源潜力；运用绩效评估结果作为绩效工资分配的主要依据，充分发挥激励和约束机制在人力资源管理中的积极作用；运用绩效评估结果进行人事调整，将绩效考评结果作为奖励、处分、升职、降职、调换岗位的依据；运用绩效评估结果对员工进行针对性强、切实有效的培训，不断提高员工的专业知识、工作技能和效率。

第二，将绩效评估结果与干部选拔任用挂钩。一是要将绩效评估结果作为干部选拔任用的基本依据，并明确绩效评估结果占干部选拔任用综合评分的比重；要从根本上改变缺乏与绩效评估结果相联系的一整套奖惩办法，缺乏有效的正向激励机制等问题。二是连续两年绩效评估结果为最高等级者，干部任用时予以优先考虑；连续两年绩效评估结果为次等级者，优先考虑对其岗位进行调整或安排相关的培训；连续两年绩效评估结果为最低等级者，一般公务员不得晋升为领导职务，负有领导职务的要由领导职务改任为非领导职务或调整交流到其他岗位工作。

第三，将绩效评估结果与公务员年终考核挂钩，并作为公务员年终考核优秀评定的基本依据，打破过去分配名额的做法，以绩效评估结果作为公务员年终考核的主体内容。

第四，将绩效评估结果与部门经费预算挂钩，实现部门预算。一是将部门所要开展的工作、所要实现的绩效目标与预算相结合，明确花钱做什么、做到什么程度、花多少钱之间的内在联系。做到事事有预算，花钱有效果。二是将上年度的绩效评估结果作为制定本年度部门经费预算的基本依据，打破基数加增长的预算方式。

政府绩效评估是一项科学的管理措施，这项措施的实行能促进公共管理更加科学化、民主化和行为更加规范化。也正是因为绩效评估的科学化功能，在全球普遍推行公共管理改革和创新的过程中，绩效评估得到了广泛应用。绩效评估通过设置绩效目标和科学合理的评估指标体系，促进公共部门及公务人员形成正确的决策导向和政绩导向，使各项工作真正符合公众的根本利益，以加快政府职能转变，创造良好的发展环境，促进服务政府、责任政府、法治政府、廉洁政府和绩效政府的建设。

但是，如优点和缺陷相伴而存在一样，要使绩效评估能够有效发挥作用，就要深刻认识到以下几点。一是政府绩效评估的科学性特点及功能，对具体实施绩效评估的程序、环节、绩效目标和指标体系的设计、权重设计、评估主体的选择等都有非常高的科学性要求，否则就会给公共管理实践带来误导。同时，有些科学性问题，不可能是现在就认识到的，还需要在公共管理实践中反复探索，绩效评估也就需要分步实施、逐步推进和不断完善。二是绩效评估作为一项管理措施，必须与其他管理措施配套，解决绩效评估结果应用与已有制度、措施之间的矛盾冲突。三是绩效评估本身也必须讲求绩效，要不断完善评估方法，实现绩效评估制度设计与网络信息技术应用、政务信息化的有机结合，不断提升绩效评估的效率和水平。

四、美国水污染控制解读

美国水污染控制和治理已有100多年的历史，形成了完整的法律法规体系，健全的管理模式和运作机制。笔者结合在美国考察的所见所闻，以及在海沛林污水厂考察得到的启示，对美国水污染控制的做法进行浅显解读，希冀能对上海的水污染控制有所裨益。

1. 美国水污染控制概述

（1）水污染控制的立法地位

美国水污染控制立法已形成了一套对控制点源污染卓有成效的法律制度。《联邦水污染控制法》在整个美国水污染控制法律体系中居于主要地位，属于美国法典第 33 卷《航行与可航水域法律》中第 26 章，共计 137 条。其立法目的是"恢复并保持国家水体的化学的、物理学的和生物学的完整性。"

（2）水污染控制对象的演变

1899 年，美国出于防止企业向航运河道倾倒排放废物，制定了《河川港湾法》。1948 年的《水污染控制法》、1956 年的《联邦水污染控制法修正案》、1965 年的《水质法》以及 1972 年的《联邦水污染控制法修正案》，都将河流、湖泊、溪水等地表水作为控制对象。

此后逐渐认识到巨大的海洋并不可以吸收石油泄漏和海洋倾废，而地下水保护可以减少用于地下水处理和修复的成本。于是联邦政府于 1972 年颁布《海洋保护、研究和自然保护区法》，1988 年又颁布《禁止海洋倾倒法案》，将海洋和地下水也作为了控制的对象。

由此反映了美国对水污染控制演变的轨迹，即从只控制地表水污染；到控制传统上被认为不会污染的地下水以及因为体积庞大而被错误地认为不受大多数污染问题影响的海洋污染。

（3）水污染治理政策的演变

1）从达到钓鱼和游泳等需求水质量到严格饮用水标准要求

《联邦水污染控制法修正案》的制定以充分达到对钓鱼、游泳等要求的水质量为中心，而对饮用水要求不够高；1974 年颁布《安全饮用水法》对水系统实行更为严格的标准。

2）从只关注点污染源到关注非点污染源

点污染源是聚集在有限范围内、离散和固定的污染物排放源，通常比较容易确认，其污染排放也容易监测。非点污染源是分散的污染源，出现无规律，其来源广和位置分散，很难监测、管理和控制。在早年水污染的治理政策中，对控制非点污染源做得很少，从 1987 年《水质法》开始，制订相应管理计划来控制在许多地区造成严重后果的非点污染源。

3）从清除水污染到重在预防

美国传统水污染治理公共政策是要清除已经产生的污染，后来逐渐意识到减少污染最有效的方法是避免其产生或避免将产生的污染物释放到水中。1990

年通过的《污染预防法》强调在任何可行情况下都要优先考虑污染的预防。

4）从以环境水质标准为基础到实施以许可证为基础

1965 年《联邦水污染控制法修正案》授权各州确立理想的水质标准，以水质为基准来调控污水排放。1972 年《联邦水污染控制法修正案》授予联邦环保局行政处罚权，许可证制度开始实施。现在，任何从点源或者非点源向美国可通航水域的排污行为都必须获得许可。

（4）水污染治理投资的演变

水污染治理从联邦政府建设贷款和拨款计划到以市场为工具的州周转型基金资助计划。1948 年的《水污染控制法》授权联邦政府向州和地方政府提供财政资助贷款给各个地方建设污水处理厂，鼓励他们去清洁自己的水源。1956 年的《联邦水污染控制法修正案》将联邦贷款改为联邦政府直接向地方政府拨款，份额是联邦政府承担 55%，1972 年提高至 75%。1981 年《市政污水处理厂补贴修正案》又将其降至 55%。1987 年《水质法》要求在 1991 年以前逐渐淘汰联邦建设拨款计划，由联邦政府提供、州管理的周转型水污染控制基金（State Water Pollution Control Revolving Fund）来取代，这一滚动基金更为人熟知的名称是清洁水州周转型基金（Clean Water State Revolving Fund），这是美国联邦政府为各州设立的一个用来资助其实施污水处理和相关环保项目的。滚动资金来源于联邦政府和州政府，为低息或者无息贷款，偿还期一般不超过 20 年，所偿还的贷款和利息再次进入滚动基金用于支持新的项目。迄今，州周转型基金已经被认为是美国最成功的资助计划。

（5）污水处理技术发展的演变

从污水处理用词的演变，不难看出其技术发展的方向：由传统意义上的"污水处理"（Waste Water Treatment）转变为"水回用"（Water Reuse），又由"水回用"发展到"水再利用"（Water Reclamation）。新近加利福尼亚州又在有关的规范和标准中用"水循环"（Water Recycling）代替了"水再利用"。概念的演变体现了战略目标的调整，以往是以达标排放为目的的针对某些污染物去除而设计的工艺流程，现在则要以水的综合利用为目的来设计工艺流程。

2. 美国水环境保护的机构和职能

美国水环境质量由地方政府负责，各级环保局（Environmental Protection Agency，EPA）、水质控制委员会（Water Resources Control Board，WRCB）是监管部门。

（1）美国联邦环保局

美国环境保护管理体制是随着 20 世纪中期以来国家对环境问题逐步重视和政策倾斜而建立起来的，作为一个独立行政部门成立于 1970 年 12 月 2 日。其职责是通过有效地实施各项环境保护计划，不断提高环境质量，保护公众健康和创造舒适优美的环境。

1）机构设置

美国联邦环保局管理机构是按处理介质划分的，这一体制与美国现行环境法律体制相吻合。美国联邦环保局的设立及内部机构设置都有明确的法律依据，下设的 14 个部门，包括综合性部门、保障部门和与处理介质相对应的污染防治机构等，这些机构的职责针对性比较强，是环保局实现环境保护目标的核心机构。

2）相应的职能

①法规的制定和执行。环保局根据国会颁布的环境法律和执行法规而制定，负责研究和制定各类环境计划的国家标准，并且授权给州政府和美国原住民部落负责颁发许可证、监督和执行守法。

②提供经济援助。近年来，环保局将国会批准预算的 40% 通过用申请基金的方式直接资助州政府环境项目以及非营利机构和教育机构，以支持高质量的研究工作，增强国家环境问题决策的科学基础并帮助实现环保的目标。

管理政府滚动基金通过经济手段鼓励地方政府建设和经营有效的城市污水处理体系。美国多年的实践证明，这种资金管理和激励机制对地方政府更好地开展水污染防治工作是十分有效的。管理政府滚动基金资金利率低、贷款期限长（最长可以达 20 年），对于申请者有相当大的吸引力。近年来每年的管理政府滚动基金约有数百万人从事环境研究。凭借分布于全国的实验室，环保局致力于评估环境状况，以确定、了解和解决当前和未来的环境问题；结合科学合作伙伴，包括国家机构、私人组织、学术机构以及其他机构的研究成果，识别新兴的环境问题，提高风险评估和风险管理的科技水平。

③赞助自愿合作伙伴和计划。环保局通过其总局和区域分局办事处，连同超过一万家工厂、企业、非营利机构与州和地方政府，努力与超过亿万自愿污染预防计划和能源节约方面工作的合作伙伴制定了自愿的污染管理目标。环保局利用奖励的方式来回报自愿合作伙伴。

④加强环境教育。环保局努力发展教育工作，培养公众的环保意识和责任感，并启发个人培养爱护环境的责任心。

（2）州环境保护局

以加利福尼亚州环境保护局为例。它是州政府的组成部门之一，由6个委员会组成，各委员会之间互不干涉，是独立的，也不受加利福尼亚州环境保护局管理。

3. 美国水环境保护的资金管理机制

州水控委也管理一定的环保资金，资金来源于州政府发行的公债。公债由州政府负责偿还。

4. 水污染监控

（1）监控手段

美国自1972年《清洁水法》实施以来，国家污染物排放削减制度（National Pollutant Discharge Elimination Systems，NPDES）一直是美国河流、湖泊和近海水体水质保护与恢复的主要行政手段，美国通过发放排污许可证的方法来实施对水污染的监控。

水污染监控的一个方面就是公众参与。公众参与环保管理也是美国法律所规定的，其形式和方法一般有公告、发放意见表、媒体报道、网络刊登、召开听证会等形式。

（2）许可证的种类及发放权属

美国的排污许可证分联邦和州两种。联邦环保局有权在全国范围内发放排污许可证；州、县、市环保局也可以发放许可证，但只有经过所属联邦环保局的分支机构（大区办公室）审核批准后才有效。州的排污许可证一般由州水资源控制委员会通过区域水质控制委员会发放，没有设立该委员会的州，则由州环保局发放。

（3）许可证的内容

许可证主要包括污染物浓度规定。

（4）许可证申请程序

许可证申请程序是，排放单位先提交申请，发放单位（如联邦环保局、水资源控制委员会等）拟出排放方案，作为许可证内容进行公示，听取公众意见，期限为30天，30天后发放单位再举办公众听证会，在充分听取公众意见基础上确定许可证的内容和与形式，即成为排放单位排放的依据。

5. 水质监测

美国水质监测工作采取的是市场化运行方式，任何有资质的监测机构都可以申请承担，检测人员必须经过专门培训，持有合格证书，各州监测机构的资质认证由州卫生部门负责。水环境监测主要有地表水的检测和污染源的检测。

（1）地表水的监测

各州地表水环境监测工作由区域水质控制委员会组织开展，包括确定监测点位、监测项目和频次，并将监测报告提交给州水资源控制委员会。全州的监测结果几年公开发布一次，并上报给州政府、联邦EPAO地表水监测项目有300多项，包括无机物、有机污染物、放射性物质、矿物质、毒性污染物、生物评价项目等。不同的水体监测频次要求不一样，分为日监测、周监测、月监测、季度监测、半年监测及年监测等。

（2）污染源的监测

美国对污染源实施在线监测，但监测项目较少。对于污水处理厂，主要是流量实施在线监测，有些还包括浊度、pH酸碱度等。

对于工业废水或城市生活污水，主要由企业或城市污水处理厂自行委托有资质的监测机构进行排放水质的监测工作，自行编制排放状况报告，上报给区域水质控制委员会，并发布在一些专门网站上，供公开查阅。

6. 水污染治理——污水处理

（1）污水处理的概况

在法律法规实施驱动下，美国污水处理工程得到了迅速发展和完善。1970年以前废水一般只进行一级处理，70年代初《清洁水法》颁布以后，美国污水处理状况发生了很大变化。经过大规模的污水处理厂建设，现在城市生活污水至少经过二级生化处理，且大都进行回收利用，有些敏感区域还要求进行三级处理，经过二级处理的废水可以达到饮用水水质标准。

（2）污水处理建设、运营的资金来源

1988年之前，美国城市污水处理厂建设资金由联邦政府和州政府按一定比例提供。运营资金靠收取污水处理费解决。污水处理费须先进行公众听证，然后再由市长委员会确定。

（3）污水处理的运营管理

美国市政污水处理一般由专门机构——卫生局（Bureau of Sanitation）负责运营，产权属于经营单位。

7. 美国经验给我们的启示

（1）立法早、法规健全、法律责任明确

在水污染控制法规方面，联邦政府1948年就制定了第一部水污染控制法，随后根据社会经济发展和民众的要求，又不断加以修改、补充，到2002年11月27日新修订的《联邦水污染控制法》颁布，水污染控制的法规日臻完善健全。

美国法律规定，超标排放污染物属于违法的行为，对违法者要给予行政、民事和刑事制裁。行政制裁包括行政守法令和行政罚款；民事制裁是对违反许可证和行政守法令的，由法院处以民事处罚；刑事制裁给予主要有罚金和监禁，对严重违法行为可处25万美元以下罚金，获15年以下监禁，或二者并罚。刑事制裁对象不仅包括违法排污者，还包括故意伪造、谎报法律规定上报或故意伪造、破坏、篡改监测设施和方法的人。

在环保方面政府投资力度很大，就海沛林污水处理厂来说，1987—1998年陆续投入达16亿美元，用于污水厂的升级改造。

（2）机构设置完善，职责明确

美国与我国都实行环保局统一管理、其他相应部门分别管理的统分管理模式。我国经常出现部门之间互相"扯皮"或争夺管辖权的情况，最根本的原因在于各部门的职权没有通过立法加以明确和细化。美国实行联邦政府、州、县（市）三级行政管理，州以下不设环保局，环保工作由州环保局直接负责（一部分由卫生局负责）。美国联邦（州）环保局的设立及内部机构设置都有明确的法律依据，是联邦（州）政府执行部门的独立机构，直接对总统（州长）负责，不附属于任何常设部门之下。美国联邦（州）环保局与其他具有部分环境管理职能的政府部门的职权划分明确，工作协调有效。州环保局虽要经联邦环保局审查合格才被授予执行和实施环境保护法律的权力，但是州环保局并不受联邦环保局的领导和管理，也不是附属关系，各州环保局各自保持独立，州环保法规明确把环境行政管理权授予了州环保机构和某些其他行政机关，州环保局依照本州的法律履行职责，只依据联邦法律在部分事项上与联邦环保局合作，完成任务。

（3）公民的环保意识强

据介绍，海沛林污水处理厂有时一年中会接到24000美元的资金专门用于应对市民的投诉。另外，为阻止违法行为，《联邦水污染控制法》授权公民可以在联邦法院提起诉讼，这样公民诉讼制度在水污染防治中就得到了确立。

在美国法律制度体系中，环境公益诉讼被称为公民诉讼（Citizen Suits），它最早出现在《清洁空气法》（The Clean Air Act）中，1972 年的《清洁水法》也制定了公民诉讼的条款，且将其中"公民"限定为"其利益受到严重影响或者存在受到严重影响可能性者"。美国环境公益诉讼中的被告有两类：第一类是包括美国私人企业、美国政府以及各个政府机关在内的污染源；第二类则是美国环境保护署署长。

（4）污水厂人员素质高

美国污水处理厂上岗人员都要经过培训和考核，合格取得执业证后方可上岗。海沛林污水处理厂每年招生五六个人，培训一年后送州政府考核。如今，海沛林污水厂人员基本上都是大学本科生和研究生，还有一些是博士生。由于人员素质好，所以管理比较规范，而且还开展新技术研究。

（5）资源共享，综合利用

以海沛林污水厂为例，其与相邻的发电厂签订了一份为期 20 年的合同。根据合同，污水厂将污泥消化产生的沼气通过管道输送给电厂用于发电，电厂则向污水厂提供电能和发电产生的蒸汽。

电厂将相当于污水厂用电量 80% 的电能反馈给污水厂，每度电收取 1.3 美分，同时，电厂还将发电产生的蒸汽输送给污水厂，用于蛋型消化池的加温。仅电费一项，污水厂每年节省开支达百万美元。

另外，每天 3000 万加仑（13650 m^3/d）的再生水用于灌溉、冲洗，每天 650 t 生物固体送往农场，作为肥料和土壤改良剂。

一纸合同，不仅使污水厂和电厂实现了互惠和互利，而且更为重要、更具深远意义的是资源得到了最大程度的共享和综合利用。

综上所述，美国在水污染控制如立法、机构设置、污染控制管理、政府投入等方面的一些做法和成功经验，值得我们学习和借鉴。

第五节　河长制——一个有效而非长效的制度设置

一、关于深化河长制的思考

河长制指的是由各级党政重要领导担任所辖地区一种行政管理河流的河长，履行保护责任和治理责任的方式，在构建了这种制度后，为改善辖区水质及河流综合治理工作带来了很大帮助。所以，为了更好地贯彻和落实该制度，必须重视这项制度的建立和履行。

1.河长制需要解决的问题

同一些新生事物一样，尽管河长制展现出了巨大的生机，然而也具有一定的不足和问题，需要研究与解决。通过各地的具体问题和实践经验来看，制定河长制，搞好河长工作，一定要将四个方面的关系处理好。首先，将治源与治河之间的关系处理好，要明确污染在河中，根源在岸上的原则，如果不弄清污染源，污染源头治理不全面，治理措施不到位，那么治理好一条河的生态环境将成为空话。其次，需要把党政主体与治源的责任关系处理好，各级党政主要领导对改善与治理水环境负全责，如果地方党政缺乏责任感和责任意识，将直接影响治源的效果。再次，把流域综合治理与传统河道治理之间的关系弄清楚，就治而治是传统的治河方法，对流域干支流、河湖统筹、流域上下游、左右岸的思想没有进行综合的考虑，缺少河流治理的全面性、系统性和统筹性，就会导致治理后问题反弹，治理效率低。最后，把区域与河道之间的关系处理好，合理污染的治理，不但要对河这个"线"上污染问题进行治理，更为关键的是将各个区域内的"点"生态环境治理工作抓好，包括整合治理环境、环境保护、产业主导、开发环境资源、经济发展定位和环境评价等。将这些关系处理好，应该科学决策、统筹兼顾、系统布局。但是，很多地方政府却容易做不好或者忽视这些关系。具体表现在以下几个方面。一是存在河长位置定位不正确的现象。通过分析河长工作具体情况，通常都是布置得较多，巡视得较少。一些河长甚至不够了解所管辖河流基本情况；一些河长缺少宏观把控能力，大局观不够，难以将自身责任最大化。二是流域治理缺少统筹治理能力。层次为战、地方为战的问题比较突出，流域内缺乏统筹性。一些地方思想单一，只是单一的治理，很少通过现象去看问题，缺少区域水环境的具体规划和总体规划，对治理的重点把控不到位，混淆了主次。一些地方尽管将流域防与治结合的制度构建起来，然而因为落实不当，难以切实地发挥作用，从而导致河流治理效果不理想。三是资金投入不足。在整治河流时，涉及的治理内容比较多，如生态修复养殖企业污染治理、企业废水治理、城乡污水处理等，治理任务重、工作量大，因此在进行系统治理时所投资金会比较大。但现实中因为投入的资金量不足，导致很多治理工作难以开展。

2.河长制的工作对策

（1）按照系统决策办事

河长制的规定转变成"治"的前提是系统决策，目的是将河长制工作决策的合理性、可操作性和科学性增强。党政领导作为相应的决策者，需对区域河流流域内的具体情况进行掌握，服务于系统决策。对本区域内的经济发展情况、区域污染、重要污染构成、水环境状况和本区域的水资源状况要重点关注；对区域内湖泊、河流等情况进行掌握，主要涵盖产业结构、生态系统、污染情况、分口分布、流域面积等。

从流域宏观思维系统入手去决策分析。以流域统筹思维入手，将区域发展主导产业及流域主导产业定位出来，将生态功能区划系统编制出来，带动生态系统综合治理、生态修复、系统保护的发展步伐，在河流生态系统规律、承载能力和特征的基础上，增强资源保护和科学开发应用并重，加大力度构建环境保护基础设施，将与流域发展相符合的政策体系制定出来，从而将决策的全局性、协调性和战略性增强。例如，在某省市，由"一把手"担任"河长"，统一领导，大大提升了责任担当与统筹协作能力，由河长制取代了九龙治水，工作不敷衍、不推脱、不扯皮。大大提升了流域系统、宏观的防治能力。

（2）坚持"一河一策"制度

由于湖泊江河所处的流域、自然环境、年代长短等存在差异，河流生态影响、脆弱程度和污染程度等的差异，即使相同的河流，因为受到历史、产业、地域和人文等因素的影响，其地区之间、上下游之间也存在一定的差异。所以，需要从整体入手，部署流域河长制，坚持执行和落实地域河长制，因地因河治理。首先，排查单个河流污染情况，其中河流区域内覆盖入口、季节储水量、应用功能、流域地域等是排查的重点，应逐一排查。此外，对污染潜因与污染项目进行预先估测，细致地评价生态安全风险，构建单河、流域和区域档案信息。其次，根据河流特征制定相应的治理对策。在对河流情况进行充分掌握的基础上，细致分析，把"一河一策"实施方案制订出来，而且需要由有关科研机构编制生态环境防治规划方案，把生态系统恢复、修复和重点污染问题突显出来；由河长或者政府牵头制订工作实施方案，把地方管理组织政策措施的落地性彰显出来。

（3）构建相应的机制

为了能够切实改善流域水环境，重点在制度能否精准落实、不走样、不打折。精确施策是精确落实的基础。通过实践调查得知，需要出台系列机制，才能够保证精确的施策。首先，构建各级河长责任落实机制和任务机制。地方政府按照相应的规划治理方案，细致划分河长工作目标、责任和任务，同河长签署目标任务责任书，再通过上级河长向下级河长逐一分配，并且将其作为奖惩、追责、考核的重要依据。其次，构建通报、巡河、督查、工作调度等机制，河长要定期巡视责任河流，发现污染后就要马上解决，并构建工作档案与巡河日志。地方政府应安排水务、环保等部门，组建河长制工作监督小组，常态化督查河长工作开展情况。对发现的问题，列出清单，挂牌销号。例如，某省在将规划方案出台的基础上，在投入保障机制与政策到位的前提下，对河长具体治水责任予以明确，并且将相应的河长考核机制制定出来，把水质考核和工作考核指标的关系确定出来，确保河长的责任和权限能够协调一致，进一步加强河长的工作意识。最后，构建河长工作群体参与体系。邀请群众代表参加河长研究工作，发挥群众的智慧和力量，如邀请当地群众到河道巡河，由于他们对家门口的情况比较熟悉，把群众参与平台积极构建起来，从而为河长制的更好履行提供帮助。

　　长期以来，河流治理工作都是一项重要的工作，但因为河流治理措施不当，污染和浪费问题层出不穷。因此，面对这种现实，构建河长制意义重大。

二、欲破解中国水污染治理困局的河长制

　　近日，中共中央办公厅、国务院办公厅印发《关于全面推行河长制的意见》，提出由党政主要领导担任河长。今后，全国 31 个省级行政区党委或政府的一把手将有一个新头衔——总河长。

　　目前，国内很多河流仍然是"九龙治水"的局面，"环保不下河，水利不上岸"的尴尬现象还存在。而《关于全面推行河长制的意见》的出台就是破解这一困局，通过体制创新解决这一问题。

1. 解决多头治理

　　河长制的诞生，起源于 2007 年太湖水污染事件，从 21 世纪七八十年代开始，伴随我国工业化和城市化的发展，许多河流出现了严重的水污染问题，甚至断流、消失。其中较为严重的当属 2007 年的太湖水危机。这次危机引起了省市两级政府乃至中央政府的高度重视。为解决问题，江苏省要求流域内的各城市协调合作，按照国家统一部署，开展河道综合整治工作，河长制由此而生。

　　无锡作为当年太湖水危机中受最大影响的城市，其推行的河长制实现了部门联动，充分发挥了地方党委政府治水的积极性。同时，无锡还配套出台了《无锡市治理太湖保护水源工作问责办法》，对治污不力者严厉问责。这一铁腕制度效果显著。2011 年，无锡 12 个国家考核断面水质达标率为 100%，主要饮用水源地水质达标率 100%；2012 年，主要饮用水源地水质达标率仍为 100%。此后，北京、天津、江苏、浙江、安徽、福建、江西、海南等 8 个省（直辖市）开始借鉴这一成功经验，推行河长制，16 个省、自治区、直辖市也在辖区内的部分市、县流域水系尝试推行河长制。

北京公众与环境研究中心主任马军表示："从地方试点到全国统一，能够明显解决之前推动力量不足的问题，同时解决多头治理的问题。"据公开资料显示，河长制推行后，2011—2016 年，79 个河长制管理断面水质综合判定达标率基本维持在 70% 以上。

此次在全国推行河长制，是以环境质量改善为核心，在业界看来，顺应了新环保法的规定。在河长制实施的十年里，也常被诟病资料显示，很多河流是跨区域流动，而流域治理的跨域特征所带来的问题是，流域治理的协同会出现问题。据了解，在之前各地的实践中，不同省份最高级别河长差异较大，有的是省委书记，有的是地级市市长。"有的时候上游省份在治理，而下游没有治理，这样治理的效果就不好。"马军说。他表示，之前多龙治水，很多部门的协调并不顺畅，经常会出现有权力时一拥而上，有责任时互相推诿的情况。"政府负责人任总河长，能够更好地协调这些部门解决多头治理的困局。"马军说。对此，《关于全面推行河长制的意见》进行了明确规定。水利部副部长周学文介绍说，各省区市要设立总河长，这个总河长由省委书记或者省长来担任。

环保部水环境管理司司长张波表示，"河长制是非常重要的机制创新。通过河长制把党委、政府的主体责任落到实处，领导成员会自觉地把环境保护、治水任务和各自分工有机结合起来，从而形成大的工作格局"。

河长制的推行和实际效果不是依赖于法律的规定，而是依赖于一个地方的党政领导是否对水环境保护给予重视，是否愿意当河长。

2. 关键看考核

马军认为，确立河长制，只把架子搭起来还不够，更主要的要看落实情况，"有河长，但是找不到人，或者把问题反映到河长那里得不到反馈，这样的河长制就形同虚设"。据马军介绍，我国目前有 2000 余条黑臭河，而这些黑臭河其实都有河长。民间环保组织绿色江南创始人方应君对此感受很深。在基层调研时，方应君发现，有的黑臭河找不到信息公示牌，就算标注了河长的信息，公众也很难知道如何治理、治理的起止时间等有效信息。有评论认为，因为河长不是目前行政序列中的官职，有人只是把它视作握有实权者挂的一个"虚衔"，因而河长制能否收到实效，关键要看是否有人因任上不力而被问责。以无锡市为例。2007 年 12 月 5 日，无锡市委、市政府印发了市委组织部《关于对市委、市政府重大决策部署执行不力实行"一票否决"的意见》。其中明文规定，"对环境污染治理不力，没有完成节能减排目标任务，贯彻市委、市政府太湖治理一系列重大决策部署行动不迅速、措施不扎实、效果不明显的，对责任人实施'一票否决'。"

方应君认为，"一票否决"很重要，但更重要的是要看这一票由谁来投。关于考核问责，《关于全面推行河长制的意见》指出，根据不同河湖存在的主要问题，实行差异化绩效评价考核，将领导干部自然资源资产离任审计结果及整改情况作为考核的重要参考。

县级及以上河长负责组织对相应河湖下一级河长进行考核，考核结果作为地方党政领导干部综合考核评价的重要依据。实行生态环境损害责任终身追究制，对造成生态环境损害的，严格按照有关规定追究责任。周学文还介绍说，水利部将建立河长制的督导检查制度，定期对各个地方河长制实施情况开展专项督导检查。如果造成生态环境损害的，要严格按照有关规定追究河长责任。

3. 更需制度建设

方应君表示，此前一些地方施行的河长制还存在对河长监督缺位、问责不到位现象。曾有媒体探访了浙江杭州、嘉兴、台州三地 30 条河道，却只联系上了 9 名河长，河长公示牌也形同虚设。在中国政法大学环境法教授王灿发看来，河长制的推行和实际的效果不是依赖于法律的规定，而是依赖于一个地方的党政领导是否对水环境保护给予重视，是否愿意当河长。王灿发认为，河长制的推行，最终还是要依靠制度建设，要将水污染防治法关于地方政府对本辖区环境质量负责的要求通过立法加以制度化，制定完善的考核指标与程序。明确达不到水环境质量目标要求时，作为集体的政府和有关的领导应当承担的责任。这样，污染的治理、河水变清才是有保障的，也才能真正让政府负起责任来。周学文表示，全面建立河长制将建立一套工作制度，包括河长会议制度、信息共享制度、公众参与制度。他举例说，如公众参与制度，江西省在实施河长制的过程中，每一条河的河边上设置一个牌子。这一条河的河长是谁，联系电话是多少，明明白白地写在公示牌上。群众在监督过程中发现问题可以及时进行反映，处理结果也要向群众反馈。

第三章　水土流失防治的河长制推进

第一节　水土流失预测及其水土流失防治

一、高密市的水土流失及其防治

高密市总土地面积 1605 km²，水土流失面积 611 km²，现已治理 75.77 km²。本节在分析水土流失危害的基础上，总结了水土保持工作的主要经验，针对存在的问题，提出了加强预防保护、加强监督管理、提高技术水平等对策措施。

1. 水土流失状况

高密市水土流失较为严重，据资料研究，年平均侵蚀深度为 0.79 mm，年侵蚀模数为 1072 t/km²。其主要侵蚀类型为水力侵蚀，风力侵蚀次之，主要侵蚀形式为面蚀。水土流失强度以轻度侵蚀为主。据测算，全市轻度侵蚀面积 391.74 km²，占总土地面积的 24.39%，主要分布在市域南部与中部交界处的部分水平梯田和坡式梯田果园，侵蚀形式面积较多，少量沟蚀，中度侵蚀面积 7.43 km²，占总土地面积的 9.81%，主要分布在坡式梯田和植被覆盖率小于 50% 的地带，侵蚀形式以面蚀为主，少量沟蚀，年侵蚀模数 4320 t/km²；强度侵蚀面积 39.47 km²，占总土地面积的 2%，多分布在农田湿地和质量较差的坡式梯田，侵蚀形式多为沟蚀和面蚀，极强度侵蚀面积 22.23 km²，占总土地面积的 1.38%，主要分布在较陡的顺坡地和砂砾化较严重的地带，侵蚀方式以沟蚀为主，年侵蚀模数达 85 t/km²。

2. 水土流失危害

（1）土地生产力下降

土地资源是一种难以再生的宝贵资源，全市总土地面积 1605 km²，全年流失土壤 172.11 万 t，按耕层 0.3 m 计算，约折合 427 km² 耕地的耕层被冲走。全市每年流失掉有机质 29 ～ 41 t，纯氮 31.5 t，纯磷 274 t，折合标准氮肥 18389.18 t，标准磷肥 16124 t，标准钾肥 2793.67 t，相当于全市年化肥使用量的 83%。表土不断流失，导致土层变薄，土壤肥力显著下降，粮食产量低而不稳，加剧了人地矛盾，直接威胁到当地居民的生存与发展。

（2）淤积河道，抬高河床

水土流失使大量泥沙淤积河道，河床抬高，泄洪能力降低。1999 年，高密市年降水量 13.2 mm，汛期暴雨成灾，造成 29 km 河道漫溢，决口 53 处，周围村庄被淹，倒塌房屋 35 间，受灾面积达 6.4 万 km²，农田绝收 1.13 万 km²，给当地造成了巨大损失。泥沙下泄淤积了水库和塘坝，缩短了工程的使用年限。同时，还有部分沟渠河段淤平，失去排灌作用，每年需要耗费大量的人力、物力和财力进行清淤，给当地政府和群众带来了沉重的经济负担。

（3）加剧土地沙化

由于自然因素和人类活动的影响，该市南部丘陵区沙土正向农田扩展，不仅降低了土地的生产能力，还使风沙区域不断外延，面积逐渐扩大，致使治理的面积远不及流失增加的面积。

（4）破坏生态环境，制约社会经济发展

水土流失严重地区大都是贫困地区，生产力低下，生态环境恶劣。风沙区土壤松散裸露，植被覆盖率低，保水能力差，在水土流失作用下极易破坏土壤结构。加之缺乏田间拦蓄工程，一旦遭遇暴雨，不仅会造成大量的水土流失，而且低洼地带的积水不能排除，继而形成涝灾。该市曾遭遇特大暴雨，全市平均降雨量 327.4 mm，暴雨中心区王吴测量站达 546 mm，其中，一些地势低洼的农田大量积水，造成了重大的经济损失。水土流失破坏了生态环境，降低了抵御洪涝等自然灾害的能力，严重制约经济社会的可持续发展。

3. 水土保持主要经验

2005 年以来，高密市以水库、河道的上游水土流失严重、生态脆弱和群众生产生活紧密相关的阚家镇于家埠小流域水土流失综合治理等为重点，采取倾斜政策，加大扶持力度，集中连续治理，取得了明显成效。据统计，全市累计治理水土流失面积 75.77 km²，其中修筑水平梯田 0.47 万 km²，三合一梯田 0.7 km²，平整土地 2.47 万 km²，建设基本农田 3 万 km²；林地面积达到 7 万 km²，覆盖率达到 5.5%。水土流失得到有效控制，生态环境明显改善，群众生产生活水平显著提高。

（1）科学规划，逐步实施

在认真总结全市水土保持经验教训的基础上，广泛征求群众意见，制定了《山东省高密市水土保持规划》。通过率先启动东部胶河综合治理工程建设形成"一河清泉水、一条经济带、一根产业链、一道风景线"的新格局，并于2009年被水利部认定为国家水利风景区。

（2）多渠道筹措资金，加大资金投入

针对该市胶河两岸综合开发利用价值高，通过多渠道社会融资，进行河道治理、建闸蓄水、道路硬化、植树造林、景区建设等工程实施，实现胶河两岸的综合开发。25年以来，该市共计投资1.2亿元，对胶河进行了一至四期综合治理，按照景观河道治理标准对河道进行治理后，进一步改善了该市东部板块小气候和生态环境，提高了城市建设水平。特别是原河道经过治理后，整理出的土地价值倍增，通过该市国有资产经营投资有限公司储备进行招、拍、挂后，所得收益又用于该项目建设，进一步充实了水利工程建设资金，实现了从单纯地依靠政府财政到适应社会主义市场经济发展要求的转变。

（3）坚持以小流域为单元的综合治理

近几年来，在省、市水保办的指导下，吸收外地先进经验，该市进行了小流域治理。经过多年的实践，我们认为，以小流域为单元进行综合治理是行之有效的治理方法，是水土保持工作的一个新发展，具有强大的生命力。目前，该市重点小流域治理有三处取得了显著效果。此外，各乡镇也陆续开展了以小流域为单元的水土保持，也收到了良好效果。

4. 存在问题与今后防治对策

（1）存在问题

高密市2010年末总人口达86万人，人口密度高达807人/km²。由于人口密度大，虽然水土保持生态建设已取得累累硕果，但目前仍存在着不少亟待解决的问题。其主要体现在以下几方面：一是水土流失较严重，生态环境恶化的趋势尚未彻底扭转；二是人们对水土保持的重要性认识不足，甚至有人错误地认为，高密没有高山峻岭，只有面积不大的丘陵，水土流失影响不了大局；三是各级领导对水土保持工作重视程度不够，时紧时松，不能持续作战；四是投入严重不足，远远满足不了大规模开展水土流失综合治理的需要；五是水土保持科技含量低，科技成果推广转化慢，致使治理效益低；六是预防监督执法力度不够，"三权一方案、三同时"等制度没有得到全面有效的落实；七是"重治理轻管护，边治理边破坏"的现象在局部地方仍比较严重。

（2）今后防治对策

1）加强预防保护

预防保护对象主要包括以下几个区域：一是所有基本农田区；二是城区西部凤凰公园、机场及其周围地区；三是王吴水库、马旺水库库区周围，李家营姚家屯南岭黑松林，潍河两岸，胶河沿岸河滩林带以及城区水源地；四是潍河注沟至峡山水库河库沿岸林带。通过加强预防保护，保证已有的治理成果持续发挥效益，同时促进生态自然修复。

2）加强监督管理

加强水土保持监督管理机构配套建设，完善水土保持监督管理制度，切实把人为水土流失程度控制在最低。建立健全水土保持监测体系，完善永久性和临时性监测点的配置，定期发布水土保持监测公报。

3）提高水土保持技术水平

技术保障是水土保持项目建设的有机组成部分，对项目的成功实施和达到预期目标起着重要的保证作用。一是组织市、镇两级水保技术人员外出考察，学习外地先进的水土保持实用技术，为我所用；二是定期举办实用技术培训班，提高农民和科技人员的技术水平，促进小流域治理上水平、上档次。

4）完善政策，加强领导

根据高密的实际，出台集体治理、承包到户管理的政策措施。对小流域按村划片，以村为单位进行治理。治理结束后，承包到户，签订合同，多年不变，允许转让和继承。通过完善政策，充分调动承包户的治理积极性。各级领导应充分认识水土保持生态建设对全市经济社会发展的重要性，加强对水土保持工作的组织领导，加快进度，提高质量。

二、高速公路建设水土流失防治研究

高速公路路线长，影响面广，建设周期长，其建设给社会经济带来巨大效益的同时，也给沿线的环境带来了许多负面影响，其中水土流失就是一个比较突出的环境问题，它是公路建设过程中或建成使用中因扰动地表或岩石层、堆置弃渣等造成的水土资源破坏及损失，是一种典型的人为加速侵蚀。由于其流失强度大，影响面广，危害严重，高速公路水土流失问题已显得日益突出。

1. 高速公路水土流失分析

高速公路水土流失产生的部位与影响时间如下。

（1）水土流失产生的部位

高速公路建设水土流失主要是由于开挖路堑和桥梁基础、填筑路基、桥梁施工、路面排水系统及路基防护等工程的施工，以及取弃土、采石采砂、修筑施工便道和临时设施等活动，人为破坏原地貌后出现大面积的裸露地表在降雨作用下产生的水土资源的破坏和损失。故水土流失的产生部位包括路基及边坡、弃土场、取料场、临时占地和移民安置区等，此外由于施工行为不规范及边坡不稳定可能还会影响征地范围外一定的区域。

（2）水土流失的影响时间

高速公路建设对当地水土流失的影响主要集中在建设施工期，营运期因施工破坏而影响水土流失的各种因素在实施边坡防护、排水工程及绿化等具有水保功能的措施后逐渐消失。但是如果不采用有效的水土保持措施，边坡、弃土堆、取土场、施工便道将会长期裸露，植被难以恢复，水土流失长期存在。

2. 高速公路水土流失防治

（1）主体工程区水土流失预防措施

由于高速公路水土流失量大部分发生在施工期，而在施工期，路基防护措施、绿化工程和水保工程均未建好，故施工期除认真落实主体工程设计中具有水保功能的工程外，还应对路基边坡单元（特别是填方边坡）采取临时性防护措施。

1）施工期临时水保措施

①土工布和临时排水沟。为控制开挖和回填产生的水土流失，在路基尤其是回填路段和一侧开挖路段施工前应沿设计的路基排水沟开挖临时性的排水沟，并沿排水沟每隔一定距离设置一个沉沙凼，在每个沉沙凼下游设置滤网挡沙，定期清理沉沙凼的淤积物。此外，在进行路基填筑时，在坡脚还应设土工布挡沙。对于临河路基靠河一侧要设临时防护栅栏，以防止土石块体滚落河中，防护栅栏高1.5m，用竹条编制，木桩或钢管支撑，这一措施设计在绵阳至遂宁段（简称绵遂高速公路）中得到专家好评。路基临时排水沟要先于路基回填与开挖，并在路基竣工后改作永久排水沟，路基临时排水沟的挖方同路基挖方一起处理。

②表土临时堆置措施。对于工程区内土质较好的原始表土层，应在工程施工前对其进行剥离并运送到渣场或取土场附近，与渣场或取土场表层土集中堆放，并用土袋围护及草袋覆盖。以备工程后期取土场、弃土场及其他临时工程用地覆土之用，取土厚度视占地类型而定。

2）施工要求

①土石方开挖应尽量避开暴雨季节，并在雨季到来之前做好边坡防护及排水设施。

②控制土石方工程施工周期，采用边开挖、边回填、边碾压的施工方案，尽可能减少疏松土壤的裸露时间。

③跨河桥梁施工尽量选择在枯水季节进行，避免在汛期进行河槽内墩台施工。桥梁墩台修筑完毕，拆除围堰，并将出渣、废浆、建筑垃圾集中运至弃渣场进行堆放，严禁倒入河道中或随意乱丢乱弃。对于设在河滩上的桥墩，施工结束后应及时清除地表的施工残渣，并对场地进行平整修复。

④隧道工程，尤其在洞门临河或洞口原始坡面较陡的隧道工程施工前，应事先做好洞门处的拦渣措施，避免隧道出渣下泄对隧道洞门下方边坡植被和土地造成破坏，或直接进入下方河道中。

⑤开挖及回填边坡的砌筑工程，在达到设计稳定边坡后及时护砌，同时做好坡面、坡脚排水系统，做到施工一段，砌筑加固防护一段。

（2）弃土场、料场水土流失防治措施

1）弃土场水土流失防治措施

①拦渣及护坡工程。弃土场护坡工程有阶梯缓坡措施、植物防护措施以及拦渣工程防护措施等。一般地，堆渣时应使渣体前坡（挡渣墙一侧）保持1：1.7的坡度，堆顶表面坡度在2%～5%之间，当高度大于10 m时，每10 m设一马道平台，马道宽2 m。堆放时要分层压实，压实度大于85%，堆渣完毕后进行渣顶平整、覆土并绿化或复耕，植树种草一般覆土40 cm，复耕覆土50 cm。

②排水工程。为防止顶雨直接冲刷弃土坡面，坡面设坡度向放坡导流。为汇集山涧水，弃土场设置有排水沟、急流槽及消力池，将流水引入坡底排水沟中。弃土场横坡上设梯形边沟，将山坡水截入沟中。急流槽砌筑在弃土场坡面上，按原阶梯状用浆砌片石砌筑槽底部，并利用其阶梯状坡面消能，消力池部分接天然沟，池底坡度按实际情况设置。

2）料场水土流失防治措施

①荒坡取土采石场。在开挖之前，应将地表乔木和灌木移植，然后剥离地表腐质土并集中堆放在场地附近适宜位置，以用于后续绿化。在开挖过程中，为减少降水、径流侵入掌子面加大活土体自重，致使重力侵蚀，应在取土坑后壁坡顶设截水沟，在取土场的两侧及下游侧设排水沟和沉沙凼，使掌子面及附

近坡面产生的地表径流及时排出，并在坑口临时排水沟内侧顺沟堆砌单排土袋。取土完毕后要对后壁削坡、开级，在坑内覆土，然后进行植被恢复。

②河滩取石、取沙场。河滩取石、取沙场必须严格按国家有关法律要求，经当地河道管理部门审批，在适宜的地点设立和开采。

③农田取土场。平原区公路路堤填筑往往征用沿线农田作为借土场，取土前应将场内表土挖出，置于场地四周附近，堆成梯形并拍实，待取土场用毕，平整场地，然后将挖出的表土还原，进行复垦。

（3）临时占地水土流失防治措施

1）施工营地和场地

在进行场地平整和投入使用前，应在下游一侧设置临时排水沟和沉沙函，排水沟挖方集中堆放在用地区内，待排水沟用毕后要回填，再进行绿化。施工结束后，施工单位须将不需要保留的地表建筑物及硬化地面全部拆除，废弃物及时运至附近渣场。然后按照施工场地后期使用规划，做好场地的土地整治，以备植被恢复。

2）施工便道

施工便道线形应具有一定的曲率，避免出现较长的顺直线路，以降低地表径流下泄的速度。施工期间应做好施工便道的防、排水措施，完工后对于不再使用的便道应及时对其进行分级分块处理，使每小块土地呈水平或1%～2%的倒坡，地块大小视原施工便道纵坡的大小而定，对于分好的地块，还需进行植被恢复处理。

3）料、渣场临时堆置用地

临时堆置占地尽量选择荒地，且应尽量选择地势平坦的地方堆置，保证堆渣体易于防护。

对于设在坡地的临时堆置场地，堆料和堆渣前需先期建设场地的截排水设施，以疏导场地上游坡面下泄的汇水，使堆料或堆渣免受径流的冲蚀。完工后对其进行分级分块、平整和植被恢复。

（4）直接影响区水土流失防治措施

一般来说，公路建设需拆迁安置的居民较多，且分布线长，不宜集中安置，可鼓励移民集中建房、建楼房，以减少用地面积。宅基地尽量选择平坦地带，禁止在25°以上的坡地挖坡建房。房屋建好后也要进行四旁植树，恢复植被。

（5）水土保持的植物措施

对采取植被措施的区域，先要采用覆盖表土、平整压实等工程措施，然后因地制宜确定植被恢复方案。①路堑边坡：当边坡不陡于 1 ：1.5 时直接植草或网格植草；边坡为 1 ：0.75 时采用窗孔式边坡防护；边坡为 1 ：0.75～1 ：1 时采用三维植被网。当墙前平台及顶部平台较宽时，在顶部平台回填耕植土，进行草及灌木的种植。②路堤边坡：对土质边坡栽植防护作用较好的灌木，对砂砾土边坡种植固土效果较好的草种。③立交区绿化：立交区地面采用植被全部覆盖，沿匝道、分流端、安全岛的栽植灌木起引导视线、缓冲的作用，在重要的地方选择能反映立交桥特征的树种和栽种形式。此外在立交区主车道、匝道汇车区，禁止栽植遮挡安全行驶视线的树木。④取土场：若原地表为林地则种草栽乔木，若原地表为耕地，则将其复垦为旱地。另外，开挖后壁要根据岩土类型对其进行削坡开级，对于岩石边坡，坡度削为 1 ：1 以下，并在坡面上挂网植草；对于土质边坡，坡度削为 1 ：1.5 以下，并在坡面上种草栽灌木。⑤弃土场：若原用地类型为水田或旱地，则在坡面栽灌木兼植草，并将堆顶面复垦为旱地；原地表为林地或灌草丛，则在坡面栽灌木兼植草，在顶面种草和栽植乔木。

（6）近年来高速公路建设水土保持中采用的新技术

①综合考虑公路沿线地质、地形、气候、水系分布、生态敏感点、水土流失易发区、建筑工程和工程量等因素，利用融"3S"技术与三维地学模型分析技术于一体的现代三维空间技术进行公路线路优选，开展边坡治理工程的数值模拟，积极采取防治措施以期水土流失减至最小。

②积极运用湿式喷播、客土及厚层生长基础喷播等新技术，加快植被恢复，减少水土流失。

③利用"3S"技术动态监测公路沿线的水土流失状况，为水土保持提供依据。通过对监测结果的分析，检验水保措施的有效性，对其中的不足采取及时的补救措施，这些经验也可供以后的工程借鉴。

三、高速公路建设中的水土保持研究

交通运输业是我国社会经济发展的基础产业，是推动我国经济发展和社会进步的强大动力。反过来，迅猛发展的社会经济需要与之相适应的交通运输系统，然而高速公路建设在带来巨大经济效益和社会效益的同时，也带来了生态环境等一系列问题，如果这些问题得不到及时解决，将会严重制约高速公路建设事业的健康发展。大规模高速公路工程的开工建设，给我国脆弱的生态环境带来了极大的威胁，如选线不当会破坏沿线生态环境；防护不当会造成水土流

失，如坡面侵蚀与泥沙沉淀等；公路带状延伸会破坏路域自然风貌，造成环境损失，从而破坏生态屏障。

1. 高速公路建设中不同时期的水土流失分析

（1）施工期的水土流失

延靖高速公路是山区高速公路，沿线地形、地质条件复杂，桥涵、通道、隧道等结构物多，深挖高填路段较多，项目建设困难，水土流失严重。公路工程建设中的人为因素是引起水土流失的主要原因。施工期中水土流失的主要特点是，在路基施工中，开挖使植被破坏，表土层抗蚀能力减弱，加剧土壤侵蚀。挖方和填方路段，由于挖方边坡和路基边坡岩土裸露，雨水冲淋后导致水土流失。不能及时防护隧道的弃碴和深挖路段的土方而产生水土流失。裸露的采石场、取土场在雨季时受水冲刷产生水土流失。移民安置新建宅基地开挖面在雨季产生少量水土流失。

（2）营运期的水土流失

高速公路主线及互通式立交匝道路面采用沥青混凝土作面层，收费站路面采用水泥混凝土作面层，挖填方边坡多采用浆砌片石护坡，隧道全部衬砌，因此公路营运期路面、边坡及隧道等基本不会产生新的水土流失。在营运初期，由于一些水保工程的功能尚未发挥，如植物处于幼苗阶段，仍会产生少量的水土流失。随着时间推移，坡面植被形成，水土流失将逐渐停止。营运中、后期因护坡质量和锚杆松动，在雨季局部地段可能会产生滑坡或岩体顺层滑动，形成水土流失，但这种影响是局部、暂时和少量的。

2. 高速公路建设中水土流失的特点及危害

高速公路建设中水土流失有以下特点，水土流失呈线状分布，且区域变异较大；区域内水土流失受水力侵蚀与重力侵蚀共同作用；植被破坏呈线状，增加了植被恢复的难度。

建设期间造成大面积裸露疏松地表，由于没有任何植被覆盖，在雨季极易产生水土流失，严重时会造成大面积淤积农田现象；公路开挖的土石方顺沟坡堆放，挤压行洪断面；部分弃碴被洪水冲走，淤塞河道，如不进行治理，未来年份这些弃碴仍会被洪水冲刷，带入江河，增加其输沙率；公路沿线许多弃土场位于冲沟、沟边和坡脚下，若不加以挡护，随雨而流的沙、土、石将直接下泄到河溪，势必抬升下游河床，缩小行洪断面，减弱行洪能力，增加洪灾频率，加大灾害程度；高速公路横穿灌渠处，如不采取有效的水保措施，公路产生的泥沙将直接进入灌渠，淤塞渠道，影响灌溉，危害下游灌区的农业生产。

同时，水土流失导致土层变薄，土壤沙化，地力衰退，可耕地面积减少，造成土地资源破坏，农业生产环境恶化，生态平衡失调，水患灾害频繁，加剧了人与土地资源的矛盾，制约了社会和经济的发展。因此，需要实施相应的水土保持措施，以保障沿线居民和主体工程安全。

3. 高速公路建设过程中水土流失预测

根据公路不同路段的特点和施工工艺，划分以下6个水土流失区：公路挖方区，公路填筑区，桥、涵、隧道施工区，土料场区，弃碴场区，临建工程区。

（1）水土流失预测内容

高速公路建设水土流失预测有以下内容：扰动原地貌、破坏土地和植被的面积预测；弃土、弃石、弃渣量预测；损坏水土保持设施的面积和数量预测；可能造成水土流失面积和流失总量预测；可能造成水土流失危害预测。

水土流失预测采用定性和定量相结合的方式进行。该项目以实地调查确定水土流失背景值，以类比预测法来确定预测值。

（2）新增水土流失总量预测

通过对公路建设项目主体工程设计要求的施工计划和施工区地质、地形、地貌、植被、降雨等因子综合判定，确定项目施工建设各区的水土流失量，来估算新增水土流失总量。根据以上各水土流失区的水土流失量，预测该项目新增水土流失量可达138670 t。

4. 高速公路的水土保持措施

根据工程水土流失的特点、危害程度和防治目标，水土保持设计采取分区分期防治，工程建设前期以水土保持工程措施为主，因地制宜，辅以生物措施相结合，快速有效地遏制水土流失，后期主要以植物措施为主，防止水土流失，改善生态环境。

在高速公路的设计与施工中应做到以下四点，以有效地防止水土流失的发生。①选择合适的坡率和采取合理的支挡结构，确保人工边坡不发生滑坡、崩塌。②采用恢复植被方法封闭坡面，避免雨水侵蚀坡面而造成水土流失及因物理风化作用而形成风化剥落。③尽量做到填挖平衡，减少弃土及取土。④做好排水系统，以减小雨水的侵蚀能力。

（1）临时性占地水土保持方案

对于临时性占地（预制场、堆料场、便道、工棚等），在使用完毕后，要进行迹地恢复，占用农田的要及时清理废弃物品或废碴，复耕还田还地；占用林地、荒地的要及时恢复原有植被。

（2）移民区水土保持方案

公路建设移民分布线长，不宜集中用地，但在移民中要提倡集中建房，减少用地面积。单户建房应控制宅基地面积，尽量选择平坦地带，禁止在25°以上的坡地挖坡建房，减少挖方量，土地开挖后要立即平整。房屋建好后也要进行四旁植树，恢复植被。

（3）加强水土流失和水土保持的监测

为防止项目区新增大量水土流失，控制和减少可能造成的水土流失及危害，应加强项目区水土流失监测和水土保持监测。在项目建设期，应主要监测水土保持的预防措施和治理措施的落实情况。在公路营运期，主要进行水保工程稳定性监测。根据"谁开发保护，谁造成水土流失负责治理"的原则划分防治责任范围。开发建设项目水土保持方案技术规范规定，建设单位应防治的责任范围主要包括项目建设区和直接影响区两部分。项目建设区包括公路占地范围、料场、碴场和附属建设区范围。这是直接造成土壤扰动和水土流失的区域，是水土流失防治的重要地区。直接影响区是对下游或周边地区造成水土流失危害的区域，直接影响区虽然不属于征地范围，但建设单位应对其造成的影响负责。该项目的直接影响区主要包括公路沿线两侧、临时公路两侧，取土场、弃土场周边及其他附属建筑物周边范围。

5. 分区防治的水土保持工程措施

根据各水土流失区的特点，有针对性地采取各类工程预防措施。公路工程建设水土保持主要是在工程措施和生物措施等方面将水土保持和公路建设充分结合，处理好局部治理和全线治理、单项治理措施和综合治理措施的关系，相互绑调，使施工及运营过程中造成的水土流失程度减小到最低，从而保证工程建设的顺利进行，促使项目区的社会、经济和环境协调统一发展。公路工程水土保持是防治水土流失，保持、改良与合理利用山林、丘陵区和风沙区水土资源，维护和提高土地生产力，以利于充分发挥水土资源的经济效益和社会效益，建立良好生态环境的综合性科学技术。它涉及公路防护工程、绿化工程、土地复垦、排水工程、固沙工程等多种水土保持技术，是一门与土壤、地质、生态、环保、土地复垦等多学科密切相关的学科。大规模高速公路工程的开工建设，对我国脆弱的生态环境带来了极大的威胁，高速公路建设必然影响环境，如防护不当会造成水土流失。进行水土保持方案编制是保持水土的前提条件，是人与自然和谐发展的重要举措，也是落实我国水土保持法的实际内容。水土保持方案编制是我国在环境资源实践经验的总结，是贯彻"预防为主"的原则，是防止新的生态破坏产生的有效措施，对我国以后水土保持工作的实践有着深远的意义。高速公路建设必须兼顾环境保护和水土保持，只要采取合理的工程措施就可以预防高速公路建设可能造成的水土流失。

以上研究结果表明，测定的各指标均达到了该项目建设前的预期目标，能够有效改善当地农业发展现状，可实现当地农业经济可持续发展。

第二节　项目区水土流失防治措施

一、我国黑土区水土流失研究综述

黑土区是我国重要的商品粮基地，但由于黑土多年受到自然侵蚀和人为开垦，水土流失日益严重，土地肥力下降，粮食产量下降，威胁国家粮食安全。因此，加快黑土区水土流失防治、治理和保护黑土资源已势在必行。本节对黑土区水土流失现状、危害、影响因素和治理方面进行了详细的阐述。

黑土素有"土中之王"的美称，是人类拥有的不可多得的宝贵资源。我国东北黑土区是世界上仅有的三大黑土区之一，是我国重要的商品粮基地，素有"谷物仓库"之称。但由于多年来的自然侵蚀和过度人为开垦，黑土严重退化，水土流失问题日趋严重，土壤肥力的失衡降低了黑土的生产力，不少地方肥沃的黑土已经流失殆尽，变成不毛之地，限制了粮食产量的提高。同时，黑土区的水土流失，也极大地破坏了当地群众的生产生活条件，威胁了该区域经济社会的可持续发展。因此，东北黑土区水土流失的防治问题已迫在眉睫，成为制约经济可持续发展的重要问题。我国有关学者对黑土区水土流失进行了大量的调查与研究，并提出相应的理论，为今后防治水土流失提供了科学的依据。

1. 黑土区水土流失现状

根据全国农业土壤普查结果确定的黑土区总面积为 1085 万 km²（含大小兴安岭、长白山），其中典型黑土区面积为 78 万 km²。东北黑土区分布于黑龙江、吉林、辽宁和内蒙古四省（区），其中黑龙江 45.25 万 km²，吉林 18.7 万 km²，辽宁 12.29 万 km²，内蒙古自治区 25.41 万 km²。黑土区地处温带大陆性季风气候区，大部分地区的年降水量为 500～600 mm，地貌类型多样，分异规律性强，自南而北跨越了暖温带中温带—寒温带不同的自然地带，从东到西横穿湿润—亚湿润—亚干旱 3 个不同的自然地区。黑土区是我国的重要工业和商品粮基地，然而长期以来该区的发展却是以牺牲生态环境为代价的，由于自然因素影响及人为不合理生产活动的破坏，水土流失比较严重。土壤侵蚀包括风力侵蚀、水力侵蚀等，而此区主要是风力侵蚀和水力侵蚀。据松辽委统计报告，区内现有水土流失面积 27.59 万 km²，占黑土区总土地面积的 27 km²，其中黑龙江 9.55 万 km²（水力侵蚀 8.53 万 km²，风力侵蚀 1.02 万 km²），吉林 3.11 万 km²（水力侵蚀 1.72 万 km²，风力侵蚀 1.39 万 km²），辽宁 3.41 万 km²（水力侵蚀 3.08 万 km²，风力侵蚀 0.33 万 km²），内蒙古自治区 11.52 万 km²（水力侵蚀 10.9 万 km²，风力侵蚀 0.62 万 km²）。目前很多地方的黑土层厚度已由 20 世纪 50 年代的平均 60～70 cm，下降到目前的平均 20～30 cm，有些区域已露出成土母质，丧失了农业生产能力。严重的水土流失，造成了黑土资源损失、土地生产力下降、生态环境恶化，泥沙淤积抬高河床，影响水资源使用效益，加剧了干旱洪涝灾害。实际上，水土流失在很大程度上已经严重制约了当地经济与工农业生产的可持续发展。

据 2008 年在北京召开的"中国水土流失与生态安全综合科学考察"总结会上，水利部副部长鄂竟平做的《中国水土流失与生态安全综合科学考察总结报告》显示，我国黑土区水土流失严重，其发展的速度远远超出了治理的速度。如果照此速度发展下去，则国家粮食安全将受到巨大冲击。

2. 黑土区水土流失危害

水土流失在我国黑土区的危害已达到十分严重的程度，它不仅造成了土地资源的破坏，导致农业生产环境恶化，生态平衡失调，水旱灾害频繁，而且影响了农业生产的发展。

（1）降低土壤肥力，威胁农业生产

水土流失带走了土壤大量的养分和水，破坏土地资源，危害生态环境，直接威胁粮食生产。水土流失冲走了耕地表层的宝贵肥沃的熟土，使土壤肥力与蓄水保持能力降低，土地日益贫瘠，甚至土壤被侵蚀殆尽，从而造成了不利于农作物生长的缺肥缺水的条件，作物生长不良，产量低而不稳。

水土流失被重视的原因之一，就是水土流失将带走大量的表层土壤。而作为生态系统和景观基质的土壤形成速度比较缓慢。土壤流失速度，一般是土壤形成速度的 30～300 倍，从而黑土层厚度随土壤流失程度逐年减少。

土壤侵蚀过程有选择地带走有机质和土壤细颗粒，使土壤持水性和土壤肥力降低。在侵蚀土壤中，导水性降低93%。侵蚀土壤比未侵蚀土壤多产生20%、30%的地表径流，使得这一地区即使在丰水年也导致缺水。加剧了贫水地区的水资源供需矛盾。地表径流不仅会使土壤变薄，养分流失，而且分割地面，蚕食耕地，冲毁和埋没农田，直接减少和破坏土地资源。水土流失过程中不仅带走表层土壤，同时也带走了土壤中的氮、磷、钾等养分，致使土壤中的有机质含量下降，土壤肥力下降。据调查，东北黑土开垦20年肥力下降1/3，开垦面积逐年下降。

（2）破坏生态环境

水土流失将加速森林砍伐，使区域性、地带性的景观和生态系统发生根本性的变化。据估计，每年1160万km^2被伐森林中，一半以上是由于补偿已经退化了的农业土壤。森林的砍伐减少了燃料的供应，迫使发展中国家的农民更多地依赖农作物、废屑物和肥料做燃料。这种农作物、废屑物的转化进一步加强了土壤侵蚀、地表径流，并消耗了有价值的养分。水土流失携带的大量泥沙使下游水库淤积，河床抬高，对下游的工业、农业和野生动物产生了决定性的影响。在水动力的作用下，产生洪流或泥石流，带走大量的泥沙，使流域内江河水位抬高，有些小河流底高出原地面形成地上河，流域内水库淤积越来越严重，渠道清淤是一项艰巨的任务。开垦70～80年下降2/3左右，土壤有机质每年以0.1%左右的速度递减。该区每年流失表土5960万～9180万t。

随水土流失而流出农田，汇入河流、湖泊等水体的养分，从全磷0.15%概算，则每年流失的有机质为178.8万～275.4万t、氮11.9万～14万t、磷9万～13.8万t，而且每年流失的地表水从土壤中带走的可溶性养分还未计算在内。

（3）降低农业产量

土壤是植被生长的基地，粮食生产的场所。因此，在农业生产活动中，使"三保"（保土、保肥、保水）耕作，还是"三跑"（跑土、跑肥、跑水）耕作，这从农业生态系统影响农业角度讲，属于养分流失和土地生产力下降，是一种经济损失；从环境角度讲，属于水环境的非点源污染。径流和泥沙携带的养分与农药也将污染下游水体，导致下游水体的环境压力增大。

水土流失危害严重，人类不合理的土地利用是造成水土流失的重要原因之一。人类砍伐森林和开垦土地造成土壤易于遭受侵蚀，人类活动通过影响坡地、流水可以引起块体、河流侵蚀和沙丘活化，加速土壤侵蚀。

3. 黑土区水土流失影响因素

水土流失一般是在自然因素和人为因素综合作用下发生和加剧的。而黑土区水土流失是在其特有的地理、地貌、植被等自然因素和人为不合理的社会生产活动作用下形成的。其主要影响因素如下。

（1）自然因素

1）地形地貌

地形地貌决定着现代侵蚀作用的强度。在地形起伏较大的低山、丘陵地带，地形复杂，水土流失严重。首先是山区面积占黑土区面积的56.3%。山丘区山高坡陡，山区海拔高度一般在800～1200 m之间，最高峰长白山头的白云峰海拔2691m的坡地面积占山区面积的37.62%。

其次是漫川漫岗区，该区虽然坡度不大，但坡长很长，一般在百米以上，黑土区长达几百米以上，最长的达千米以上。再次是风沙坨区，3—5月最大风速一般可达20～25 m/s，最大瞬时风速可达40 m/s，风沙作用十分活跃。

2）土壤特性

一般认为，黑土区土壤的性状主要表现为团粒结构好，植物营养元素含量高，交换量大，蓄水量大，pH值适中。但是黑土本身黏粒和腐殖质含量高，团聚体含量高，土壤孔隙度大，土质疏松，容易被侵蚀。同时，耕地土壤结构受到破坏，土质板结，蓄水保肥能力降低，抗蚀能力减退。这些不良条件是引起水土流失的内在因素。

3）植被因素

植被发育是水土保持的有利条件。在大小兴安岭及东南部部分山区，虽然坡度较大，由于植被覆盖率较高，水土流失相对较轻，只是在冲沟两侧有少量的水土流失发生。相反，在植被覆盖率小的平原地区，特别是农田均处在缺林少树、任其风雨侵蚀之中，水土流失严重。

4）气候因素

影响水土流失的气候主要是风和水。黑土区属于大陆性季风气候区，该区年降雨量多年平均为500～650 mm，山区平均在600 mm以上。降雨多集中在夏秋季节，高温多雨使土壤受到风化和冲刷，是导致水土流失的主要因素。暴雨强度不仅影响径流强度，而且对土壤的侵蚀作用也很大；春季多风少雨，十年九春旱。每年大于4级的风有120～150 d，大于6级的有65～80 d，大于8级的有30～40 d，所以风蚀导致水土流失进一步加重。

（2）人为因素

1）破坏森林生态系统

半个世纪以前，黑土区内林草茂密，森林覆盖率达 70% 以上。随着人口的增加，人为的乱伐滥砍，陡坡开荒，使局部山林遭到严重破坏。20 世纪 80 年代，森林覆盖率下降到 35%。平原区天然次生林被大面积砍伐，使农田失去屏障，加重了风蚀和水蚀。

2）不合理的土地利用方式

毁林种参、蚕场过度放养、超载放牧、小片开荒、森林砍伐速度大于土地更新速度，以及开矿、建厂、修路、基本建设等造成新的水土流失。据黑龙江省牡丹江市统计，无计划采金、采石、掘沙、基本建设和多种经营等破坏水土保持达 350 多处，乱采面积近 0.1 万 km^2。

3）人口增加

低生产力与人口的增加是导致水土流失加剧、生态环境恶化的直接原因。中华人民共和国成立以来，黑土区人口增加近 5 倍，一些外省移民先向这些生产比较落后的地区聚集，吃、烧、用的压力加大，毁林、毁草、陡坡种地等掠夺式现象日益严重，该区农民生活燃料缺乏，这些都与水土流失加剧和人口无节制地增长密切相关。

4）生态知识匮乏和某些政策失误

少数搞经济建设的决策者和干部，由于对发展生产和保护资源的关系缺乏正确的认识，往往为了追求暂时的局部的或本单位的利益，不顾对资源的破坏和环境的污染，进行开矿、取土、挖沙、修路、滥伐森林；不少农村干部和农民，由于缺乏生态环境知识，对自然资源只知一味索取，涸泽而渔，这些均是导致生态环境恶化的重要原因。

4. 黑土区水土流失治理

黑土区水土流失问题日益严重，破坏孕育我们的生态环境。为保护环境，应加强水土流失的治理，运用一些可行的手段与措施，可概括为以下几个方面。

（1）因地制宜，分区治理

根据不同水土流失类型区的特点，宜林则林，宜牧则牧，因地制宜，因害设防，采取不同的治理模式。

1）漫川漫岗区

采用"三道防线"治理模式，即坡顶减少农田防护林；坡面采取改垄耕作，修筑地梗植物带、坡式梯田和水平梯田等水土保持措施；侵蚀沟采取沟头修跌水、沟底建谷坊、沟坡削坡插柳等措施。

2）丘陵沟壑区

采用"一林戴帽，二林围顶，果牧拦腰，两田穿靴，一龙座底"的小流域"金字塔"综合治理模式。即山顶营造防护林；坡上部布设截流沟、营造水土保持涵养林；坡中部修筑果树台田或水平槽，发展特色经济林果；坡下部通过改垄、修筑地埂植物带，梯田改造坡耕地，建设旱涝保收的稳产农田。坡底的沟川地配套了完善的灌排水利设施，建设有高标准的稳产高产良田，提高了抗灾能力。

3）农牧交错区

①采用"三结合、三为主"的生态建设模式。坚持生态保护与生态治理相结合，以保护和促进生态自然修复为主；工程治理与生物治理相结合，以综合防治为主；生态效益与经济效益相结合，以畜牧业水草料基地建设配套为主，探索出生态保护与畜牧发展相统一的新路子。

②科研与治理相结合，提高治理水平。广泛开展与国内的顶尖科研院所合作，使科研工作与水土保持工程紧密联系起来，把科研成果真正应用到工程中，提高治理工程的科技含量。同时，加大科研资金的投入，开发新技术。充分利用现有高新技术，采取工程措施、生物措施和耕作措施等多种措施，重点加大对水土流失严重地区的综合治理力度，提高植被覆盖率，力求取得突破。

加强水土保持科学研究，不断寻求更能有效控制水土流失、提高土地生产力的措施，搞好水土保持科学普及和技术推广工作，大力应用遥感、地理信息系统和全球定位系统等高新技术，建立全国水土流失监测网络和信息系统，努力提高水土保持综合治理的科技含量，从而使科研与治理有机结合，提高治理水平。

③加强宣传教育工作。水土保持工作涉及面很广，要综合治理。坚持"防治并重，治管结合，依靠群众，因地制宜，全面规划，综合治理，集中治理，连续治理，除害兴利为发展生产服务"的工作方针。要加强宣传教育，提高全民减灾意识，认清水土流失的危害性、严重性，认真贯彻执行《水土保持法》和《水土保持法实施条例》以及《水土保持生态环境建设规划》《水土保持"九五"计划及2010年远景规划》等，强化执法，形成全社会关心、支持、参与治理水土流失的强大舆论力量。

④坚持治理与开发相结合，实现效益最大化。保护水土资源和生态环境，提高粮食综合生产能力。治理生态环境是产业开发的基础和条件，而产业开发又可为建设生态环境提供物质保证和支持，只有将治理和开发结合起来，才能

步入可持续发展的轨道。可以预见，随着我国人口的增长、居民收入和消费水平的提高，我国对粮食的需求总量将呈现刚性增长态势。如果处理不好水土资源的有限性和需求不断增长的矛盾，很有可能引发资源危机。因此，必须对水土资源进行有效保护和合理开发，使之可持续利用。同时，我国生态环境的基础比较脆弱，承载力十分有限，必须加强粮食主产区基地建设，加快东北黑土区的水土流失治理步伐，建设生态屏障，提高粮食综合生产能力，这是确保我国粮食安全的重要举措之一，是国家社会经济实现可持续发展的重要保证。总的来说，只有秉承治理与开发相结合的原则，才能实现生态效益、社会效益和经济效益相统一，达到效益最大化。

我国黑土区水土流失研究与治理是一项长期和严峻的任务，必须加大综合防治的投入力度，采用多种手段，通过综合措施解决人与自然的矛盾，灵活运用因地制宜的原则，充分发挥各种防治措施的优点，使我国珍贵的黑土区得到切实保护，实现国家粮食生产和生态环境的长治久安。

⑤开辟新水源，高效利用多种水源灌溉。漳河灌区灌水系统为"长藤结瓜"方式，其地形条件有利于水的重复利用。灌溉回归水很大一部分被小型塘堰、水库以及排水沟网等系统收集并重新利用，利用塘堰蓄积雨水，可以合理高效地利用天然降水，减少无效弃水。因此在开辟新水源方面要充分利用灌区内中小型水库，合理开发利用和管理灌溉水资源，努力争取水资源在灌区内部的重复利用。采取此种方式漳河灌区约有 1.2 亿 m^3 的回归水可以作为灌溉的新水源，推广到长江流域可增加 12% 的灌溉水源。

（2）节水促进生态环境建设

1）发展节水灌溉，减少化肥农药流失

采用节水灌溉措施后，可以减少田间渗漏量，从而减少进入地下水与容泄区的养分和农药。采用滴灌和微喷，水分向下迁移的量很少，而水流是肥料和农药迁移的动力，因此肥料和农药向地下水的迁移量比传统灌溉条件下要减小很多。水稻采用节水灌溉措施后，与长期淹灌相比，稻田渗漏量降低30% ~ 70%，氮肥、磷肥流失大幅度减少。据广西桂林灌溉试验站的观测结果，与长期淹水模式相比，用"薄浅湿晒"模式和间歇淹水模式，氮流失量减少了27.7%。养分流失特别是氮、磷肥流失大幅度减少，不仅提高了肥料利用率，有利于高产，而且减轻了对地下水、容泄区水体及土壤的污染。

2）增加生态用水量，减少生态损失

长江上游地区是水土流失最为集中的地区，同时也是旱灾频发的重灾区。

长江上游地区由于长期以来毁林开荒，陡坡垦殖，森林遭到大面积破坏，造成大量水土流失。长江中下游平原地区经济发达，城市岸边污染带水环境状况严重。另外，在干旱季节长江支流及湖泊的生态缺水问题越来越突出。要改善生态环境，有效的措施是增加生态需水量。在长江地区发展节水灌溉，减少农田灌溉用水量，节约下来的水可以用于生态林业建设，涵养水源，减少水土流失；可以净化水体，为生物提供栖息地，保持生物多样性等。

长江流域的水资源较为丰富，水的稀缺性体现得不明显，因此对于农业节水没有给予足够的重视。但是，有足够的试验数据表明，当采用节水灌溉模式后，不仅仅减少了灌溉用水量，同时也减少了面源污染，对生态环境产生了良好的影响。因此，在长江流域，要把农业节水和减轻面源污染相结合，不仅仅减少农业用水量，更重要的是减少污水排放量，改善水环境。所以，站在保持水资源可持续开发利用的角度上，在长江流域推行农业节水是非常必要的。

二、西气东输工程中的水土流失工程防治措施

西气东输工程西起新疆维吾尔自治区轮台县轮南，东至上海市青浦区白鹤镇，途经新疆、甘肃、宁夏、陕西、山西、河南、安徽、江苏、上海9个省（区、直辖市），线路全长3829 km。管道（除个别地段跨越外）采用沟埋敷设方式，干线管径1016 km，设计年输气量120亿 m³。本节研究范围为新疆轮南首站至郑州站，该段管线长2945 km。针对工程建设造成的水土流失问题，采用水土保持工程措施进行防治，为水土保持方案和沿线环境治理提供技术依据。

1. 水土流失特点及分析

（1）项目区水土流失状况

项目区土壤侵蚀类型较复杂，大致可划分为自然侵蚀和人为侵蚀两类。自然侵蚀主要包括风力、水力、重力、冻融等侵蚀，其中风力侵蚀和水力侵蚀是该区主要的侵蚀类型。据资料分析，工程沿线的土壤侵蚀差异较大，从侵蚀模数看，风蚀区侵蚀模数3000～5000 t/（km²·a），风蚀厚度25～50 mm；风、水交错侵蚀区侵蚀模数3000 t/（km²·a）左右。在水力侵蚀区，平原区土壤侵蚀轻微，侵蚀模数为100～500 t/（km²·a）；黄土丘陵沟壑区土壤侵蚀强烈，侵蚀模数为1000～15000 t/（km²·a），局部地区高达30000 t/（km²·a）。

（2）水土流失特点

项目区水土流失有以下特点，项目区涉及地貌类型多，施工条件复杂，水土流失形式多样，防治难度大。人为造成的水土流失呈线状分布，且区域差异

悬殊，植被重建难度大。开挖扰动影响大，弃土弃渣分散，给防治工程带来困难。

（3）人为新增水土流失

依据主体工程设计资料预测，工程建设扰动破坏原生地表总面积达 8453.3 km²，损坏水土保持设施面积 7766.12 km²。建设期新增侵蚀总量 659.107 万 t；其中，新增风蚀量 51.058 万 t，新增水蚀量 141.049 万 t。

工程建设产生的弃土弃渣总量 1140.01 万 t；其中，风力侵蚀区 970.17 万 km²，风、水交错侵蚀区 30.69 万 km²，水力侵蚀区 139.15 万 km²。弃土弃渣流失量达 33.62 万 t，其中，水力侵蚀区 296 万 t，土石山区、黄土丘陵沟壑区的流失量分别为 10.31 万 t、8.99 万 t。

2. 防风固沙及盐碱地防治工程

（1）戈壁防治工程

管线经过的山前戈壁倾斜平原、南湖戈壁平原、河西走廊平原，地层岩性为冲积碎石土、砂土和黏性土，局部地段基岩裸露，或有剥蚀残丘分布。在上述地区施工，一般采用铺压法，即将地表砾石或管沟开挖出来的砾石另行堆置，作为铺压材料，管沟回填后，在其表面铺压砾石层，可有效减少风蚀。

（2）沙漠防治工程

管道经过库木塔格沙垄、腾格里沙漠南缘、毛乌素沙南缘等地段，管沟开挖将使地表层结构变得更为疏松，加速风蚀沙化，并危及管道稳定。针对沙漠区土壤侵蚀特征，分别布设高立式、低立式、黏土、隐蔽式沙障等不同类型的工程防治措施。沙障类型根据地形条件选用，间距根据其类型确定，平面布设根据主风向、沙丘形态、管道防护要求，采取行列状、非字状、雁翅状、鱼刺状等多种形式相结合的方式，以适应沙垄上气流性质的变化。

（3）盐碱地防治工程

在盐碱地内敷设管道，采取的主要防治措施是在管道填土表面铺压梢料、石料或铅丝笼。对于地下水位较高或地下水出露、填土易于盐碱化的地段采用铅丝笼铺压。

3. 拦渣工程

（1）拦渣坝

拦渣坝一般选在地质构造稳定，比降较缓，土质（基岩）坚硬，坝端岸坡有开挖溢洪道的沟道上，利用管沟开挖、施工便道修筑产生的黄土、红黏土。工程规模根据当地自然条件和弃渣量多少确定。拦渣坝一般由坝体和泄水建筑物两部分构成。该项目区分别在阳道峁、下岭沟、大墓岭三条沟道布设了三座中型拦渣坝。

（2）挡土（渣）墙

挡土（渣）墙一般拦挡倾倒在沟坡的弃渣。管道沿等高线埋设时，开挖形成的边坡遇到降雨易发生湿陷、塌陷、滑坡等现象，故需要沿坡脚修筑挡土（渣）墙等工程。挡土（渣）墙的形式及规模依据弃渣量及边坡条件确定。

（3）护坡工程

对堆置物或山体不稳定处形成的边坡，或坡脚易遭受水流淘刷的，应采取护坡工程措施进行防护；因开挖堆置而形成的边坡采用浆砌石或干砌石护坡；对于地层岩性为黄土或风化岩石、坡面有涌水的坡段，采取格状框条护坡。

管道施工中，对于开挖地面或堆置弃土、弃石等形成的不稳定边坡，应根据不同条件分别采取不同的防护措施。对于开挖形成的石质边坡、非均质土坡、渣场边坡，一般采用直线型削坡；对高度大、结构松散的不稳定边坡以及结构较紧密的均质非稳定土坡，应采取阶梯形削坡，使之成为台、坡相间分布的稳定边坡。

（4）沟道防护工程

管道穿越较大的冲沟，因管道施工破坏原地层结构，造成沟岸扩张、沟底下切，加剧水土流失，故在沟道布设护沟、护岸工程。另外，在有条件的地方还可布设淤地坝或谷坊工程。

（5）河道防护工程

管道施工后，河床的地层结构由紧密变疏松，抗冲能力降低，将加剧洪水对河床以及管道的冲刷下切作用，故可修筑人字闸（跌水坎）或砌石护底护岸工程。

当黄土残塬区河床质为砂卵石、粗中砂，局部为基岩，河道比降较大，且两岸有大面积的农田时，在管道下游或垂直管线处，选择沟道较为狭窄、地质条件良好的地段，结合管道敷设和防护工程要求，利用开挖管沟产生的弃渣修筑人字闸工程；当管道穿越窄深的石质河道时，采用浆砌石护底护岸。

（6）排水防洪工程

管道在施工中，因破坏地表或弃土、弃石导致水土流失，对下游造成洪水危害，或管道工程本身受洪水威胁、管道上游有洪水集中危害的，应在沟道中修建护沟工程；管道一侧或周边坡面有来洪危害的，应在坡面与坡脚修建排水沟或截水沟。

当渣场上部汇流面积较大时，在渣场上游距渣场边缘 10 m 以外的坡面布置截水沟，并在渣场两侧坡面布置排水沟将径流排泄到下游沟道中，避免地表径流冲刷渣体，引起渣体湿陷、沉陷、流失等。

根据该项目工程的特点，排水防洪工程的形式有截、排水沟，渣体排水，沟道涵洞排洪，坝体排水，墙身排水等。

4.水土保持工程措施的作用

（1）保护水土保持设施

工程建设期由于扰动、开挖原地貌，从而使地表土壤、植被遭到破坏，增加了裸露面积，表土的抗蚀能力减弱；管沟开挖、隧洞开挖和施工道路修筑等产生的大量弃土弃渣，由于不合理堆放而成为新的水土流失源。针对成因，充分利用工程措施的控制性和速效性，同时结合生物措施的长效性进行综合防治。经分析计算，水土保持总治理面积将达到 7766.12 km²，各类工程措施拦渣量占总弃渣量的 97.6%，从而使项目建设破坏的水土保持设施尽可能得以恢复，减轻了水土流失造成的危害。

（2）减少入河泥沙

西气东输工程管道通过黄河流域水土流失最为严重的黄土高原地区，该区是黄河泥沙及粗泥沙的主要来源区。经预测，在风力、水力作用下工程施工所产生的弃渣直接流失量达 33.62 万 t（不包括风蚀防治区），沿线施工毁坏原地貌植被新增侵蚀量 790.757 万 t。各项水土保持工程措施实施后，弃渣量及人为新增流失量得到有效控制，总减沙量达 755.11 万 t，其中工程措施减沙量 734.89 万 t、生物措施减沙量 20.22 万 t，从而使输入河流、水库的泥沙减少，淤积减轻，河道及水库调蓄洪水的能力提高，减轻了下游地区的洪水灾害。

（3）保障主体工程安全运行

按照主体工程施工工艺和施工进度，依据不同阶段及相应自然条件，针对水土流失特点及其危害，采取压、拦、排、护并重的防治措施体系，同时结合生物措施，防止冲刷、冲淘、塌陷、滑坡、泥石流等，使被破坏的地貌得以治理，达到有效控制人为新增水土流失的目的，对保护管道安全运行，保障沿线人们正常生活生产，促进当地经济持续发展具有十分重要的意义。

（4）改善生存环境

该方案所实施的水土保持工程，将改善当地的生存环境和生产条件，为沿线群众广泛开展水土保持综合治理、生态环境保护起到示范作用。随着当地经济、交通、文化的进一步发展，环境的承载力、人地矛盾将得到缓解。

在水土保持工程措施防治中，水蚀区为工程全线的重点防治区，主要防治目标是塌陷、滑坡、泥石流等危害，风蚀区以管道沿线风沙危害作为防治重点。措施布局上采取的压、拦、排、护并重的工程防治措施体系，对工程建设造成的水土流失及其危害具有遏制作用。在水土保持综合防治措施中，工程措施具有明显的拦渣效果和减沙作用，从而对工程安全运行提供了保障。

三、煤矿水土流失防治措施与工程设计

山西是煤炭大省，煤矿产业的蓬勃与兴盛带动了当地经济的迅猛发展。然而，矿区开发常伴随着地表原生植被的严重破坏及弃土废渣的任意排放，淤积下游河道、农田，污染水源，造成严重的水土流失。本节对某煤矿整合建设项目的水土流失防治措施进行了研究。该项目位于山西省平定县城西部 1.5 km 处，是对原有的两个煤业公司进行的兼并重组整合而成的新的煤业公司，行政区划属平定县冠山镇。

1. 水土流失防治目标及原则

根据项目所在地周围自然、社会、经济状况，以及建设特点、项目组成等情况，本项目水土流失的防治重点是项目建设期的工业场地、场外道路和弃渣场施工的临时堆土产生的水土流失。根据这些情况因地制宜地采取综合防治措施，以工业场地、场外道路和弃渣场水土保持为核心，恢复和保护项目区内的植被和其他水土保持设施，全面控制工程建设过程中可能造成的新增水土流失，并使原有的自然水土流失得到有效治理，最终实现区内工程建设和生态环境治理协调发展的良性循环。

2. 防治措施体系和工程设计

在主体工程已有水土保持功能设施的基础上，进一步补充水土保持措施设计，以形成一个科学、完善、有效的水土保持防护体系。工程措施、植物措施相结合，加强临时防护、施工时序安排及管理措施等，对项目工程区进行综合整治。

（1）工业场地防治区

主体工程已有措施：场内排水沟、截洪沟、边坡防护等工程措施，工业场地绿化措施等。本区新增防治措施主要是临时堆土的拦挡、彩条布覆盖。对于临时拦挡，根据工业场地施工工序，将建筑物回填土方临时堆土堆放于空地区，堆土量 3500 m³，最大堆高 2.0 m，堆土面积为 0.25 km²，临时堆渣防护区长 50 m、

宽 50 m，在堆土坡脚处用彩钢板拦挡，彩钢板长度为 200 m，在大风天或雨天用彩条布覆盖，覆盖面积为 0.29 km²。临时排水沟的设置：在临时堆土（堆料）场堆体四周设排水沟，长 200 m，与场内排水沟相接。将坡面汇水汇流至场内排水暗涵内。排水沟底宽 0.30 m，深 0.30 m，边坡 1：1 梯形断面，排水沟开挖成后上覆土工布。

（2）场外道路防治区

1）工程措施

首先进行土地平整。施工结束后，对弃渣道路及临时占地进行土地平整，整治面积为 0.43 km²。其次建设排水沟。在进场道路靠山体一侧修建浆砌石排水沟，长度约 800 m。排水沟采取矩形断面，尺寸为 0.4 m×0.4 m，砌石厚度为 0.30 m，下设 15 cm 的碎石垫层。排水沟与工业场地排水暗涵相接，保证区域排水顺畅。排水沟开挖土方断面积为 1.06 m²，浆砌石断面积为 0.54 m²，碎石垫层断面积为 0.17 m²。工程量为：土方开挖量 848 m³，浆砌石量 432 m³，碎石量 136 m³。

2）植物措施

在进场道路两侧种植单排行道树，树种为油松，株距 3 m，考虑 2% 的损耗；对于苗木要求是 3 年生一级苗，生长健壮，无病虫危害；场外道路绿化长度是 1600 m，需坑 535 个，油松需苗量为 546 株。采用穴坑整地方式，穴径 60 cm×60 cm。弃渣道路及临时占地平整后，采取植草方式恢复植被，草籽采用白羊草，植草面积共 0.43 km²。播种方式：撒播；播量：30 kg/km²，考虑 2% 的损耗；种植面积有 0.43 km²；草籽量为 13.20 kg。

3）临时防护措施

在弃渣道路靠山体一侧修建临时排水沟，长 375 m，与平定县西外环路排水沟相接。排水沟底宽 0.30 m，深 0.30 m，边坡 1：1 梯形断面，排水沟开挖成后上覆土工布；在道路一侧 1.5 m 范围为临时堆土区域，对堆放量小并且堆放时间短的线路区段，进行人工拍实，施工结束后尽快回填。对堆放时间较长的区段，在大风天和雨天，顶部要覆盖彩条布，以防因水蚀、风蚀而导致的水土流失，防护长度 200 m，防护面积 0.06 km²。

（3）弃渣场防治区

1）弃渣场选址和枯荣计算

本方案新选弃渣场，新选弃渣场位于工业场地西南侧荒沟内，距离工业场地约 800 m，流域面积 0.29 km²，地貌属于土石山区，无基本农田。平均宽约

200 m，平均深约 65m。沟底坡度 10°～25°，地形西高东低。

在地形图上量出不同高程对应的占地面积，计算出各层间库容及累积库容，并绘制高程、面积、库容的关系图。根据初步设计，主斜井延伸、副斜井延伸、进风运料大巷、进风运输大巷、主煤仓、回风斜井、总回风大巷在掘进时会产生废渣，合计 10575 m³。清理原双平矿的垃圾约 2700 m³。两项总计 13275 m³，全部弃于弃渣场。从库容曲线可以看出，当弃渣堆至 798 m 高程时，可以堆放 1.33 万 m³ 的废渣。

2）弃渣场防护设计

①工程措施。本工程弃渣均为岩石，弃渣堆置时采用从下至上分层压实、逐层堆置的方法。堆渣坡度设置为 1∶3，每 3 m 一个台阶，台阶宽度 1 m，可形成像干砌石护坡一样稳定的坡面。当弃渣堆放结束后，坡面上覆 0.5 m 厚的黄土，顶面上覆 0.8 m 厚的黄土后，进行土地平整，并采取植被恢复。土地平整面积 0.49 km²，覆土为外购土，需外购土方 3590 m³。

②植物措施。坡面植被的恢复，坡面采用草灌结合的方式进行坡面防护，草种选用白羊草，灌木选用沙棘。草种种植密度为 30 kg/km²；草种播种方式为撒播。树种种植技术要求：株行距 1.5 m×1.5 m，4444 km²，每穴 3 株；考虑 2% 的损耗。苗木要求：要求 3 年生一级苗，生长健壮，无病虫危害。草籽要籽粒饱满。种植面积为 0.11 km²。

顶面植被恢复。弃渣堆至设计标高后，顶面进行平整覆土，并采取植物措施。草种选用白羊草，树种为沙棘，整地方式为穴状整地，穴径 0.4 m×0.4 m，草种种植密度为 30 kg/km²，草种播种方式为撒播。树种种植技术要求：株行距 1.5 m×1.5 m，4444 km²，每穴 3 株；考虑 2% 的损耗。苗木要求：要求 3 年生一级苗，生长健壮，无病虫危害。草籽要籽粒饱满。种植面积为 0.38 km²。

③弃渣场周边措施布置。在弃渣场周边种植防护林带，采用乔灌结合的方法，种植宽度为 10 m。树种为油松、沙棘；营造方式为混交；株行距 2.0 m×2.0 m，25 株 /100m²。考虑 2% 的损耗。整地方式与规格为穴坑整地，乔木采用穴径 60 cm×60 cm，灌木采用穴径 40×40 cm，每穴 3 株。苗木要求：要求 3 年生一级苗，生长健壮，无病虫危害。种植面积为 0.41 km²。

（4）采煤沉陷防治区

1）工程措施

通常我们在拌合物原材料基础上增加具有改善泌水、减水增塑的矿物掺合料以及高效减水剂，这已经成为自密实混凝土不可或缺的第五、第六组分。设计配合比时，把混凝土看作由骨料和胶凝材料浆体两相组成的混合体，浆骨比将是影响拌合物工作性的一个重要参数，因为浆体作为液体比固体骨料更容易流动。对浆体和骨料继续进行细分，显然砂比碎石更容易滚动，但需水量较大，水胶比越大的浆体流动性越强但易产生泌水，掺合料若采用不同种类和掺量也会影响拌合物的工作性。此外，自密实混凝土还应具有适当的强度，力学性能的要求也必须在设计配合比时加以考虑。所以，要选择适当参数合理取值进行配合比的计算，必须对各种影响因素进行综合分析。

用参数法进行自密实混凝土配合比的设计，一共要涉及 4 个参数：用于计算石子用量的粗骨料系数（α）；用于计算砂用量的砂拨开系数（β）；掺合料系数（γ）和水胶比（W/B）。高效减水剂的用量视拌合物的工作性质而定，不参与配合比计算，但其中的含水量应在计算所得的用水量中予以扣除。

自密实混凝土配比涉及的 4 个参数中，α、β 分别体现了粗、细骨料对混凝土性能的不同影响，它们同时还决定了砂率值、浆骨比和砂在砂浆中的体积含量，这样的参数组合有更强的控制作用，比使用普通的参数更符合实际情况。此外，α、β 的取值根据水胶比和骨料质量（如颗粒形态、粒径、级配、细度模数等）的变化而变化，这比固定砂、石体积含量法更具有现实意义。矿物掺合料在自密实混凝土中有很重要的作用，为避免在配制混凝土时因盲目地选择减水剂和掺合料的种类及掺量造成拌合物工作性不良的情况，我们可采用国标规定的净浆流动度试验，一方面检验水泥和掺合料与高效减水剂的相容性，另一方面确定掺合料系数，这样就可以起到更加有实效的具体作用。水灰比在以往的各种混凝土配合比设计方法中通常被认为是决定混凝土强度的主要因素，但由于配合比设计方法的不同以及胶凝材料组成的不同，以往根据普通混凝土设计方法总结出来的水灰比对于自密实混凝土而言未必会适用。因此我们要按强度要求选定水胶比（用水量不宜超过 200 kg/m³），同时应考虑对混凝土耐久性的影响。

因采煤引起的土地情况恶化面积为沉陷区面积的 17% ～ 21%。开采沉陷易造成土壤退化、沙化，土地难以利用，主要是通过地表裂缝、滑坡引起的。开采引起的地表裂缝深度为 1 ～ 3 m，上口宽度可达 0.2 ～ 0.3 m。根据工程的特点，本方案在服务期内预测地表重度沉陷面积约 15.0 km²，填充裂缝需外购土方约 1400 m³。重度沉陷地表需覆土后进行植被恢复，覆土厚度 0.8 m，覆土进行土地平整，土地平整面积 15.0 km²。

2）植物措施

重度沉陷地表覆土后采用草灌结合的方式进行坡面防护，草种选用白羊草，灌木选用沙棘。草种种植密度为 30 kg/ km²，草种播种方式为撒播。树种种植技术要求：株行距 1.5 m×1.5 m，4444 km²，每穴 3 株；考虑 2% 的损耗。苗木要求：要求 3 年生一级苗，生长健壮，无病虫危害。草籽要籽粒饱满。种植面积为 15.00 km²。

（5）关闭矿井场地治理

对关闭矿井废弃的场地进行土地平整，平整面积为 0.20 km²。场地平整后采取植草方式恢复植被，草籽采用白羊草，植草面积共为 0.20 km²。草种是白羊草；播种方式为撒播；播量为 30 kg/ km²，考虑 2% 的损耗；种植面积则为 0.20 km²，草籽量为 6.2 kg。

第三节　水利水电工程水土流失的特点及防治措施

一、水利工程建设水土流失预测方法和防治措施研究

1. 水利工程概况

永定河泛区左堤更生防洪闸重建工程位于旧闸上游 27.5 m 处的新天堂河河道上，是一座集防洪、排沥、蓄水、灌溉等多功能为一体的控制性水利枢纽工程。工程所在地主要由粉土、粘性土和砂土组成，地形较平坦，地貌类型单一，底层结构相对简单，分布较连续，物理力学性质较均匀。

该区域属暖温带大陆性季风气候，四季分明，多年平均气温 11.4 ℃～11.7 ℃，平均降水量 550 mm，降水的年际变化悬殊，年内分布不均，70%～80% 集中在汛期，多以暴雨形式出现在 7 月、8 月，多年平均水面蒸发量 1817 mm。

2. 水利工程水土流失预测

（1）平原区水土流失特点及危害

平原区水土流失以侵蚀类型复杂为特点。该工程建设区属平原区，水土流失以水力侵蚀为主，兼有风蚀，并且时空分布集中。受降水时空分布的影响，水力侵蚀主要发生在夏季。其危害一是破坏水土资源，威胁人类生存的基础；二是恶化生态环境，加剧自然灾害；三是淤毁水利设施，影响防洪安全。

（2）预测范围

根据工程建设特点，水土流失预测范围包括主体工程区 7.01 km²、取土

场区 1.43 km²、弃土弃渣场区 0.15 km²、施工生产生活区 0.8 km²，总面积 9.4 km²。

（3）预测时段

本工程属建设类项目，水土流失预测只涉及工程建设期（包括施工准备期、施工期）和自然恢复期。工程建设新增水土流失主要集中在施工期，如土方开挖、土方回填、临时道路施工等环节使原状土壤结构和植被受到扰动，原有的水土保持功能减弱甚至丧失。根据施工组织设计，施工准备期预测时段为 15 d；施工期预测时段为 127 d；植被恢复期预测时段为 365 d。

（4）预测内容和预测方法

1）预测内容

扰动地表面积；损坏水土保持设施面积和数量；弃土、石、渣量。

2）预测方法

①扰动地表面积。采用实地调查和图纸测量相结合的方法进行。首先采用实地调查法获得土地利用现状，绘出现状纵横断面图，然后在项目主体工程相关技术资料等其他相关资料的基础上，通过设计图纸，结合主体工程施工工艺及背景情况进行分析、测算。

②损坏水土保持设施面积和数量。根据国家相关规定和相关水土保持技术规范，采用实地调查和统计分析法，确定工程建设实际损坏的水土保持设施面积和数量。

③弃土、石、渣量预测。根据工程设计资料土石方调配情况、生产规模与生产工艺，结合实地调查，确定项目建设的弃土、石、渣量。

3）预测参数的拟定

本工程地处平原区，水土流失轻微，依据工程设计提供的占地类型，结合实地调查，并参照相关资料，经综合分析后确定土壤侵蚀模数。

河滩地水土流失较其他地区严重，原地貌侵蚀模数取 300 t/（km²·a）；取土场、弃土弃渣场区原地貌土壤侵蚀模数确定为 80 t/（km²·a）。

4）新增水土流失量预测结果及综合分析

该工程水土流失预测时段为 2008 年 2 月 1 日至 2009 年 6 月 30 日。其中建设施工期为 2008 年 2 月 1 日至 2008 年 6 月 30 日，植被恢复期预测时段为 2008 年 6 月 30 日至 2009 年 6 月 30 日。

预测时段原地貌产生水土流失量为 9.97 t，工程建设期产生水土流失量 39.88 t，施工期水土流失量为 23.02 t，植被恢复期水土流失量为 16.71 t，新增水土流失量为29.91t。

3. 水利工程水土流失防治措施

（1）工程措施

弃土弃渣完成后及时进行土地平整措施。

（2）植物措施

主体工程区的交通公路两侧及弃土弃渣场区采取植物措施防治水土流失，枢纽管理区前采取植物措施进行绿化美化，主要种植适宜生长的乔灌木。

（3）临时措施

主体工程施工期间主体工程区需采取临时措施防治水土流失。临时堆弃采用编织袋挡护，道路施工采用开挖土质排水沟等防护措施。

（4）预防保护措施

主体工程区施工要加强管理，注意施工时序，剥离的表土要集中堆放，并且要采取边开挖、边回填的防护措施；道路施工应经常洒水，运输土石料车辆应进行遮盖；施工生产生活区应先修建排水工程及沉沙池；施工结束后及时进行土地整治，土地恢复，保持水土。同时加大宣传力度，在施工区周围树立标牌，以加强对现有植被和治理成果的保护。

二、水电工程水土流失的特点及防治措施

水电类开发建设项目造成的水土流失，是以人类生产建设活动为主要外营力而形成的一种典型的人为加速侵蚀。同时，受降雨、地形、植被等因素的影响，不同地域条件下水电站项目土壤侵蚀差异性较大，防治重点也不同，防治技术也有很大的差异。若水电工程在建设过程中，未落实水土保持措施，盲目开工建设，则势必造成严重的水土流失。因此，水电工程水土流失规律及防治措施的研究，对控制水土流失面积，改善和修复受损生态系统，恢复破坏了的生态环境，实现社会经济可持续发展有着重要的意义。

1. 水土流失的影响因素

（1）自然因素

1）地形因素

一般在平缓的地面上侵蚀不显著，多半发生在有一定倾斜的地面上。国内外不少学者的研究结论表明，土壤侵蚀临界坡度为25°～29°。当坡度在10°～26°时，随着坡度的增加土壤侵蚀量也相应增加，坡度超过25°以后

侵蚀量反而有减少的趋势。1996 年通过对径流小区侵蚀泥沙的研究结果表明，坡面长度增加，水体中含沙量会增加，水体能量多消耗于搬运，结果会导致侵蚀区域减弱。1996 年国外学者的研究表明，若在坡面上有细沟生成，则侵蚀量会大量增加。

2）土壤因素

土壤因素主要反映在土壤质地、土壤可蚀性、土壤抗冲性及土壤渗透性等方面。1978 年史怀哲（Schweitzer）等在通用水土流失方程中提出了土壤可蚀性因子。1990 年有学者提出依据土壤质地计算可蚀性因子 K 值的方法。

土壤抗冲性与土壤的紧实度、土壤厚度和植物根系数量等有关。蒋定生等提出土壤崩解速度越快，则抗蚀性越弱；土壤有植物根系固结时抗冲性可能增强。

土壤的结构性能影响着土壤的渗透性，结构性能较好的土壤渗透性较好，水土流失程度较轻。研究表明，水稳性团聚体的土壤不易形成土壤结皮，其入渗性能较好，径流量和侵蚀量都较小。

3）植被因素

1997 年有学者研究认为，层次多、植物品种多的植被比层次少、植被品种少的植被水保功能好，乔、灌、草相结合的植被水保功能优于乔草结构或乔灌结构的植被，乔灌草结合中，同一层植物种类越多，水土保持功能越强；草的抗逆性最强，则水保功能最强。

4）降雨因素

统计研究表明，最大时段降雨强度与土壤流失量关系最为密切，其次为降雨动能和降雨量。降雨强度对土壤流失量的影响程度北方明显高于南方，尤其以西北黄土高原最为明显。降雨量对土壤流失量的影响程度南方明显高于北方，在西北黄土高原，降雨量与土壤流失量之间几乎没有多大关联。

（2）人为因素

人为因素是导致水土流失加速的一个重要因素，据统计，开发建设项目土壤侵蚀变化趋势与开发建设项目规模增长趋势呈正相关关系。

2. 水电工程水土流失的特点及严重性

（1）水电工程水土流失的特点

水电类开发建设项目造成的土壤侵蚀主要集中在施工期，是以人类生产建设活动为主要外营力形成的土壤侵蚀类型。不同地域条件下水电站项目土壤侵蚀差异性较大。具体概括有以下特点：水电工程多位于山高、坡陡、河道比降大的河流上，土壤侵蚀类型多样，且各种类型相互作用、相互重叠，构成了更复杂的土壤侵蚀体系；水电工程建设工期长，破坏地表植被范围大；取土、弃渣量大；施工便道、堆渣场多；弃渣堆置时间较长，土壤侵蚀周期也较长；以诱发性土壤侵蚀为主；固体废弃物多堆置在流域内，废弃物的淋溶及地表径流的流失和渗漏，造成了地表水和地下水的污染，破坏了水资源。岩土扰动程度大，植被破坏严重；侵蚀搬运物质复杂，土壤侵蚀成倍增长；易引发重力侵蚀，影响行洪，危及正常的生产及人民的生命财产安全；造成特殊的工程侵蚀；工程区地表冲刷严重，降雨产流产沙特征明显，土壤侵蚀危害性大。

（2）水电站水土流失的严重性

由于水电工程有其特殊性，也就决定了其危害性。通过对水电工程弃渣场的水土流失危害进行研究，我们认为水电站工程建设过程中大面积的开挖及其弃渣的堆放，破坏了工程区原有的地表植被及坡面稳定，形成了新的流失源，严重影响了工程区环境及生态平衡。更为严重的是大量弃渣堆放在河滩、河岸及支沟内，雨量较大时将随径流流入或直接滑入河道，使河道淤积，河床抬高，影响河道的过流能力，对工程区及其下游地区的防洪和当地群众的生命、财产及生存环境构成严重的威胁。水电工程的建设还会造成河道断面淤塞，影响防洪安全；减少工程和设备使用寿命，危及工程自身安全；影响景观和环境等。同时也会引发洪涝、滑坡、泥石流灾害，使生态环境质量下降，严重影响农业生产，影响矿藏资源的开发，影响区内旅游业的发展。

3. 水电工程水土流失控制

根据前人对水土流失发生机制的研究结论，提出水电工程水土流失控制主要在于宏观控制目标和量化防治标准。

（1）宏观控制目标

项目建设区原有水土流失得到基本治理、新增水土流失得到有效控制、生态得到最大程度的保护、环境得到明显改善、水土保持设施安全有效。

（2）量化防治标准

量化防治标准主要体现在水土流失防治的 6 大指标上，即扰动土地整治率、水土流失总治理度、土壤流失控制比、拦渣率、林草植被恢复率和林草覆盖率。水土流失控制措施的总体规定为：控制和减少扰动面，保护植被与表土，减少占用水土资源，提高利用率；挖、弃、堆场地必须拦挡、护坡、截排水和整治；弃土石渣先利用，多余集中专存，先挡后弃，禁止在江湖库河布设渣场；施工迹地土地整治，采取水土保持措施，恢复利用功能；施工过程必须有临时防护措施等控制要求。

1）工程措施

该措施主要为土地整治、支护、挡墙、截排水、路基处理、边坡防护等。在坡顶设置截流沟防止坡顶来水，对坡度较陡地段采取削坡开级，在平台及排水沟外侧等区域栽植灌木，在渣场下部修建拦渣坝、挡渣墙等，有防洪要求时提高防护标准。同时，应明确施工顺序，随挖随填；弃渣弃土要先挡后弃，开挖面的支护、排水措施要到位，加强施工管护。

2）植物措施

植物措施主要为种草种树绿化美化、恢复区内植被、景观重塑、防护林体系建设等。总的来说，植物措施要适地适树，以乡土树种为主体，尽量不引入外来物种。具体来说乔木绿化要考虑其防护性，选择根深、树冠大、耐旱、生长快、适应性强的树种；灌木要选择常绿、造型好、易修剪、根系深广、固土能力强、耐旱的低矮品种；草类要选择根系发达、茎矮叶茂、耐旱、抗污染能力强的草种。

3）临时防护措施

其包括临时截排水措施、临时挡护、沉沙、铺苫、覆盖、种草等。措施实施要完善、全面到位，经济实用性要强。

4）增强水保意识

加强领导、增强施工单位水土保持意识，全面规划，综合防治。涉及移民的，要根据各安置点的自然条件和所进行的生产活动，分区进行防治，水利、交通等基础设施，耕作要全面设计，尽量避免增加新的重大水土流失源。

水土流失是指在水流作用下，土壤被侵蚀、搬运和沉淀的整个过程。我国是世界上水土流失最为严重的国家之一。由于特殊的自然地理条件，加之长期以来对水土资源的过度利用，当前我国水土流失仍然面积大、分布广、流失严重，防治任务艰巨。同时，我国正处在城市化、工业化、现代化进程中，人口、资源、环境矛盾十分突出，新的水土流失不断产生，这给水土保持提出了严峻挑战。分析了水土流失在农业生产、水利工程、工矿交通设施安全和生态环境等方面造成的危害，提出了治理水土流失的措施。在发挥经济效益的同时，减少水土流失造成的危害，保障国民经济的可持续发展。

第四节　输油管道工程施工期水土流失特点及防治措施

随着经济和社会的快速发展，原油管道技术水平不断提高。管道运输量大、效率高；费用低、能耗小；不受气候影响，能够保证运输的稳定性和连续性；安全性和可靠性高，污染小；投资低、占地面积少。管道运输在技术经济、安全可靠性和环境保护等方面与其他运输方式相比具有较大的优越性。

一、工程简介

根据输油管道工程的特点和水土保持分区的原则，一般将项目建设区划分为管线区、穿越区、施工生产生活区、输油站场区、临时施工道路区、弃渣场等6个水土保持防治区。管线区包括施工通道、焊接区域、管沟敷设区、堆土区、管道附属设施区（包括管道三桩、固定墩、截断阀室、阴极保护站）。穿越区包括管道穿越河流、公路和铁路等区域，该区一般采用定向钻、顶管和开挖方式进行穿越。施工生产生活区包括材料堆放地、施工机械存放地、施工生活区等。输油站场区包括输油首站、中间热泵站和末站。临时施工道路区是指在局部地段需要修建的少量施工临时通道。弃渣场是指穿越水域和山体施工过程中堆放弃土弃渣的场所。

二、工程主要施工特点

输油管道通常应采用埋地敷设的方式，当受自然条件限制时，局部地段可采用土堤埋设或地上敷设。

1. 管道敷设施工工艺

（1）埋地敷设法

管道开挖一般采用埋地敷设的方式，管道埋设深度应根据管道所经地段的地形地质条件、农田耕作深度、冻土深度、地下水位深度和管道稳定性要求等因素，经综合分析确定。

管道埋设深度一般为管顶覆土1.2 m，管线回填后尽量恢复原地貌。管沟断面形式采用梯形，沟底宽度根据管径、土质、施工方法等确定，一般为"管外径＋0.7 m"。为保证开挖边坡的稳定性，边坡坡度根据土质和挖深等情况确定，盐池、水塘段边坡比取1∶0.5～1∶1。根据设计要求，回填土需填至自然地面以上约0.3 m，预留一定的沉降量，以保护管道在雨季中不易被冲刷。

（2）土堤敷设法

输油管道在经过滩涂和部分水域时经常采用土堤敷设法。管道在土堤中的径向覆土厚度不应小于1.0 m，土堤顶宽不应小于1.0 m，土堤边坡坡度应根据土质和土堤高度确定。黏性土堤堤高小于2.0 m时，土堤边坡坡度可采用1：0.75～1：1，堤高为2～5m时，可采用1：1.25～1：1.5。土堤水淹边坡应采用1：2的坡度，并应根据水流情况采取保护措施。

2. 管道穿越施工工艺

管道穿越河流、铁路和公路时，主要采用定向钻、顶管和大开挖等穿越方式。

（1）定向钻穿越

定向钻穿越法主要是针对河流的穿越，多用于不能采用直接开挖方式进行管道敷设的河流。通常在距河边50～100 m处选一个80 m×80 m的施工场地，布设导向孔，在河流的另一岸边50～100 m处选一出土点，并挖一条与穿越长度相当的发送沟，从发送沟沿钻孔槽敷设管道。定向钻施工时需要大量清水注入，并会产生大量废弃泥浆，一般每出1 m³土要带出5～8 m³泥浆，泥浆处理不好，将会造成水土流失，破坏生态环境。

（2）顶管穿越

顶管穿越法一般用于穿越干线铁路和等级公路。顶管穿越一般在公路铁路一侧作业带范围内选定一个施工场地，挖槽布置设备，用千斤顶顶推钢筋混凝土套管，并从管内不断挖出弃土。穿越过程中，在布管一侧开挖好发送沟，并进行顶管设备组装焊接，顶管穿越施工完毕后，将管道拖至施工场地线路。

（3）大开挖

乡村公路、中小型河流和沟渠穿越主要采用大开挖方式。对有水流的中小型河流、塘、沟渠通常采用土工布袋装土筑成围堰，抽水、开挖、敷管填埋后拆除围堰。小型河流及沟渠等干涸时，则直接采用沟埋敷设法。

三、工程水土流失特点

输油管道一般线路较长，地形地貌较为复杂。施工过程中大量开挖、回填，扰动了原地表，损坏了地表植被，水土流失较严重。管道工程对水土流失的影响主要在施工期，水土流失的主要特点如下。

（1）水土流失呈线状分布

输油管道工程属于线状开发建设项目，线路较长，管道作业带宽度一般为10～20 m。工程扰动地表和损坏植被呈明显的线状分布，所造成的水土流失也呈线状分布。

（2）水土流失防治难度增加

输油管道工程线路长，沿线可能经过山地、丘陵、平原等地貌类型，水土流失类型比较复杂。若管道开挖处于山区和丘陵区，则将形成较大较陡的坡面，地表径流流速增大，冲刷能力随之增强，土壤更容易流失，防治难度增加。

（3）水土流失强度分布不均匀

输油管道工程包括管道开挖、顶管穿越、定向钻穿越和围堰开挖等各种施工方法。由于施工工艺不同，工程建设引发的水土流失强度各不相同，差异较大。同时管道工程空间跨度较大，穿越不同区域时的施工工艺、挖方填方有较大的差异，水土流失强度分布不均衡。

四、水土保持防治措施

输油管道水土保持措施设计在满足水土流失防治要求的基础上，必须符合《输油管道工程设计规范》《原油和天然气工程设计防火规范》《石油天然气工程总图设计规范》等国家现行标准。水土流失防治措施体系由工程措施、临时措施和植物措施三部分组成。水土流失防治的重点为开挖的边坡、渣场。工程措施包括土地整治、浆砌石护坡、挡土墙、排水沟等。临时措施包括临时覆盖、临时拦挡和临时排水沟等。植物措施包括输油站场和弃渣场绿化。

1. 管线区

管道建设应避开雨季，分段施工，缩短工期，加强防护。管线区主要水土保持措施如下。

（1）临时拦挡

开挖出的土方要利用草袋进行拦挡，避免降水直接作用于松散的土体表面，可以有效降低雨水对表面松散土体的侵蚀，减少水土流失。草袋铺设根据管道开挖的线路分段分块铺设，循环使用。

（2）临时排水沟

雨季施工时，降水会对临时堆放的松散土石方产生较大的冲刷，应及时修筑临时排水沟，将雨水尽快排向附近的自然沟渠。根据地形情况，可以采用砖砌排水沟。排水沟的尺寸要根据当地暴雨特征值进行校核。

（3）土地整治

管沟开挖土石方集中堆放在管沟一侧，管线敷设完毕后立即进行回填、平整和压实。管线施工时，应将表层耕作土剥离，单独堆放并进行防护，为将来复垦和绿化提供土源，避免复垦和绿化时从外借土而造成新的破坏和水土流失，有利于保持施工区原有的自然环境和土地利用方式，有利于景观的自然和谐和生产力的恢复。回填时先填生土后填表层耕作土，将弃土弃渣堆放在指定的弃渣场。

（4）护坡工程

管道工程在穿越山地、丘陵地貌时，其开挖回填会形成大量的边坡。管道敷设分为沿坡体横向敷设和纵向敷设两种情况。

管道沿坡体横向敷设时，先削坡修建作业带，土石方堆放在作业带外侧的坡面上，松散土石方遇到大暴雨易诱发滑坡等地质灾害，应在边坡一侧采取挡土墙和护坡工程进行防护，以保证开挖边坡的稳定。

管道沿坡体纵向敷设时，应采用坡改梯的方式对开挖面进行防护，产生的弃渣可填于梯田中，并及时采取植物措施恢复裸露面植被。

（5）植物措施

采取植物措施时必须遵循地带性规律，我国从南到北，由热带过渡到寒温带；从东到西，由湿润地区过渡到干旱地区，降水量为 1 ~ 20 mm，植物选择必须因地制宜，多选用乡土植物。

管道工程本身对植物措施有特定的要求。输油管道埋深较浅，为避免植物根系对管道的破坏，应种植浅根性植物，管道区域两侧 5 m 范围内不宜种植深根系的乔木树种。为了减少对周围环境的破坏，保护沿线居民的利益，应最大程度恢复管线区原地貌。

管线区一般为临时占地，农田比例较高，管道敷设应尽量控制作业面，特别是施工机具、施工通道等要尽量少占用农田。管线施工结束后要及时整治土地，恢复农田。同时要尽快恢复管线区内的排灌设施，及时排水和灌溉，提高农田生产力，保证农业生产。

2. 穿越区

穿越区主要指管道工程穿越河流、公路、铁路时的永久占地和临时占地。河流穿越主要采用水平定向钻和顶管穿越的方式，少数河流则采取直接开挖的方式，防治措施的重点是施工产生的废弃泥浆和开挖的土石方等。公路铁路穿越大多采用顶管方式，部分省道和县级以下沥青公路则采用开挖方式。公路铁路穿越对周围环境影响较小，防治措施的重点是穿越点护坡和开挖的土石方等。

管道工程在穿越河流、公路和铁路时，会产生较大的土方量，为了有效利用这些开挖出来的土方，节约工程投资，将开挖出来的土方尽快回填到邻近的管道作业带上，以增加土层厚度，利于农作物种植。

管道采用开挖方式穿越水域时，为防水流冲刷及管道安全，应对开挖坡面采用浆砌石护坡。管道穿越大中型水域时，管道两侧均为 8 m 宽，砌石厚度为 0.4 m；管道跨越小沟渠的沟坡护砌，管道两侧均为 4 m 宽，砌石厚度为 0.4 m。

3. 施工生产生活区

施工生产生活区一般为临时占地，水土流失防治主要措施是土地整治和空闲地绿化。土地整治应以"挖填平衡，合理存放"为原则，按覆土、平整和压实等工序进行施工。空闲地绿化宜简单，主要以草本植物为主，如狗牙根、紫花苜蓿、高羊茅等。

4. 输油站场区

输油站场一般选择在地势平缓、地质条件好、交通便捷、供水供电排水等社会条件依托较为方便的地方。输油站场防治的重点是临时弃土弃渣，采取的主要措施为临时覆盖和站场绿化。

（1）临时覆盖

输油站场临时堆放的弃土弃渣应采用编织袋袋装土进行临时拦挡。

（2）站场绿化

站场绿化的重点是办公生活区，以种植观赏性的常绿乔木为主，充分利用空地进行绿化，并根据不同自然环境条件选用不同的植物品种，力求扩大绿化面积。输油站场内宜种植油脂含量小、枝冠小、干茎低矮的小灌木，如法国冬青、大叶黄杨、海桐、铺地柏、金叶女贞、夹竹桃等。为了不影响空气流通和输油站场防火的需要，储罐防火堤（或防护墙）内严禁绿化，防火堤（或防护墙）与消防车道之间不应种植树木。

5. 临时施工道路区

为方便施工和今后的运行维护管理，新建管线选线时一般应尽可能沿着现有或规划的公路走向进行敷设，因此不需要大量修筑施工临时便道和投产后用于巡线、维护、抢修的道路，只是在局部地段需要修建极少量的施工临时便道，采取的主要措施为土地整治和增加临时排水沟。

（1）土地整治

道路修筑时将会开挖和回填土石方，施工完毕后应及时进行土地整治。

（2）增加临时排水沟

为了及时将道路周边的雨水排走，应增加临时排水沟工程。汇水面积一般较小，使用时间较短，临时排水沟一般设计为简易的土质排水沟或砖砌排水沟。

6. 弃渣场

管道工程在施工过程中，会产生较多的弃土弃渣，易诱发滑坡等地质灾害，影响工程和周边居民的安全。弃渣场应选择地质结构稳定、土质坚硬、汇水面积较小的沟壑荒滩地。弃土弃渣应集中分层堆放，堆渣高度应小于 5 m。弃渣场水土保持措施主要为工程措施、植物措施和临时措施，其中，工程措施主要包括浆砌石挡土墙、浆砌石网格护坡、排水沟表土剥离及覆土，边坡坡度一般为 1：1.5；植物措施主要包括渣体边坡和渣场顶面植被恢复；临时措施主要包括临时拦挡、临时排水沟、临时沉沙池措施。

我国正在加快油气资源的开发，扩建和新建国家石油储备基地，加快油气干线管网和配套设施建设，完善全国油气管线网络，建成西油东送、北油南送成品油管道。管道运输市场前景广阔，开拓潜力巨大，但管道的建设扰动了原地貌，加速了管道沿线的水土流失，平均建设 1 km 的管道可能增加 355 t 的水土流失量，对管道沿线的生态环境造成了不利影响，因此必须采取综合措施加强工程建设中的水土流失防治。

第五节　基于采石场、侵蚀区水土流失防治技术

一、基于采石场水土流失防治技术

当今世界，可持续发展成为世界各国共识。土地荒漠化、水土流失、采矿对环境的破坏等问题日益严重，据不完全统计，目前我国因露天开采、开挖和各类废渣、废石、尾矿堆置等，破坏与侵蚀的土地面积超过 400 万 km²。但全国土地复垦率不足 12%，其中，采石场的生态复垦率还更低。本节以采石场水土流失防治为主要问题，探讨了生态重建对水土流失防治的作用。

1. 采石场分布现状及其主要地质环境问题

一般来说，露天矿山灾害类型多为水土流失、排土场（山体）滑坡、泥石流、边坡坍塌等。采矿地的土地问题主要为：耗费过量的土地资源；开采后破坏的土地，既丧失原有的自然生态系统，又难以直接成为进一步服务于某种社会经济目的的用地。采石场水土流失的治理是采石场环境治理的基础，具有改善环境的意义，其他相关治理工程和方案都会受水土流失治理的影响。采石场的分布特征及主要环境问题如下。

（1）分布特征

我国采石场具有数量多、多为中小型、分布零散的特征，在东南沿海地区尤为集中。

在现阶段，我国采石场绝大部分为山坡型采石场，年生产规模 3 万～ 5 万 t。据统计，浙江省有采石场 5000 多家，几乎都是各种类型的乡镇采石场。重庆市主城区 600 km² 范围内到 2003 年底有采石场 567 家。在重庆乌江沿线约 3 km² 长的公路边有采石场 17 家，而在碧筱溪不到 1 km² 范围内有采石场 40 多家。

（2）地质地貌景观破坏

采掘场的露天挖采，产生大面积的挖损地，导致大面积的岩石裸露，自然山体的轮廓线也被破坏，形成大量裸露的山体缺口、开采形成的垂直立面上存在的浮石或风化形成的石块，导致对土地的过量占用及对原生态系统的破坏。

（3）土地资源破坏、水土流失问题严重

目前，由于大多数采石场没有防止水土流失的措施，如设置拦渣坝、挡土墙，也未进行复垦绿化，给当地造成了严重的水土流失、泥石流，滑坡等生态问题。采石过程中产生的固体废弃物和表层剥离土、露天采场坑底、边坡台阶，固体废弃物堆放场地等，都对土地资源进行了破坏。

2. 水土流失及防治对策

（1）水土流失

通常情况下，受采石影响而被破坏的植被面积比采石口的面积大许多，常常是采石口面积的 5 倍，造成的水土流失后果相当严重。

1）水土流失的影响因素

造成采石场水土流失的因素很多，从成因分析看，主要是自然因素和人为因素两方面所致，自然因素是水土流失发生和发展的内在条件。易于发生水土流失的地质地貌条件和气候条件是造成发生水土流失的主要原因。人为因素加剧了矿山土壤的侵蚀。采石场开采之前，对采矿区域的山体剥离的植被层和表层土壤，遇到雨极易造成水土流失。开采过程、推进方向以及穿爆工艺等形成的碎石、粉尘等加剧了水土流失产生。

2）水土流失形成机理

水的侵蚀作用，矿山开采过程中产生的渣、土、山体剥离植被层，表层土壤等松散堆积物，在雨滴的打击和水流的动力作用下，渣土颗粒等具有结构疏松、孔隙度大的特点，质量不足以抵抗水流动力而发生位移运动，形成水土流失；重力侵蚀作用，在采石场开采中，开挖土石方及采集矿料时，改变了原有的地形地貌，使原有山体土石结构改变，平衡失稳。有的弃渣堆积高度过高，在雨水渗入后加重了堆积物的自重或在堆积体上方某处形成滑坡面，这些都为崩塌、滑坡、泥石流等重力侵蚀创造了条件，在自然因素及人为因素的触发下，有可能产生坍塌、滑坡等重力侵蚀，造成水土流失。

（2）生态重建运用于水土流失防治

采石场生态重建是指采石场在完成或被终止及关闭其采石功能之后的生态恢复。生态恢复与重建是根据生态学原理，通过一定的生物、生态以及工程的技术与方法，人为地改变和消除生态系统退化地主导因子或过程，调整、配置和优化系统内部及其与外界的物质、能量和信息流动过程及其时空秩序，使生态系统的结构、功能和生态学潜力尽快恢复到正常的或原有的乃至更高的水平。其包括改造导致生态恶化的社会经济因素，从而迅速提高了土地生产力，并使生态系统进入良性循环。生态重建的实质是可持续发展能力的建设。

采石场生态重建思路可以概括为，边坡及石壁治理，对采石陡壁及其他受影响的边坡采取必要的措施予以稳定，排除安全隐患，这是生态重建的重点和难点；建立完善的场地排水系统，即对采石场周围的排水系统做好疏导，防止水土流失；对石壁、采掘区及生产设施占用区域土地进行绿化。

采石场生态重建关键是绿化技术及土地整理工程。绿化技术的思路是，在石渣、石粉占据地表上层并具有一定的厚度的地域，对石渣进行换土处理，并辅以其他的栽培措施，创造植物生长条件。品种选样时根据各地条件和景观要求而定，一般选择耐贫瘠耐干旱的品种种植。

土地整理工程的施工思路，平整回填采用分层填筑，底层回填的是粗粒或大块及含不良成分的岩土，顶层回填为品质适宜的土层和富含养分的土层，以利于植被生长和植被群落的恢复。回填时，在碾压次数和质量、压实度、松散密度方面严格控制，符合回填要求，回填物最大粒径≤300 mm。最后，就地取材，开采期间剥离的土壤可以用来回填，其厚度保持平均，层厚≥0.5 m，不足部分用客土填补。

生产设施占用区域、采石场道路区域进行土地平整翻松，平整后的场地坡度在3°～10°，采石场生产设施占用区域边缘处，应将边坡坡角控制到10°以内，以利于植物生长。

采石场生态重建的另一个关键是边坡及石壁治理技术。对边坡的治理技术相对简单也较为成熟，为使边坡变缓和减轻滑动体的质量，提高边坡的稳定性，开采过程中可适当增加开采面处削坡工作量，减小开采面的坡角。闭坑停采后，采用人工削坡减载的方式对开采边坡进行削坡处理，将最终边坡角控制在 60°范围内，使边坡达到稳定状态。采石场应该具有比较完善的场地排水系统，在边坡坡顶、坡脚设置排水沟和坡顶外围设置截水沟等排水设施，将水引导到采石场外边，排除地表水，改善边坡稳定条件，提高边坡稳定性。

石壁具有表面温差大、陡峭无土壤、难以保水保肥的特点，是生态重建重点。国外对石壁的治理技术包括：直接挂网喷草技术、喷混植草技术、人工植生盆法、石壁挂笼法、板槽法、平台法、景观再造法等。

对 45° ～ 65° 的陡壁的治理，宜采用喷混植草技术。用锚钉将铁丝网牢牢地固定在石壁上，再喷一层厚度超过 10 cm 的胶结剂，再在胶结剂上喷一层肥料、灌草种子、保水剂等相混合的材料。其缺点是工程造价高、施工难度大。

对坡度在 40° 以下的石壁的治理技术，宜采用直接挂网喷草技术。首先将石壁表面整平，其次将各种织物的网（如土工网、麻网、铁网等）固定到石壁上（可以按一定的间距，在石壁上锚钉或用混凝土固定），再向网内喷一定厚度的植物生长基，生长基包括可分解的胶结物、有机和无机肥料、保水剂等。最后将草籽与一定浓度的黏土液混合，喷射到生长基上。

从国外引入的生态重建技术成本过高，如植被型生态混凝土的护坡工程费用为 1200 ～ 2000 元 /m²。国内石壁治理技术也取得比较好的发展，广州市林科所提出了鱼鳞穴、飘台和燕窝翼法。鱼鳞穴法，即选择陡直的石壁面上较大的石缝，采用小面积定向爆破形成鱼鳞状洞穴，将栽种植物的填土竹筐放置其中。飘台法，在特别陡峭平滑的石壁钻洞灌浆，用钢架支起来一行一行长短各不同的飘台，然后在飘台中填土种植。燕窝翼法则是将石壁面的凸出部位所形成的石台用红砖在其上砌筑大小长短不一状似燕子巢穴的围栏，穴中填土，并种植植物。生态重建时，根据具体地质、地貌环境灵活采用一种方法或几种方法综合运用，达到治理的目的。生态重建不意味着在所有场合下恢复原有的生态系统。生态重建的关键是恢复生态系统必要的结构和功能，并使系统能够自我维持和交换。在整治内容、范围，实现目标与效果情况方面，生态重建有它的优点和侧重。生态重建是一项复杂的系统工程，将生物治理、土建工程、调控水工程和社会管护四个方面紧密结合，发挥综合作用。

生态重建在实现目标上，重在预防，实现生物生态功能的重建与恢复；在工程内容上，力求将生物生态、调控水流、土建工程、后续管理看护工程结合，开发生物生态自我调控机制；治理模式侧重，防治水土流失及场地排水系统建设；治理范围，则是采石场整个区域，实施效果比较好，受制约因素少，四大工程共同发挥作用，保证土建工程能长期发挥作用。

常规土建工程目标单一、受限制条件较多，重在直接效果。良好的生态环境是可持续发展的重要基础，正确处理生态环境与开发利用矿产资源的关系，采用生态重建技术因地制宜，结合社会经济的发展，引进资金，使生态环境建设和经济发展相协调，合理安排矿山利用类型的格局，解决突出的地质灾害，服务矿业经济发展，是生态重建的目标。

二、高强度侵蚀区水土流失的防治

高强度水土流失侵蚀是低山丘陵土石山区水土流失的一种类型。其土壤侵蚀模数为 8000 ～ 15000 t/km² · a，年平均流失土层 6 ～ 12 mm。严重的土壤侵蚀给穆棱市的农业生产造成了极大危害。我们针对高强度侵蚀区特点，采取综合治理，科学防治，促进生态修复，有力改善了区域水保型生态环境。

1. 高强度侵蚀区的形成原因

高强度侵蚀区在穆棱市分布广泛。据详查统计，全市水土流失面积近 26 万 km²，强度侵蚀面积约 4.4 万 km²，占流失面积的 16.8%，其中极强度侵蚀面积 14455 km²，主要分布在穆棱河沿岸的 6 个镇，尤其以马桥河镇、下城子镇、兴源镇、穆棱镇、磨刀石镇为主。水土流失由弱度发展到高强度侵蚀，主要原因如下。

①山高坡陡、地形复杂是形成高强度侵蚀区的基本条件。全市地处黑龙江省东南部低山丘陵土石山区，素有"九山半水半平川"之称，山多平地少，丘陵地势起伏不平。由于人类不合理的生产活动，破坏耕作层，造成坡耕地内面蚀、沟蚀严重，水土流失强度逐年增加。

②毁林毁草、超坡耕种是形成高强度侵蚀区的主要原因。大面积的毁林开荒，坡开荒等不合理的开发利用，加剧了水土流失的危害。据统计，从中华人民共和国成立初期至 21 世纪初，全市耕地面积由 2.7 万 km² 增加至 13.1 万 km²，增加 10.4 万 km²，仅 1990 年开荒面积达 1 万 km²。超坡耕地的不合理种植，使坡耕地土层逐年变薄，年表土层流失厚度平均 0.5 cm 左右，流失量随坡度增加而增加，土壤涵养能力逐年降低。据调查，侵蚀区内 8° 的坡耕地每年土壤流失量为 4000 t/km²，15° 的为 7200t/ km²，15° ～ 25° 的为 8500 t/km²，大于 25° 的为 13000 t/km²。

③荒坡、荒沟以及裸露基岩风化区，极易形成高强度侵蚀区。由于地表植被覆盖度低，坡面产生的地表径流直接冲刷表土层，使面蚀、沟蚀急剧发展，加剧了水土流失。

2. 高强度侵蚀区水土流失的危害

高强度侵蚀区内生态环境脆弱，给全市资源的可持续利用、经济和社会的可持续发展带来很大影响，给人民生命财产造成严重威胁，主要危害包括以下三个方面。

1）坡耕地农业资源流失

侵蚀区内坡耕地变成"三跑田"（跑水、跑土、跑肥），粮食产量下降，丧失农业生产潜力，有的撂荒为弃耕地，成为不毛之地，致使土地资源严重退化、沙化，危害了区域农业生产环境。

2）淤塞河道，侵蚀沟道发展迅速

荒地表层土壤的大量泥沙，每遇暴雨，随着侵蚀沟倾泻而下，淤积下游河道，冲毁道路桥涵，直接威胁人民的生命财产安全。据记载，1986 年 7 月中旬，磨刀石镇高强度侵蚀区内，一场暴雨造成磨刀石车站火车停运 27 h，80 余间房屋坍塌，3 人丧生，水冲沙埋农田达 1800 km²，直接经济损失 122 万元。

砂右岩层裸露区极易发生坡洪、泥石流等，给下游农业生产带来极大危害。

3. 高强度侵蚀区水土流失的治理

高强度侵蚀区的治理，应以根治水土流失和改善生态环境为目标，按照"因地制宜，因害设防"的原则，通过科学防治，在调整土地利用结构的基础上，充分利用水土资源变害为利，蓄水保墒提高土地利用率。按照穆棱市 2002—2011 年《水土保持环境建设规划》，针对高强度侵蚀区内重点流域治理工程，实施水土保持耕作措施、生物措施、工程措施这三个措施相结合，充分发挥区域的水保经济效益、社会效益、生态效益。

（1）坡面治理

高强度侵蚀区的坡面水保工程，针对不同坡度的地形、地貌特点，优化配置水土保持措施：3°以下坡耕地实行改垄、等高耕作等农业耕作措施，对于较长坡面同时布设防冲带；3°～5°坡耕地设置地埂生物带，带宽 30～50 m，带宽随坡度增加而减少；5°～15°坡耕地主要兴修梯田，复合式植物带等蓄水保土工程；15°以上超坡耕地实施退耕还林，并配备鱼鳞坑、竹节壕等造林整地工程；荒坡荒沟配备截流工程措施，并大力营造水保林。

坡面治理工程，要坚持分区治理和流域治理相结合，适地造林与整地措施相结合；坡面拦蓄和保土耕作相结合。实施坡面治理工程，充分发挥区域长期有效控制水土流失，达到坡地缓流、拦泥、减淤、蓄水、保土、保肥，粮丰林茂增收的效益。寇河沟流域高强度侵蚀区坡耕地治理工程，实施坡耕地集中连片开发治理，综合配置复合式植物带和坡式梯田埂带，达到工程、生物双重防护效果。

据测算，坡面治理面积 500 km²，年侵蚀量按 2 t/666.7 m² 计算，治理后可减少泥沙 12750 t，而坡式梯田工程单一埂带措施同一面积估算，年减少泥沙 7500 t，经比较可多减少泥沙 5250 t，多减泥沙量 35%。通过工程拦洪产流，现在按十年一遇 6 h 暴雨量 21.75 万 m³ 可拦洪 11 万 m³，可减洪 50%。西崴子流域高强度侵蚀区超坡地退耕还林工程，针对坡面贫瘠、干旱，当年造林成活率低的特点，采取先工程整地后造林的办法，达到蓄水保墒，保证了造林成活率。针对荒坡瘠薄，裸露坡面，由于造林土质差，先改良土壤再造林，采用机械修筑大型鱼鳞坑或水簸箕的办法，坑径达 2～3 m，品字形间隔分布，较强地防止地表径流和增墒抗旱能力，有利于林木生存，经验证造林成活率达到 95% 以上，比无整地措施造林成活率提高 15%～20%，有力改善了区域生态环境。

（2）沟道治理

高强度侵蚀区内沟蚀严重，沟道发育迅速，应根据侵蚀沟发展状况，按沟系分段治理。支毛沟侵蚀是最活跃之处，重力侵蚀（崩塌、泻溜）剧烈，造成沟底下切，沟岸扩张，防治措施以滞洪、拦泥、淤沙为主，在沟内布设土谷坊、土柳谷坊、石谷坊等工程，在沟头修建防护工程，并配备生物措施的治理，通过侵蚀沟的削坡造林，选用沙棘、紫穗槐等耐瘠薄树种，做到沟道治理层层设防，节节拦蓄。对于较大侵蚀沟的治理，为减少沟蚀和坡面蚕蚀，统筹安排工程措施、生物措施，主沟道上游布设谷坊工程，下游可设淤地坝等工程。

三、石漠化区和采石场共性生态问题研究进展

石漠化区和采石场都是涉及人类活动的经济环境问题的区域，其特征是基岩广泛裸露、水土流失严重、土地贫瘠和植被稀缺，其本质是土地生物潜能的衰减或丧失，其生态环境保水性和蓄水性差，渗漏性极强，导致机械性缺水频繁，生物多样性下降和缺失，迁入植物群落难以定居，自然恢复需要几十至上百年的时间且很困难。当前其生态恢复主要存在以下问题：普遍追求植被的快速恢复，侧重于植被栽植技术的研究；大量使用外来物种导致的退化现象和潜在威胁乡土生物的多样性；缺乏解除贫瘠和干旱等主要限制性因子的土壤微生物及动物添加类的土壤改良产品；极少见石漠化基岩裸露区恢复的研究；生态恢复

成本过高、工艺复杂、效果欠佳。

1. 石漠化区和采石场状况

我国的喀斯特面积 344 万 km²（土层覆盖岩石区、植被覆盖岩石区和裸露岩石区），约占国土面积的 36%，占全世界喀斯特面积（2200 万 km²）的 6%。我国西南八省（区）约有 51 万 km² 的裸露岩石区，占西南八省（区）土地面积的 25.98%，其中贵州有 12.66 万 km² 的裸露岩石区，占贵州土地面积的 7.89%。石漠化的结果是基岩的广泛裸露，能在各种尺度水平上极大地影响水文、土壤、生态和经济，引发更多的地质灾害如干旱、洪水、滑坡和地陷，甚至在更大尺度上影响碳平衡和区域气候，严重阻碍了当地农业经济等的可持续发展。我国在 2008 年开展了 100 个县的飞播造林项目，并在 2011 年扩展到 200 个县，各种研究与治理项目的实施使得石漠化面积整体减少 7.4%，其中极重度与重度石漠化面积分别减少了 4.3% 和 25.8%，然而还有 12 万 km² 没有恢复，这些地方的人口密度高达 217 人 / km²，5000 万人生活处于贫困线以下。因此，石漠化恢复治理仍任重道远。

还有一些地貌景观特征与石漠化十分相似，如采石场。我国城镇化进程的加快和对建筑石料需求的增大，导致了可利用采石场和废弃采石场数量的增加。国土资源公报显示，我国有效的采矿许可证有 10.06 万个，因石料的大量开采、无序的挖掘、尾矿废渣废石等所造成的水土流失和土地资源的破坏已超过 400 万 km² 且仍以每年 4 万 km² 的速度增加。2012 年以来，"矿山复绿"行动累计治理矿山 3310 个，治理面积 10.3 万 km。虽然经过治理，但当今采石场总体仍具有规模大、数量多等特征，全国土地复垦率不足 12%，其中采石场的生态复垦率更低。有数据资料显示，截至 2015 年全国开矿累计损毁土地 303 万 km²，已完成治理恢复土地 81 万 km²，治理率为 26.7%，全国仍有约 220 万 km² 损毁土地没有得到有效治理。贵州是我国石材资源大省，大理石资源尤为丰富，品种有 50 多种，特别是海贝花、黑木纹、白木纹、黄木纹、金丝白玉、红龙玉等品种，国内独有，石材资源储量超过 100 亿 m³，覆盖 63 个县（市、区）。充足的资源、丰富的品种和优越的品质，使石材产业得到了快速发展，采石场数量迅速增加，规模不断扩大。目前处于脆弱的喀斯特生态中心的贵州省有许多采石场迹地等没有得到有效治理恢复，特别是石灰石矿山的开采活动对地表植被、土壤、地形地貌等造成了极大的破坏与影响，使得碳酸钙基岩裸露，原本的青山伤痕累累，由此产生的次生地质灾害和对空气、水体、土壤的污染及景观破碎已经成为贵州省生态文明建设的严重障碍。

2. 强度石漠化区和采石场的共性特征

（1）水土流失严重，基岩裸露，土壤贫瘠、生产力下降

石漠化区域采石场的表观特征是基岩裸露、水土流失严重、植被稀缺、生态环境遭到严重破坏，其本质是土地生产力的下降和丧失。而石漠化的结果是基岩的广泛裸露，实质是土地生产力的下降和丧失，本质上是土地生物潜能的衰减或破坏，甚至广泛的基岩暴露是土壤生产力的大幅降低和一种典型的土地退化。

（2）水分短缺，生物多样性下降和缺失

喀斯特石漠化地区因土壤浅薄、植被覆盖率低、地表支离破碎和独特的二元结构导致保水性和蓄水性差，渗漏性极强，造成临时性干旱频繁，而且由于降水的季节性不均，地表水利用困难，造成机械性缺水。研究表明，随着石漠化程度的加深，土壤呈现明显的沙化现象，土壤容重逐渐增大，孔隙度、毛管持水量减小物种均匀度指数、丰富度呈递减趋势，生物多样性减少。因此，喀斯特石漠化的负面环境影响之一，就是水分短缺和生物多样性降低。采石场土壤和植被剥离导致生物多样性锐减，且石漠化区废弃采石场地质结构为石灰岩，土壤贫瘠、土层薄，土壤不保水植物生长环境十分恶劣，加之开山采石对采石场山体植被和土壤结构的毁灭性破坏，将采石场的生态环境变为原生裸地，导致先锋植物群落难以进入，其他植物更是无法在此种恶劣生态环境条件下生长繁殖。

（3）导致与经济有关的生态环境破坏问题

人口和贫困水平强烈影响喀斯特石漠化，虽然有研究认为地下水土流失可能是石漠化的主导，但人类活动常常加速，且人类活动在石漠化过程中扮演着重要角色。而采石场是为了满足人类对石料的需求而进行的开采活动。两者均导致了与经济有关的生态环境破坏问题。

（4）自然恢复漫长且很困难

废弃采石场边坡的群落演替开始于裸露岩石，其模式属于原生演替，演替过程可以延续几十年，一般采矿废弃地，单一依靠生物群落演替进行生态恢复一般需要 5000 年，而石漠化区域采石场自然环境恶劣，依靠自然恢复需要的时间远超过 100 年。采石场自然恢复难度之大、时间之长，显然远远超出了人们的想象。石漠化区石灰岩形成土壤的速度是极缓慢的，风化 1 cm 石灰岩形成 0.2 mm 的土层需要超过 100 年的时间，且土壤极易被重力、风和水移走。因此，我们需要适当借助人力加快石漠化区和采石场的生态恢复。

3. 国内外理论与实践研究

美国生态重建学会定义的生态恢复概念为：将人类所破坏的生态系统恢复成具有生物多样性和动态平衡的本地生态系统，其实质是将人为破坏的区域环境恢复或重建成一个与当地自然环境和谐的生态系统。目前国内外对生态恢复的理论进行了广泛的研究，并开展了相应的实践应用。

（1）限制性因子理论

自利比希最小因子定律提出以来，限制性因子被广泛研究。杨波发现土壤种子库是滇中废弃采石场生态恢复的限制因子，对采石场进行生态恢复的关键是在雨季来临前人为引入土壤种子库。王琼等采用层次分析法综合评价对废弃采石场生态治理影响最大的因子，首先是土壤有效深度，其次为土壤有机质，最后依次为坡度、年降雨量、土壤质地、土壤水分含量、地表破坏程度、土壤硬度、灌溉条件、改造难易程度和土壤 pH 酸碱度。有研究者探索了最适合矿区植被生长的土层厚度，发现土层厚度较为理想，并提出需要针对不同的植物类型进行植被土层厚度的选择，但也有人认为复垦地的土层厚度和植物的生长没有必然的联系，他们发现在生长初期，土层较厚区域的植物生长速度和状态并没有超过土层较薄区域，在部分试验地，甚至出现了土层薄的区域的植物生长速度超过了土层厚的区域演替资源比率。假说认为，在演替初期，养分短缺，植物间竞争的主要是养分，而不是光照，这样有利于那些个体较小的物种生存，并且生物量向根部的投入增加，以竞争到较多的养分，因此，在恢复初期增加植被的养分供应极有必要。石漠化地区和采石场的土壤瘠薄与临时性干旱成为影响当地畜牧业发展和生态恢复的主要限制性因子，因此一方面需要提高土壤保水性能、增加土壤养分，另一方面需要选择水分和养分利用效率高的物种。

（2）生态适应性理论

乡土物种和适应性强的商业化物种能更好地适应石漠化或采石场生态环境，而成为先锋物种。也有报道认为出于商业和应用方便的考虑，一般多采用外来的草本植物，这样形成的人工植被虽然早期效果不错，但由于外来物种对恶劣环境的抗性较弱，生物群落稳定性差，因此往往在短期内出现植被退化现象。目前，废弃地植被选择多数是在人为选定若干植物种的基础上，通过植苗试验，选择适生植物种。有人研究了 4 种植入菌根的豆科植物在石灰石采石场的适宜性发现，植被恢复中涉及豆科植物时应添加它们的微共生体，有人在干旱地区石灰石采石场不同树种 AM 菌根后发现，AM 菌根能够促进植物对水和养分的吸收，并能增强植物抵抗高温的能力，认为 AM 菌根能够促进石灰石采石场废弃地的恢复。有人在石灰石采石场选择了三种常绿硬叶灌木并辅以保水剂、肥料和接种菌根进行恢复研究，发现保水剂和肥料适宜在植被恢复中使用。杨旭等发现混交林的土壤水分、有机质、速效磷和速效钾含量均高于豆科纯林，豆科纯林土壤的全氮及速效氮含量均高于混交林，混交林的微生物总数、真菌、细菌、放线菌数量高于纯林，而纯林的固氮菌数量高于混交林。曾庆飞等发现石漠化程度的强弱与真菌群落的复杂度和丰富度均呈负相关关系，王金华等发现根瘤菌能降低石漠化土壤的 pH 值，明显提高土壤的有机质、氮、磷、钾等营养元素的含量，增加红三叶相对叶绿素含量和生物量，促进根系的生长，增加结瘤数量及根瘤的质量。李军峰等的研究表明，苔藓植物种数随石漠化程度增强而降低，苔藓植物具有较强的保水作用，可作为岩石表面的先锋植物。刘代军等认为丛枝菌根具有对矿质营养和水分吸收能力强的特殊生理生态功能，接种丛枝菌根真菌后能进一步扩大桑树对矿质营养和水分的吸收与运输，减轻贫瘠干旱胁迫，加快土壤微生物群落构建。熊康宁等发现蜱螨目和弹尾目的抗干扰性、抗旱性较强，在石漠化凋落物的分解中充当着重要的角色，可作为改良土壤的动物。

（3）演潜理论

在"空间代替时间"的前提下，研究采石场的生态演替理论发现，废弃采石场边坡的群落演替开始于裸露岩石，其模式属于原生演替，演替过程通常为：由禾本科和菊科的草本作为先锋植物构成早期阶段的草本群落，继而出现阳性或者旱生型的灌木群落、乔木群落，随着林下郁闭度的增加，部分阳性植物逐渐被耐阴植物取代而退出演替，最后耐阴的乔木群落重新侵入，演替序列为裸岩→先锋草本群落→草灌群落→简单的复合群落→高级复合群落。

（4）热力学定律

梁建华发现，常绿和落叶树种的比例将近 3∶1 时，季节性落叶可保证有机质的来源充分，根瘤固氮作用也可改善岩质边坡的岩土性质，为其他乔灌草提供良好的生态环境条件。枯落物的产生和翻覆增强了营养与有机质汇入土壤。枯落物提高了土壤保水性，微生物固氮、分解枯枝落叶和提高养分的有效性，土壤中的环节动物提高肥力，进一步促进了植物生长，就形成了小尺度的能量循环。

（5）种群密度制约及分布格局理论

密度制约原理在植物中主要表现为自疏和他疏，有学者研究了乡土植物种组合的播种密度，发现种子密度太高不能产生更高的植被盖度。

（6）生态位理论

在植物生活史中，从种子萌发到幼苗成活是其成功定居极为关键的时期，常受到光照、温度、水分和其他生物等因素的影响和制约，而利用护理植物能够提高目标物种定居概率。乔木与灌草更有利于尽早形成林地环境。在华南地区采石场植被恢复的实践中，往往在石壁的下部选择草灌相结合，在石壁部分，若土壤条件不够好，则多种藤、草。梁启英等提出品种的配搭要注意"三结合"，即固氮植物与非固氮植物结合，浅根植物与深根植物结合，上繁植物与下繁植物（贴地生）结合等，在岩石坡上，藤本着生攀缘；在岩土坡切沟，草与树混种；在岩土坡底部，多树种混交，取得了采石取土场植被恢复的成功。

（7）生物多样性理论

生物多样性可促进恢复的生态系统稳定，故引进物种时强调生物多样性。

（8）缀块—廊道—基底理论

利用现成的石漠化和采石场创造景观，早在我国古代采石废弃地的改造就出现了，浙江绍兴的东湖，汉代开采，隋代扩大，清代筑堤逐渐改造成风景名胜，在世界废弃地恢复史上占显著地位。近年，贵州出现的喀斯特公园和地质公园也是此理论的应用。

（9）自我设计与人为设计理论

自我设计理论认为，只要有足够的时间，随着时间的推移，退化生态系统将根据环境条件合理地组织自己并会最终改变组分。该理论把恢复放在生态系统层次考虑而未考虑缺乏种子库的情况，其恢复的只能是环境决定的群落。随着生态恢复的进行，一年生植物的重要值逐渐减小，多年生植物和灌木的重要值逐渐增大。乔木在生态恢复的后期虽有零星出现，但所占的比重始终很小，这说明在当地矿区进行生态恢复时仅凭自然力几年内难以恢复成森林生态系统，要想恢复成生态功能更强的森林生态系统，采取一定的人工措施是必要的。而人为设计理论把恢复放在个体或种群层次上考虑，通过工程方法和植物重建可直接恢复退化生态系统，但恢复的类型可能是多样的。这一理论把物种的生活史作为植被恢复的重要因子，并认为通过调整物种生活史的方法就可加快植被的恢复。在一些发达国家，诸如美国、英国、德国和日本等，较早开始石质陡坡绿化，并研究出一系列绿化工程技术，如客土喷播、种子喷播、水泥框格、植生袋绿化、厚层基材护坡喷射绿化、生态多孔混凝土绿化和客土袋液压喷播植草等诸多技术方法，均是人为设计理论的应用。

4. 当前生态恢复存在的主要问题

目前为止，国内的生态恢复技术还不完善，一些发达国家通过长期的理论研究和工程实践，已经形成了较为完整、系统的理论和技术体系，而国内的技术发展则相对滞后。

（1）植物种植模式单一

生态恢复技术在我国发展的时间还不长，治理中普遍追求植被的快速恢复，侧重于植被栽植技术的研究，植物种植模式单一。

（2）大量使用外来物种

出于商业和应用方便考虑，多采用外来的草本植物，这样形成的人工植被虽然早期效果不错，但一些外来物种对恶劣环境的抗性较弱，生物群落稳定性差，往往在短期内会出现植被退化现象；一些外来物种适应性过强，对本地生物多样性存在潜在威胁，如双穗雀稗等。

（3）缺乏土壤改良产品

有报道认为，土壤有机质含量、氮含量、毛管持水量、容重和孔隙度与植物多样性具有明显的相关性，在改善土壤理化性质和促进植物多样性恢复方面起着关键作用，土壤养分状况与植物生长密切相关，根据不同石漠化程度土壤养分状况，应该采用针对性施肥的方法来治理石漠化。贫瘠和干旱是生态恢复的主要限制性因子，因此一方面需要提高保水性能、增加养分供应，另一方面需要选择水分和养分利用效率高的物种。

（4）缺乏石漠化基岩裸露区恢复的研究

从大量的文献或图片可发现，基岩裸露区生态恢复研究多出现在采石场，而石漠化恢复研究多见于有土层的石漠化地区，缺乏石漠化基岩裸露区恢复的研究。

（5）恢复成本高

采石场与强度石漠化区不仅生态恢复成本过高、工艺复杂、效果欠佳，而且治理过程及后期的运营与维护都需要大量投入一些干脆自然恢复，如禁牧、封山育林等，但通常而言自然恢复所需时间更长，这与现实需要的生态恢复效果和速度不相称。

第六节　坡耕地、河流湿地水土流失防治

一、长江流域的坡耕地治理

长期以来，由于人口增长和土地资源的不合理利用，长江中上游山丘地区的坡耕地多达 1066.7 万 km²，成为流域水土流失的主要地类和侵蚀泥沙的重要来源。长江中上游水土保持工程坚持将坡耕地作为治理重点，采取的主要措施有：①以改造坡耕地、兴修水平梯田、配套小型水利设施为突破口，提高作物产量，满足治理区的粮食需求，为陡坡耕地退耕创造条件；②对一时不能改为梯田而又无法退耕的坡耕地因地制宜地采取各种保土耕作措施，减少土壤侵蚀；③对陡坡耕地实行退耕，还林还草，发展林果业和畜牧业，发展当地经济。

1. 坡耕地治理概况

（1）坡耕地是滥用土地资源的产物

长期以来，由于山丘地区人口增长，农业生产水平落后，人们往往以开垦坡地、广种薄收来满足生活之需。早在唐代，长江流域便有关于开垦坡地、刀耕火种的记载。此后由于人口大量增加，山区开发活动与日俱增，坡耕地数量日趋增加。1949 年流域人口为 1.90 亿，至 1997 年达 4.15 亿，增长 1.18 倍，而中上游山丘区的人口增长率高于中下游平原区。据调查估算，山区每增加一人，相应增加坡耕地 0.13 ～ 0.17 km²。自 21 世纪 50—80 年代，长江流域的坡耕地增加了 40% ～ 60%。陕西省安康地区 50 年代有耕地 32.7 万 km²，到 1976 年已增加到 68.7 万 km²，平均每年增加 1.3 万 km² 以上。在川中盆地丘陵区，垦殖率达到 50% ～ 70%。"山上种到山尖尖，山下种到河边边"。一些山丘区土地垦殖率越来越高，耕种坡度越来越陡，撂荒轮歇，顺坡耕作，广种薄收，粗放经营，农业生产条件恶劣，土壤侵蚀量成倍增加。这种不合理的土地利用方式，已经对长江流域的农业生产和生态环境带来了十分严重的影响。

（2）坡耕地的数量与分布

据近年来各省土地详查资料统计，长江流域共有坡耕地约 1066.7 万 km²，占流域耕地总面积的 39.0%。其中，坡度大于 25° 的陡坡耕地约占坡耕地总量的 1/4。这些坡耕地主要分布在流域中上游的山地丘陵区，包括四川盆地及盆周山地、大小凉山、乌蒙山区、秦巴山地以及川东、鄂西、湘西山地。各省坡耕地的数量以四川省居首，达 280 万 km²，占流域坡耕地总量的 26.3%，其次为贵州省，占 19.2%，之后依次为重庆市，占 13.9%，云南省占 10.2%，湖北

省占 7.8% ，陕西省占 6.6%。这 6 个省、市的坡耕地合计约占流域坡耕地总量的 84%。在一些山丘地区，坡耕地在耕地中往往占极大比例。如贵州省毕节市，土地垦殖率达 38.7%，其中坡耕地占 75.9%。三峡库区垦殖率达 33.6%，其中坡耕地占 74.8%，有的耕地坡度竟达 60° 左右，形成"山有多高，地有多高，山有多陡，地有多陡"的局面。在重庆市天城区（现已撤销）铁峰乡，25° 以上的陡坡耕地占耕地面积的 68%；位于金沙江畔的四川省金阳县红联乡，坡度大于 25° 的陡坡耕地占耕地面积的 93.3%。

（3）坡耕地的水土流失

坡耕地由于逐年翻耕，地表裸露期长，水土流失严重，其土壤侵蚀量又因耕地坡度、降雨条件、土壤特性和耕作方式的不同而有很大差异。据四川遂宁、宣汉等地紫色土坡耕地小区观测，当坡度小于 25° 时，年侵蚀量随着坡度和年降雨量的增加而增加，侵蚀模数最高可达 10000 t/（km² · a）以上。陇南、陕南某些气温较低、作物一年一熟的地区，相当部分耕地种植冬小麦，夏季麦收后耕地裸露，土壤侵蚀十分强烈。

初步估算，流域内 1066.7 万 km² 的坡耕地，虽然仅占流域水土流失面积的 19%，但年土壤侵蚀量达 8 亿 t，约占长江流域年土壤侵蚀总量的 1/3。特别是在坡度陡、雨量大、坡耕地多的地区，坡耕地土壤侵蚀量所占比例更大。据中科院南京土壤研究所在三峡库区 19 个县（市、区）调查，库区坡耕地面积达 126.18 万 km²，约占库区总面积的 22.6%，但其年侵蚀量达 9450 万 t，占库区年土壤侵蚀总量的 60%。从耕地流失的泥沙来看，由于颗粒较细，往往成为河流泥沙的重要组成部分。

水土流失使山区土地资源遭到极大破坏，土层减薄、肥力下降的现象很普遍。四川会理县 1958 年第 1 次土壤普查时，全县土层厚度在 50 cm 以下的薄土为 2680 km²，1982 年普查，全县土层厚度在 33 cm 以下的薄土即达 6047 km²。云南巧家县的 5.38 万 km² 坡耕地中，耕层小于 20cm 的达 3.16 万 km²，占 58.8%。贵州毕节市耕层小于 15 cm 的耕地占总耕地面积的 49.3%。由于土壤缺乏有机肥，为维持土地生产力，只得大量使用化肥，虽提高了生产成本，但也造成了土壤板结。

随着细粒土壤的流失，母质或基岩逐渐裸露，土地砂砾化和石化现象严重，以至丧失农业利用价值，进一步加剧了人多地少的矛盾。在风化花岗岩、花岗片麻岩和砂岩出露地区，土壤砂砾化问题更突出。湖北秭归县的耕地中，砾石含量超过 30% 的旱地占旱地总面积的 36%。而在石灰岩、石英砂岩出露地区，石化过程发展迅速。贵州清镇、赫章等县，年石化的土地面积均达 333 ～ 400 km²。与此同时，山下良田也被水冲沙压，渐遭蚕食。在一些水土流失严重的地区，农民因丧失土地而迁移他乡的事例时有发生。

因此，坡耕地不仅是长江流域产生水土流失的重要土地类型，河流泥沙的重要来源，而且已经成为制约山区农业生产和经济可持续发展的因素。全面治理坡耕地，促进陡坡耕地退耕，是长江流域水土保持工作面临的一项紧迫任务。

2. 坡耕地治理对策

坡耕地的治理，历来是长江流域水土流失综合治理的重要内容之一，尤其在 1989 年实施长江上游水土流失重点防治工程（简称"长治"工程）以来，进一步加快了全面治理坡耕地的步伐。"长治"工程以治理保护和开发利用水土资源为基础，以改造坡耕地、兴修水平梯田为重点，以经济效益为中心，对水土流失地区进行综合开发治理。截至 1997 年底，已累计治理水土流失面积 5.25 万 km²，其中改造坡耕地、兴修水平梯田 40.57 万 km²，营造水土保持林 141.87 万 km²，栽植经果林 52.89 万 km²，种草 24.38 万 km²，实施封禁治理 149.88 万 km²，推行保土耕作措施 115.15 万 km²，同时兴修了大批小型水利水保工程。经过"长治"工程治理后的地区，坡耕地平均减少了 36.6%。

多年治理实践表明，坡耕地的治理，必须采取综合措施。依靠补助钱、粮促使陡坡退耕，虽可收一时之效，但难以根本解决问题。坡耕地的综合治理应包括以下三个方面。

（1）改造坡耕地，建设水平梯田

长江流域不少山丘区人口密度大，经济发展滞后，治理坡耕地的关键在于解决粮食问题。只有将坡耕地改造成保水保肥的梯田、梯地，同时配套水利设施和田间道路，实行科学种田，提高耕地单位面积产量，满足当地粮食需求、陡坡地退耕才有基础。因此，改造坡耕地，建设水平梯田，是防止水土流失，实现山区农业可持续发展的一项根本性措施，在综合治理的各项措施中具有突破口的作用。在"长治"工程中，要求通过治理，使治理区人均基本农田达到 0.067 km²（1 亩）。

坡耕地改造工程在 5° ～ 25° 的坡耕地中进行，尤以 15° ～ 25° 的坡耕地为主。梯田要求布设在距村庄近，土质、水源和交通条件较好的地方，相对连片集中，便于耕作。在规划施工中注意大弯就势，小弯取直，田面平整，土层深厚，合理配置水系和道路工程。梯坎因地制宜，可分别为土坎、石坎或土石混合坎。

长江流域降雨丰沛、多暴雨，为提高梯田特别是土坎梯田的稳定性能，在断面设计、施工方法、水系配套、植物固坎等方面均进行了探索。梯坎断面既有单式断面，又有复式断面，田面水平或稍呈反坡。施工方法有拍板法、挡板法，还尝试过在黏性膨胀土中掺沙或添加土壤固化剂筑坎，以及采用塑料编织袋充土筑坎等方法，少数地区采用机械施工。

在坡面和田间水系的配套方面，通常在梯田上方修筑截水沟、排水沟，拦截上部坡面来水，防止梯田冲刷。在梯田内外侧开挖边沟、背沟，田边筑埂，拦蓄田间径流，暴雨较大时则通过排水沟、溢水口排出田面。布设沉沙凼、蓄水池，使泥沙返回田里，蓄水灌溉。通过合理布设一系列沟、凼、渠、池，形成蓄、引、灌、排系统，既做到"水不乱流，泥不下山"，控制水土流失，又能充分利用地表径流，分台就地拦蓄，用于农田灌溉，提高作物产量。四川省遂宁等地在坡面和田间水系布设方面总结的一套完整经验，已在各地大力推广。

栽种固坎植物，既可保持埂坎稳定，又可提高土地利用率，增加收入，深受农民欢迎。据测算，埂坎一般占地10%～15%，充分利用这部分土地发展"地坎经济"是解决人多地少矛盾的有效途径。植物固坎大多选用生长迅速、根系发达、固土力强、具有一定经济价值的草类，或是种植桑、花椒、杜仲等经济林木。西南大学等单位在重庆璧山县开展的护坎草类试验研究表明，春季栽种的蚕桑草、菊花、黑麦草、泡荷、苏丹草、黄花等草类，至每年6、7月即可覆盖地坎80%以上，每公顷梯田固坎植物的年产值平均达1125～2625元。陕西略阳县首批实施治理的8条小流域，兴修水平梯田960 km²，其中72%均采用了桑、杜仲等植物固坎。

20世纪50年代至今，长江流域已累计修建水平梯田226.7万 km²，90年代以来治理步伐加快，平均每年修建水平梯田约12万 km²。

（2）推行保土耕作措施

对于因资金、劳力限制，一时难以改为梯田的坡耕地，或是部分无须改为梯田的缓坡耕地，可采取保土耕作措施减少水土流失。保土耕作措施一般具有投资小、费工少、见效快的特点，只要认真示范推广，群众才能乐于采用。"长治"工程实施以来，已推行保土耕作措施115.15万 km²。这些措施大致可分为3类：第1类是以改变小地形、增加地面糙度为主的措施，如横坡耕作、等高耕作、等高沟垄、等高植物篱等；第2类是以增加地面覆盖为主的措施，如间作套种、宽行密植、草粮轮作等；第3类是以提高土壤入渗与抗蚀能力为主的措施，如覆盖耕作、免耕、少耕、深耕、增施有机肥等。长江流域的保土耕作措施以横坡耕作、等高沟垄、间作套种、深耕、增施有机肥等为多，近来还对等高植物篱的应用开展了试验研究。

在上述保土耕作措施中，四川盆地丘陵地区的"旱三熟"耕作制，是一种得到广泛应用的间作套种方式。它采用小麦、红薯、玉米和绿肥进行带状间套复种轮作，各种作物交替出现，生长旺盛期分别为：小麦 3—4 月，玉米 5—7 月，红薯 8—10 月，大大增加了地面作物的覆盖度和覆盖时间。同时，高低秆、多层次的作物组合，使光、热、水、气资源的利用更为充分合理，达到保持水土、增产增收的效果。

（3）陡坡耕地退耕

在改造坡耕地、建设基本农田，推行保土耕作措施，解决粮食需求的基础上，对陡坡耕地有计划地实行退耕。根据需要和可能，营造用材林、薪炭林、水土保持林和各种经济林草，逐步恢复植被。经"长治"工程治理的地区，有70%的陡坡耕地实现了退耕。在土质较好的 25°～35° 退耕坡地上，各地因地制宜地发展了大批品质优良、适销对路的经济果木，开发名、特、优、新产品，建立了一批商品基地。林木生长初期，通常在林下种植矮秆作物和豆科绿肥，实行过渡性的林粮、林草间作，增加覆盖，减少流失，提高收入，以短养长。治理区内的人均经济果木一般达到 0.02 km²（0.3 亩）以上。

在用材短缺、燃料不足的地区，可利用退耕坡地大力发展用材林和薪炭林，满足群众所需。高寒宜牧山区的退耕坡地，种草养畜，分区轮牧。少数人多地少、一时退耕有困难的农户，可采取林粮间作的方法进行过渡。云南昭通、曲靖地区还根据自愿原则，组织居住在生存环境恶劣地区的农户异地搬迁，促进了陡坡地的退耕。

3. 坡耕地治理成效

上述综合治理措施，经过多年实践，已经取得显著成效。

（1）梯田的蓄水保土和增产效益

1）蓄水保土效益

据四川省宣汉和遂宁两县的观测，坡耕地改为梯田后，平均可减少地表径流量的 71.7%～78.9%，减少地面侵蚀量的 87.9%～93.1%。坡耕地坡度越大，改为梯田后，蓄水保土效益越显著，改为水田的蓄水保土效益一般高于旱作梯田。

2）增产效益

梯田提高了蓄水保土和抗御自然灾害的能力，改善了农业生产条件，促进了粮食产量的稳定增长。陕西安康县白鱼河小流域坡耕地改造为水平梯田后，土层平均增厚 28.6 cm，抗旱能力平均提高 8 d。重庆市涪陵区后溪沟小流域改梯后的土地抗旱能力增加了 7 d。四川省遂宁市中区在 1995—1997 年 3 年连续遭遇干旱的情况下，治理区粮食单产比治理前正常年景增长 2.3% ～ 3.4%，而非治理区平均减产 13.8%。根据在各地开展的坡耕地与梯田产量的大量对比观测，坡耕地改为梯田后，平均每年每公顷可增产粮食 1632 kg。

梯田的增产效益与改梯前的田面坡度有很大关系。改梯前的田面坡度越大，改梯后的增产效果越明显。陕西略阳县观测，当改梯前的田面坡度分别为 12°、17° 和 22° 时，改后的增产幅度分别为 52.2%、57.1% 和 85.6%。

在长江上游的金沙江干热河谷地区，热量丰富，水源不足，配套灌排水系的梯田增产效益尤为显著，如雷波县五官乡青杠坪村，坡耕地石多土薄，治理前每年只能种一季玉米，每公顷产粮 1500 多千克。改成梯田后引泉水灌溉，一年可栽种麦、稻、芋三季，每公顷年产 13500 kg，全村粮食产量较治理前增长了 4.4 倍。

梯田的固坎作物也成为重要的收入来源。甘肃武都、文县一带，地埂花椒的收入可达农作物收入的 35% ～ 70%。西和县姜席乡角善村在新修的梯田田坎上种植紫花苜蓿，解决了全村数十头大牲口的饲草问题；大桥乡赵尧村一户村民承包 0.8 km² 耕地，地坎上全部种植花椒，年产花椒 500 kg，收入 1.2 万元。

（2）保土耕作措施的蓄水保土和增产效益

在长期治理过程中，对长江流域若干保土耕作措施的效益进行了观测研究。由于各地试验条件不一，结果有所差异，但减少地表径流和土壤侵蚀量、增加作物产量的效果是一致的，有的相当显著。

（3）陡坡耕地的退耕效益

陡坡耕地的退耕，为恢复林草植被，减少原有陡坡耕地的水土流失，满足群众用材、燃料需要创造了条件。各地种植经济果木，开展多种经营，有力地促进了山村经济的发展，使大批农民摆脱贫困生活走上了致富之路。在"长治"工程治理区内，林草覆盖度已由治理前的 22.8% 上升到 41.1%，栽植的经果林达 52.89 万 km²，种草 24.38 万 km²。金沙江下游及毕节市的苹果、石榴、蚕桑、蓝桉、黑荆基地，嘉陵江中下游的柑桔、蚕桑基地，陇南陕南地区的花椒、苹果、杜仲基地，三峡库区的柑桔、茶叶基地，不少已初具规模，成为当地经济的发展支柱。云南昭通市的苹果已发展到 1 万 km²；四川会理县的石榴发展到 4670 km²，年产石榴 2500 余万千克，产值达 1 亿元；陕西略阳县拥有杜仲

5000 余万株，年创产值达 5000 万元；重庆市巫山县种植龙须草 5000 余公顷，不少村年产草量达 50 万 kg 以上，仅龙须草的户均收入过千元。贵州威宁县建成以苹果、梨为主的经果林基地 1.33 万 km²，1997 年产干、鲜果 3000 万 kg。这些基地，有相当一部分就是在退耕坡地上建立发展起来的。

绿色企业的发展带动了二、三产业的发展，拓宽了就业门路，活跃了农村市场，促进了农、林、牧、副各业和区域经济的协调发展，也增加了地方财政收入。

由于历史原因，长江流域坡耕地面广量大，是水土流失的主要地类之一。虽然多年来治理取得明显成效，但治理任务仍然十分艰巨。1998 年夏，长江中下游遭受特大洪水灾害后，长江流域水土保持和生态环境建设工作成为人们关注的热点，有关部门也在积极采取措施，加快坡耕地改造和陡坡地退耕进程。总结和借鉴多年来坡耕地治理的经验，对于搞好这项工作是十分必要的。

①坡耕地的治理，必须立足于开发，以解决粮食需求为前提，注重经济效益，采取改造坡耕地，兴修基本农田，推行保土耕作措施，实行陡坡地退耕等项综合措施，并在粮食、能源、税收等方面相应地辅以优惠政策。

②改造坡耕地、建设基本农田是坡耕地治理的突破口和根本措施，也是实现稳产高产、发展现代化农业的基础。在梯田建设中尤应重视坡面和田间水系的配套，采取植物固坎措施，以利梯坎稳定，增产增收。同时，要逐步采用适合山区的小型机械修建梯田。

③保土耕作措施省工省时，是一项经济有效的措施。在当前尚存在大量坡耕地，短期内难以改造，同时又有部分缓坡耕地无须改为梯田的情况下，必须因地制宜，大力提倡各种保土耕作措施，开展培训，示范推广。

④对退耕的陡坡耕地应进行合理开发利用，宜林则林，宜果则果，宜草则草，充分发挥山区优势，培育新的经济增长点，并将近期效益和长期效益结合起来，使农民在退耕中得到补偿，增加经济收入，变消极退耕为积极退耕。为此，搞好产、供、销等各个环节的服务和指导是极为必要的。

二、用经济手段协调工农业用水

1. 概况

晋中地区位于山西省中部，北靠太原、阳泉市，西濒汾河与吕梁地区相连，东与河北省为邻，南是临汾地区和长治市。全区共有 11 个县市，总面积 16 395 km²，人口 275 万，是山西省主要粮棉产区之一，维系着全省能源重化工基地的建设进程。但是，晋中是全省水资源最贫乏的地区，众所周知，山西省水资源居全国倒数第二，而汾河流域的平川五个县市尚不达全省的平均水平。我国人均水资源为 2700 m³，亩均水资源为 1780 m³，全省人均水资源 466 m³，亩均水资源 194 m³，在汾河流域人均水资源仅 371 m³，亩均水资源 135 m³，分别为全国人均水资源的 13.7%，亩均水资源约 7.5%，为全省人均水资源和亩均水资源的 79.6% 与 69.6%。

近年来，随着工农业生产的发展和人口的增长，各县市的用水日趋紧张，全区 11 个县市不同程度地存在缺水问题。由于多年来的水利投资体系不配套和水利投资不足，特别是缺乏对水资源利用的综合规划，水资源开发利用不合理。如城镇供水及工业大量开发地下水，造成全区各城区地下水水位大幅度下降，形成榆次、太谷、祁县、公休等城区地下水漏斗。例如，公休市北城区宋骷漏斗区面积 142 km²，地下水最大降深 40 多米，是全省严重的漏斗地区之一。根据调查，全区在漏斗区的超采总量达 6000 万 m³/a 以上。超采的结果不仅造成地下水位大幅度下降，包气带增厚，地面沉降，水文地质条件与生态环境发生变异，而且造成水质污染，水井干枯报废，严重地制约了国民经济的发展，给人民生活用水带来了巨大的困难。

根据该区的自然地理位置，特别是严重缺水的平川五县市的情况，外调水源没有搞大中型水利工程，尤其是太谷县已有庞庄、郭堡两座水库，祁县有子洪水库，平遥有尹回水库等控制性工程，基本上控制了这些县的地面水资源。虽然有的县市有资源开发，但由于投资情况在近期内无法实现（如公休龙凤河和榆次潇河的进一步开发）。然而既不能让城市因为地下水严重超采，地面水紧张供水不足，不让城市人民吃水和影响工业的发展；也不能让城市继续打深井加大灌溉井的报废率，影响农业灌溉，破坏生态环境；怎样合理地解决工农业争水的矛盾，这就是本节所要探讨的问题。

2. 内涵挖潜提高全社会节水意识

（1）工业、生活及社会用水要自控节水

对于城市缺水如何解决，并不是一个简单问题，各地情况不同，解决缺水的办法也不一样，即使在同一地区，由于用水对象不同也不是一种措施所能解决的。其中工业用水重复利用率一项，就仍有一定的潜力。虽然目前汾河流域工业用水的重复利用率已达到 66%，但仍低于全省 73.8% 的平均水平，根据统计，现在全区工农用水 6475 万 m³。如果水的重复利用率提高到全省平均水平即提高 7.8%，可增加净水量 505 万 m³，相当于有 40 万人口的榆次市 4 个月的用水量。有关资料表明，发达国家随着科学技术的进步和提高，随着产值的增加，用水量不但不增加，反而会减少。我国由于历史上的原因，用水量不会提高过快，在汾河流域同样如此。然而要想从根本上解决问题，笔者认为重点应放在提高全民的节水意识，强化用水管理，按照物化水的实际经济价值计收水费，采用经济杠杆手段提高工业、生活及社会用水的自控意识，计划用水，节约用水。

（2）业用水是大户，要节水支援城市

农业灌溉用水在汾河流域仍占 80% 左右，年用水 3.84 亿 m³。因此，降低农业用水量在整个国民经济和社会用水中的比重其作用是十分重要的，特别是由于农业灌溉用水量基数较大，降低 1% ～ 2% 就能给工业增加 10% ～ 20% 的年用水量，效益极其显著。笔者认为采用以下措施可减少农业灌溉用水量。

1）强化管理，提高水利设施的应变能力

晋中地区目前共有 14 余万 km² 水浇地，人均 0.052 km²，基本上都是实施地面灌溉。由于田面不平整，灌溉不科学，仍然以大畦进行灌溉，水的浪费十分严重。据调查，汾河流域自流灌区亩次毛灌溉水在 138 ～ 164 m³ 之间，机电灌站 147 m³ 左右，井灌区 47 ～ 100 m³，远远超过设计灌溉标准。在渠系水利用方面，河灌区有效利用系数为 0.31 ～ 0.37，井灌区为 0.5 ～ 0.6。河道自流灌区的祁县昌源河灌区，平遥惠柳樱灌区，虽有完备的水库工程，但因灌区不配套，特别是渠首设施不完善，以河代干，渗漏损失严重。如子洪水库到昌源河渠首 5 km 的河道损失水量就达 30% 左右，浪费了大量的水资源。汾河流域各灌区若加强田面平整，科学灌溉增加田间水利用系数，则能节水 10% ～ 20%，再进一步完善灌溉设施，配套干支渠及有关建筑物，增加防渗长度，提高水利设施的供水能力，即若将渠系水利用系数提高 10% ～ 20%，则汾河流域每年可节水 2000 万 m³ 以上。

2）发展节水型农业，实行经济、节水、省水灌溉定额，降低灌溉水量

在汾河流域 14 万 km² 水浇地中，采用地面输水灌溉的占 95% 以上，低于我国其他省的水平。若实施管道输水或喷灌、滴灌则可大大降低灌溉用水量。对灌区进行改造，若采用管道输水，渠系水利用系数可达 0.9 左右，平均比现在提高 1 倍，效益极其显著。改变田间灌溉方式如采用喷灌、滴灌不仅节约灌溉用水，而且能提高粮食作物的亩产量，起到节水、增产的双重作用。根据汾河流域水资源情况，由于水源工程如水库和泉水大部分在出山口附近，地形高程有利，采用自压输水或自压喷灌都是有可能的。

如前所述，汾河流域水资源不足，供需矛盾日趋尖锐，在目前国家水利建

设资金不足的情况下，增加城市工业、生活及社会用水主要靠农业增源与节水来解决。农业增源与节水则必须兴建相应的工程，兴建工程就需要有一定的投资，这笔投资由谁来支付，从哪里支出，笔者认为应由城市供水部门和用水单位从支付"水源工程补偿费"和"供水利润"两方面来解决。

（1）根据水源工程的所有权，城市用水单位应支付"水源工程补偿费"

按照我国过去或现在的水利投资体系，水利投资是农业投资的一大部分，也就是说现在的水利工程基本上都是用农业投资建成的，因而从目前汾河流域形成的水利工程来看，其水资源的使用权已基本归属农业。

另外，从目前已有工程的供水能力来看，由于水利工程的不配套和老化失修，目前供水保证率也很低，即目前还无法满足农业用水的要求。要农业让水于城市、工业和社会用水，必须先增源。在汾河流域的当务之急就是对现有的90座中小型病险库除险加固或进行改建，提高防洪标准，以解决汛期有水了敢蓄，汛过无水可蓄，用水没有水的问题；9处万亩以上自流灌区，采用先进的、高效低耗能的灌水技术，解决跑、漏、泄、渗等输水损失；田间工程进行全面配套，杜绝大小漫灌。

初略统计，三项措施可使汾河流域净增供水量 1.0 亿～1.5 亿 m^3，每立方米水需投资 2～3 元，是可望而可行的。我国是农业大国，农业稳则国家兴，无论过去现在还是将来，国家对发展农业经济都要实行倾斜政策。因此，要从农业供水中挤出部分水给工业和城市，就要实行转让，以农业供水不受影响或少受影响为前提。这从水利工程的由来和工程供水现状来讲，用水部门支付"水源工程补偿费"都是必需的。

如公休市是全省缺水严重的城市之一，新的供水水源一部分来自兴地灌区，一部分来自洪山灌区。洪山灌区的水源洪山泉多年来年平均来水 4130 万 m^3，控制着 0.8 万 km^2 水浇地，占全市耕地面积的 1/3，粮食产量却占全市总产量的 60% 以上。由于该灌区无大的调蓄工程，输水及灌溉技术落后，就现状而言灌溉季节用水十分紧张。在这种情况下，为了给城市挤水，必须兴建增源与节水工程。若城市用水单位不支付"水源工程补偿费"农业生产势必要受损失。由于灌区早在两千多年前即已兴建，减少灌区用水，当地农民群众不会答应，城市供水工程也难以实施。

（2）根据水资源的开发利用情况，城市用水单位支付"水源工程补偿费"是合理的

在水资源一定的情况下，开采和利用的时间不同其投入是不相同的，开发

利用的方法也不相同。根据汾河流域的开发现状，由于城区附近均已形成漏斗，再打深井不但城镇供水费用会加大，而且会影响农业灌溉用井，而利用已有农业水利工程供水，由于已经有了水源工程，城镇供水不用另开辟水源工程，费用就不会过多增加，但必须给农业以补偿。

仍以公休洪山城市供水工程为例，该工程从洪山灌区新西干第 13 号隧洞 5 + 400 桩号开始引水，再新建 3.4 km 的输水管道和相应的过滤池、调节池就可将泉水与城市供水管网相接，既利用了原灌区的水源工程，又利用了输水渠道，因而供水工程投资相对很小。在这种情况下，不支付"水源工程补偿费"是说不过去的。

（3）根据城市供水部门和工业生产的利润情况，支付"水源工程补偿费"是可能的

众所周知，工业和农业不同，农业受自然干扰影响较大，在当前科技水平的情况下，效益的好坏不仅与农民的努力情况有关，还与天时气象有关。而工业生产只要项目合理，工艺先进，管理科学就能取得市场，就能盈利。因此，为了工业生产的发展，在兴建或扩建工业企业时在基建投资或技术改造费中支付一部分"水源工程补偿费"是有可能的。

（4）用城市和工业供水利润补偿农业节水是必须的

城市供水部门利用农业投资兴建的水利工程为工业及城市用水，省掉了水源工程的投资，供水成本降低是用减少农业供水量换来的。因此必须用此多盈利部分补偿农业节水。

（5）城市供水部门用利润补偿农业节水是可能的

根据目前汾河流域的城镇供水价格，城市供水部门有能力用历年的利润不断补偿农业节水。城镇供水部门调整水价后，汾河流域自来水平均供水价提高 112%，然而农业给城市供水成本并非同步相应提高，因此城市供水部门有支付农业节水的能力。

再以公休城市供水为例分析，经对该项工程进行财务分析，当年供水为 547.5 万 m^3（日供水为 1.5 万 m^3）时，若按水价为 0.70 元 $/m^3$ 计算（水利供水部门给城市供水部门的批发价），年利润可达 200 万元左右，除在 3 年内归还贷款资金外，每年有可能提取部分利润资助供水灌区进行农业节水。

3. 对平川五县市城市供水水源及补偿农业工程的基本思路

目前榆次、太谷、祁县、平遥、公休城市供水的地下水已严重不足，年年超采，漏斗越采越大，井越采越深，不但水量越来越少，供水成本越来越高，

而且带来许多后遗症。然而，城市要发展，工业要用水，市民要吃水，因此利用农业已有的水源工程为城镇供水刻不容缓。

根据平川五个县市的水利工程情况，为城市供水也是有可能的。经水质水量的初步分析，榆次可从位于寿阳境内的赵家庄村边引用没有污染的潇河主流松塔河之水，设计引水流量 $0.4 \, \text{m}^3/\text{s}$，日供水 3.5 万 m^3，年供水 1200 万 m^3；太谷、祁县、平遥可从相应县的庞庄、子洪、尹回水库引水；公休可引用洪山灌区的泉水，年供水都能达到 300 万 m^3 以上。

按照目前水利工程的现状，对其进行进一步的完善和配套，其补偿工程既是必需的，也是可行的，而且节水效益是显著的。如榆次的供水工程将减少下游潇河灌区的供水量，但可用管道或隧洞引水减少河道渗漏和积累在潇河干流兴建大型蓄水工程的资金，如新建寿阳松塔或榆次区蔺郊水库；祁县则兴建清水干渠；平遥兴建东干渠解决以河代干带来的损失；公休则可大力发展喷灌或微灌，或积累资金兴建柳沟水库，进一步提高洪山泉的利用率。

在一些水资源紧张的地区，用经济手段协调工农业用水，采用"农业节水支援城市，城市资助农业节水"是解决水资源合理利用的一项重要问题，政策性很强。它既有利于城市解决缺水问题，又可维护和加强农业这个国民经济的基础。在一定时期内和一定条件下，它可以促进工农业生产同时发展，有利于人心和社会安定，有利于加强城乡互补及工农业联盟，关键是各级水行政部门要根据目前各地水资源和水利工程的实际情况，及时制定出相应的方针和政策。笔者认为，它对于解决水资源不足，使有限的水资源使用更充分、更合理，进一步促进缺水地区工农业生产的发展有着重要的现实意义和深远的历史意义。

三、河流湿地修复与水土流失防治

随着经济社会发展以及人类对自然界认识能力的提高，湿地逐渐被人们重视和利用起来。由于河流湿地自然的演变和人为活动的干扰，不断改变着河流湿地的自身演替规律，河流湿地生态系统严重退化，影响了人类社会与自然的可持续发展。因此，针对河流湿地退化与生态恢复建设，充分认识在人为干扰下导致河流湿地演替规律，采取适应这种规律变化的配套措施，对有效保护、科学利用和管理河流湿地具有重要的意义。本节就是基于哈尔滨水生态系统保护与修复背景，结合金河湾湿地公园示范项目具体实践，分析了河流湿地的特征及自然演替变化过程，总结实践经验，提出了河流湿地修复措施中，应注重水土流失防治，这对河流湿地的保护与修复成效是至关重要的。

1. 修复实践与洪水协迫

（1）修复实践

松花江干流由西向东贯穿哈尔滨市中部，市区分布两岸，由于地处平原河流，城区河段江道宽扩，分布广袤河流湿地，从上游哈尔滨与双城交界至下游大顶子山航电枢纽 123 km 区段，就有 15 处面积达 204 km² 湿地，此为北方典型河流湿地，2009 年哈尔滨市被水利部批准为全国第十二个水生态系统保护与修复试点城市，其中，金河湾地植物园是最先启动的项目，具有一定的代表性，为此被列为示范性工程和样板段。

（2）洪水协迫

2013 年，松花江哈尔滨发生了自 1998 年后第一次超警戒水位的大洪水，最高水位达 119.49 m，金河湾水位 120.55 m，并持续高水位，过流断面水深超过滩地平均高程 3.5 m，洪水给金河湾带来极大协迫，水退后经过监测分析，金河湾地貌、滩岸发生了较大变化。部分亭廊、木栈道基础被冲毁；部分草本植物及小灌木被淤泥覆盖；全园淤积泥沙达 30 cm，最厚处达两米；沿主江道水流顶冲方向滩岸产生冲刷和崩岸，侵蚀园区道路近千米；常水位过流断面发生改变，原沙滩区向下游产生位移，形成新的水陆交错带布局。

这场洪水，给金河湾的生态环境和基础设施都带来了不同程度的影响，其中，很重要的一点就是，洪水产生了新的冲淤变化，造成了大量的水土流失，为此，视重河流水土流失防治，对河流湿地的保护与修复成效是至关重要的。

2. 湿地特征与水土流失危害及影响

（1）河流湿地的特征

河流湿地主要位于河流边缘，水文特征是受河流周期性变化的影响，在高水位季节湿地被淹没，枯水期处于出露状态，具有明显的水陆交错带的生态系统特征，也是最容易受到外界干扰的湿地生态系统。河流湿地处于水陆交错地带，至少定期或不定期受到洪水泛滥的区域，有较高的水位和独特的植被、土壤特性，水文因子是河流湿地的主要特征。河流湿地地貌形态、生物群落分布、发育演潜都与水文情势有着直接密切的关系，河流湿地的变化过程，伴随着以流水作用为主的侵蚀、搬运和沉积过程，并随着水位、河势的改变，都会产生新的侵蚀和沉积，所以河流湿地是动态变化的，这也是区别于其他湿地的特征之一。河流地形地貌的发育和形成与水流的冲淤变化规律关系密切，河流湿地的成因是冲淤变化而形成的，同时，也因冲淤变化发生演潜，特别是洪水的协迫，使河流改道、滩岸侵蚀、产生大量泥沙，覆盖滩面，甚至使湿地系统遭到破坏。河流湿地恢复的过程就是消除导致湿地退化或丧失的威胁因素，从而通过有效控制土壤侵蚀，防止水土流失，减少河流泥沙淤积，是河流湿地保护与恢复的一项最主要的措施。

（2）水土流失危害及影响

近些年松花江哈尔滨滩涂，基本处于稳定状态，主要原因是1998—2013年，松花江没有发生大洪水，但在此期间，大顶子山航电枢纽工程建成，提高了松花江常水位，产生新的土岸再造；部分区段建设了河道工程，相应改变了高水位的河势，形成新的冲淤变化，本次发生洪水证明了这种变化，如金河湾所处河段从四环桥至阳明滩大桥，左右岸、上下游、三岛一湖、泄洪渠都是1998年以后新建的、河势改动较大，特别是四环桥，建成于2004年9月，此处两岸堤距4.95 km。大桥全长2108 m，由南汊1268 m主桥、北汊840 m副桥与中部路堤组成，北汊水流过桥后，直接顶冲金河湾并形成90°急转弯，绕金河湾流向北叉浅洪渠，今年是建桥后第一次通过大洪水，根据二水源断面实测水位，南汊与水文站水位相差0.6 m，北汊与水文站水位相差1.0～1.2 m，并且流速也发生变化，造成四环桥下游河势改变，发生新的冲淤变化，使常水位情况下较稳定的滩涂岸线，产生明显的水土流失。据监测，沿金河湾岸线河道下滚动下切最深处达14 m，水平侵失岸线近20 m，仅在金河湾下游就淤积成一处面积达10万 m² 新沙滩，大量的水土流失，是造成金河湾生态系统、基础设施工程水毁的主要原因。

3. 教训与启示

（1）湿地系统决定生态环境的稳定

湿地生态恢复主要包括生态环境、生物与景观三个方面，湿地恢复的关键是要除去干扰因子，创造良好的生态环境条件，湿地生态环境即指湿地生物所生活栖居的生态环境，包括水分、土壤、地形等生态因子，而河流湿地区别于其他湿地最主要的是水文因子，具有强烈的异质性。例如，年内丰水期和枯水期，水位变幅大，而且年际间也不相同，所以河流湿地又是地球上最脆弱的生态系统之一。

（2）水土流失防治是河流湿地修复的一项关键措施

松花江哈尔滨市区段滩涂资源由于受自然演变和人为活动的干扰，一直处于动态变化之中。松花江含沙量不大，多年平均输沙量为665万 t，但年度间和年内丰、枯季节输沙率的变化较大，特别是伴随着以洪水作用为主的侵蚀和淤泥积。直接影响滩地的发育和演变，同时，任何江道工程改变，必然带来河势改变，也会带来新的冲淤变化，从金河湾的实践中我们可以深刻得到教训，江河发生洪水是一种自然过程，是无法回避的，河流湿地的保护与修复应顺应这种规律的变化，采取必要的生物、生态及工程措施，防治水土流失，提高河流湿地生态系统地表基底的稳定性。其主要包括滩岛的岛头，湾曲河道的凹岸及洪水过流直接顶冲的滩岸的防护，维持和构造稳定的湿地生态环境条件，才能实现湿地的目标和可持续性。为此，水土流失防治是河流湿地修复一项关键措施，也是金河湾讯后恢复的一项主要任务。

第七节　水土流失防治机制问题探讨

水土资源是人类赖以生存的基础性自然资源和战略性经济资源，也是生态环境的控制性要素。我国是世界上生态系统退化和水土流失最为严重的国家之一。水土流失防治是国土整治、江河治理的根本，是维护、重建和改善生态环境、保障生态安全、促进社会经济尤其是农村社会经济发展的战略之一，是构建和谐社会、改善人居环境、定向生态文明的举措，是我国在可持续发展总体框架下长期坚持的一项基本国策。在水土流失的防治实践中，我国逐步构建了水土流失综合防治政策体系。在国家体系框架下，各地域由于自然禀赋、经济结构、社会和人文地理、人力资源等不同而存在区域差异。"十八大"以来，生态文明建设成为特色社会主义"五位一体"总体布局的内在要求，水土保持生态建设迎来发展机遇的同时也面临新形势、新任务和新要求。2015年经国务院正式批复同意的"自上而下"和"自下而上"相结合编制完成的《全国水土保持规划（2015—2030年）》是我国水土流失防治进程中的一个重要里程碑。借此，遵循该规划"以人为本、人与自然和谐相处，整体部署、统筹兼顾，分区防治、合理布局，突出重点、分步实施，制度创新、加强监管，科技支撑、注重效益"的基本原则，本节试图在历史回顾与经验总结的基础上，探究水土流失防治机制创新，旨在探索有效提升区域环境容量和扩展区域生态空间、促进生态文明建设的治理方略。

一、水土流失防治机制的概述

1. 水土流失机制的基本演进

（1）防治功能的演进

1）实施阶段要注意的几点

实施过程中，还要做到三个注意点。一是把握好时间节点。新项目在双方洽谈到合同签订必须预留半个月的交易时间，老项目在原合同到期前一个月必须开始着手准备资料。如为续租项目，报名管理、竞价过程可以省略。二是必须准备全交易资料。三是执行好交易要求。村集体房屋类交易以使用权交易为主，对于房屋所有权的交易暂时不进入平台交易；土地流转项目必须符合国家的有关法律法规和环境保护、农业产业发展规划、城乡一体化建设规划等政策规定。不得改变土地的所有权性质和农业用途，涉及流转用地建房等，必须取得镇土管、建设部门的书面批复；农业养殖水面经营权项目，必须与前承包人处理好遗留问题；农村产权交易保证金仅指投标保证金，一般为交易金额的10%，涉及土地流转的保证金一般为一年的流转费，500 亩以上的土地保证金一般为半年的流转费。合同履行过程中所需受让方缴纳的押金、复垦保证金等，以合同约定为准。

从 2016 年开始，栟茶镇通过产权交易平台共计交易 18 件，累计完成交易总额叁仟伍佰多万元，2016 年完成了 2000 多万元的交易额，超额完成了全年县下任务。通过交易在村原发包价的基础上为村多增加收入 50 多万元，保证了集体资产资源的保值增值。近一年的工作实践，该镇在这一工作管理上完全走上了正规渠道，对村集体资产资源的维护和对群众权益的维护，起到了有效的保护和促进作用，对干群关系的改善也起到了很大的推动作用。

城乡建设发展的实际需求，本着完善自身的理念，借鉴国外如美国、日本、澳大利亚、印度、奥地利等的经验，我国逐步构建了管制性与激励诱致性协同的水土流失防治政策体系框架。历史变迁中，大约经历了如下几个阶段——中华人民共和国成立后至 20 世纪 70 年代，在合作化运动背景下探索水土流失治理方略，主要依靠集体以支毛沟为治理单位开展示范与推广。20 世纪 70 年代末至 20 世纪 90 年代，在家庭联产承包责任制背景下，主要以小流域为单元开展综合治理与重点治理，推进责任制创新。20 世纪 90 年代初至 20 世纪 90 年代末，在建立社会主义市场经济体制背景下，依据相继颁布和实施的《中华人民共和国水土保持法》及相应的实施条例、规划纲要等法律、法规及相关文件，依法开展以小流域为单元、预防为主的防治工作。20 世纪 90 年代末，我国调整了水土流失治理和生态建设方略，于 1997 年决策"治理水土流失、改善生态环境、建设秀美山川"，同年国际上通过了《京都议定书》；1998 年后，国务院先后批准实施了《全国生态环境建设规划》《全国生态环境保护纲要》等，对 21 世纪初期的水土保持生态建设做出了全面部署，并将水土保持生态建设确立为 21 世纪经济和社会发展的一项重要的基础工程以及我国实施可持续发展战略和西部大开发战略的根本举措。自此，在生态环境建设与农村经济体制改革背景下，实施水土保持生态修复项目逐步纳入国家基本建设程序管理，我国进入以重点区域为单元的全面生态建设与生态修复阶段。

2）水土流失防治管理体制与协调机制的演进

中华人民共和国成立以来，为建立和完善结构科学、人员精干、灵活高效的党村义务工和劳动积累工，一定程度上代之而行的是被中央当作典型推广全国的安徽巢湖地区开创的"一事一议"制度，但没有彻底改变传统的思维"路径依赖"。面对生态修复与生态建设的无限需求，我国水土流失防治与生态安全防治政策专题组（以下简称"政策专题组"）建议参考黄土高原水土保持项目模式，建立健全以政府投入与社会资本为主、政府财政担保国际贷款（包括世界银行、亚洲开发银行等国际金融组织）、科学"一事一议"并有效引导农民投资投劳的投入机制。

机制从功能上可分为激励机制、制约机制和保障机制。水土流失防治激励机制是水土流失防治主体（政府、水土保持主管部门、企业、公众等）将远大愿景转化为具体事实的连接手段，是在水土流失防治组织系统中，激励防治主体系统运用多种激励手段并使之规范化和相对固定化，与激励客体（管理人员、企业、公众等）相互作用、相互制约的结构、方式、关系及演变规律的总和。水土流失防治制约机制是运用民主与法制的手段，通过有效的途径，对权力使用者的特定限制和约束，以保证水土流失防治管理活动有序化、规范化的一种机制。水土保持保障机制是为水土流失防治管理活动提供物质和精神条件的机制。

（2）激励机制的演进

中华人民共和国成立以来，逐渐建立形成了水土流失防治措施体系，相对稀缺的是最大化水土流失治理主体（包括政府、集体组织、居民、农户等），承诺将防治目标、愿景转化为具体事实的特定方法与管理体系。相关经验主要体现在治理责任制变革方面。

改革开放前，土地集体所有、集体经营，产权激励机制基本上处于空白状态。改革开放后农村联产承包责任制的推行促进了"户包治理"小流域。"户包治理"存在的资金、技术与劳动力等生产要素的局限性促进了"联户承包"治理责任制的产生和"水保"专业队的出现以及二者的蓬勃发展，同期产生或出现的有集体开发、租赁、拍卖（使用权）、股份合作等责任制形式。20世纪90年代初期，随着市场经济体制的逐步建立与发展，"四荒"拍卖一定程度上有助于农村剩余劳动力的就业与创收，提高了公众治理水土流失的积极性，推动了规模化和集约化经营的发展进程，开拓了水土保持商业化运营的新机制。

在"户包治理""联户承包"、股份合作和"四荒"拍卖等治理责任制的改革与演进中，形成并渗透其中的有物质薪酬激励、荣誉与升迁激励、专利激励、产权激励、成本最小化和效率优先的市场交易激励机制等。

（3）制约机制的演进

中华人民共和国成立后，尤其是20世纪90年代以来，在不断的摸索实践中，逐步形成了组织、技术和法律法规等方面对水土流失进行防治的制约机制。依据《水土保持法》（1991年）、《水土保持法实施条例》（1993年）等法律法规，逐渐建立和形成了水土保持的三项基本制约制度——水土保持方案报告制度、水土流失"两费"收缴使用和管理制度、水土保持监督检查制度，总体上形成了以"一方案"（经水行政主管部门同意的水土保持方案）、"三权"（审批权、收费权和监督权）、"三同时"和"两费"等为表现形式和鲜明特征的水土流失人为原因和生态环境破坏行为制约机制。

（4）保障机制的演进

1）水土保持生态补偿机制的演进

经济学的相关理论认为，在产权不明晰或（和）缺乏产权主体的情况下，人类的经济活动将会产生经济的外部性，从而导致经济活动中的私人成本与社会收益的不一致。我国大约20世纪80年代兴起了对生态补偿的研究，1998年以建立森林生态补偿基金的规定为始进入实践操作层面。在水土保持生态补偿方面，相关的重大政策可以追溯到国务院令〔1993〕第120号《水土保持法实施条例》《国务院关于加强水土保持工作的通知》（国发〔1993〕5号），其中条款中涉及的"两费"在一定意义上属于生态补偿的范畴，条款中涉及的"水费、电费提取"反映了"谁受益，谁补偿"的生态补偿思想。1993年之后国家的一系列政策规定中都强调按照"谁开发，谁保护，谁受益，谁补偿"的原则建立生态补偿机制。2014年，《水土保持补偿费征收使用管理办法》正式出台。迄今，生态补偿已经成为我国涉及生态建设和环境治理的一个全局性问题，但尚无科学的补偿标准和制度安排，生态补偿制度尚未真正完备地建立起来。与拥有雄厚的经济实力、重在生态补偿金有效配置以获得最优投入产出的欧洲、北美等发达地区不同，我国生态补偿的研究多聚焦在补偿资金的筹集方式和相关政策的制定上，实施的重点领域是林业和矿产资源，主要形式是财政转移支付。多数省（自治区、直辖市）根据相关法律、法律、实施条例和文件精神实施水土保持补偿费征收使用管理，初步建立了水土保持补偿制度。

2）科教支持体系的演进

习近平总书记曾说，"意识形态工作是党的一项极端重要的工作"。中华人民共和国成立后，1955年全国第一次水土保持会议明确水土保持工作要进行宣传教育。20世纪80年代，《水土保持工作条例》（1982年）发布施行，宣传成为水土保持工作机构的任务之一，宣传队伍不断扩大，宣传的内容涵盖了水土流失的危害与治理效益、水土保持工作的重要性和紧迫性、水土保持原理和科学技术等，宣传方式包括报刊、广播影视、艺演展览、报告讲座、教本画廊等。20世纪90年代，编制了"水土保持与城镇安危""长江的水土流失"等电视专题，编写了大量的宣传标语口号。1991年以后水土保持宣传教育工作主要围绕颁布的《水土保持法》等法律、法规开展，水利部联合相关部门开展《水土保持法》宣传周、宣传月和宣传日活动，实施普法计划。21世纪以来，水土保持的国际交流与合作扩大了我国水土保持工作在国内外的影响，全国继续开展大规模的水土保持法律、法规及相关文件精神宣传活动。"十二五"期间，水土保持宣传教育工作机制有效建立，各地重视程度持续提高，宣传教育平台多样、宣传重点突出，宣传教育领域不断拓宽，宣教方式与作品不断创新，为水土保持事业全面发展创造了良好的舆论环境。

经济建设是我国在国内外大势没有发生根本变化的情境下的中心工作。在国民经济和社会发展中，"科学技术是生产力"是马克思主义的基本原理。中华人民共和国成立以后，特别是改革开放以来，水土保持科学研究和技术推广工作日益发展，水土保持科学技术人才层出不穷，为水土保持生态建设提供了人力资本支撑，以"3S"为代表的现代信息管理技术取得突破并得到广泛应用，初步形成了水土保持基础理论体系、综合治理技术体系、科研观测体系和技术标准体系。

3）法律法规体系的演进

市场和法治可谓现代文明的两大基石。2014年十八届四中全会指出："社会主义市场经济本质上是法治经济……"中华人民共和国成立后，在大规模的水土流失防治工作中，国家制定了一系列水土保持法律、法规及法规性文件，规章及规范性文件——1957年国务院发布了《水土保持暂行纲要》；1982年发布了《水土保持工作条例》；1988年国家计划委员会（现为国家发展和改革委员会）、水利部制定发布了《开发建设晋陕蒙接壤地区水土保持规定》；1991年全国人民代表大会常务委员会颁布了《水土保持法》；1993年国务院水行政主管部门发布了《水土保持实施条例》；1995 年水利部颁布了《开发建设项目水土保持审批管理规定》；等等，初步形成了一套"自上而下"的水土保持法律、法规体系，一定程度上发挥了各个特定历史时期的水土流失法治作用，并在顺应社会经济发展过程中加以修订与完善。

4）水土流失防治模式的演进

20 世纪 50 年代的中国强调大局，依靠国家投入资金引导培养典型，为集体水土流失治理提供示范，主旨在于减少水土流失对大江大河的负面影响；20 世纪 60—70 年代，以建设基本农田为切入点，旨在化解粮食短缺问题。20 世纪 80 年代初，"依靠千家万户，治理千沟万壑"，践行与推广"户包小流域"治理，强调"四荒"的公开分配与开发利用。当时，一些农民企业家开创了旨在改善社区发展环境的治理模式。随着市场经济体制的改革，水土流失治理纳入区域化布局、规模化治理、集约化经营的轨道，在实践中形成了改善生态环境与建设主导产业、开发资源发展区域经济、促进脱贫致富相结合以及向大农业、非农产业、市场延伸的经验。

2. 尚须解决的一些机制问题

水土流失防治机制在实践与改革中得以不断改进，各地区由于自然地理、人文情境禀赋不同，防治情况存在差异，但存在一些共性问题。

（1）配套统计问题

水土流失治理面积等统计信息是水土保持工作的信号和消息，发挥着国民经济行业宏观调控和地区规划与发展的监测、决策或咨询的参考作用。现实中宏微观数据如水土流失治理面积数据存在失真、不协同等问题，导致基于数据的统计与计量分析可能无法科学有效地揭示或挖掘潜在的真正规律。

（2）管理体制与协调机制问题

协调机制缺位是我国水土流失防治的突出问题之一，表现在政府各相关部门间协调合作成本尚有很大的消减直至归零的空间，并且在水土流失防治工作的诸关系上缺乏统筹把握。

（3）水土保持生态补偿投入机制问题

伴随全球生态环境危机意识和可持续发展观的提升，我国对生态补偿的研究和实践不断深入，生态补偿相关的机制有生态修复补偿机制和生态建设补偿机制，前者包括实行"谁破坏谁补偿"、自行补偿和委托补偿、等量补偿和加倍补偿、治理补偿等；后者包括实行"共享共建"、以上级财政转移支付为主要途径补偿、合理确定补偿、"飞地补偿"等。具体政策实践中生态环境服务付费主要涉及以森林生态系统服务为核心的生态服务付费、农业相关生态服务付费、流域生态环境服务付费，与矿产资源开发相关的生态补偿制度等。但是，即便是多年实践并取得一定成效的"退耕还林"，在执行过程中尚存在"生态目标不到位"和"给农民的补偿不到位"的问题。建立和完善生态补偿机制是一项复杂的系统工程，真正的生态补偿机制的建立是一种远比想象深刻的社会利益大调整和制度创新，尚有许多方面需要生态机制，尚有诸多问题亟待进一步科学探究。在水土资源环境管理层面，国内学者在水土保持生态补偿理论和补偿主体、客体、标准、途径、方式等机制构成要素方面进行了诸多探讨，但尚存在补偿主体和客体不明晰、补偿标准难定量、区际补偿难落实、生态税费制度不健全、长效补偿机制未建立等问题。

（4）市场机制运作问题

发展社会主义市场经济，必须充分发挥市场机制的形成市场价格、优化资源配置、平衡供求关系、激励效率提高、实现经济利益、评价经济效益等功能。但市场机制的作用发挥与正常运行要求有规范的市场主体、完善的市场体系、规范的市场运行规则以及有效的宏观调控体系。2015年福建省创新组建了福建省水土保持生态建设有限公司（简称"省水保公司"），以推进水土流失治理企业化运作。运作探索中，发现存在土地产权交易成本、地方"惯性依赖"等问题，工程建设不具备核心竞争力、生产产品缺乏竞争力且难以一体化经营、企业发展受制于成本压力，政府回购、公共私营合作（Public Private Partnership，PPP）、合同能源管理（Energy Management Contracting，EMC）等新模式在实施与推广中存在法律和程序上的"空白"。

3. 健全与完善水土流失防治机制的建议

（1）加强和提升数据服务决策的能力建设

在大数据时代，为提高相关关系研究结论具有可靠、有效的决策力，洞察发现力和流程优化能力，需要建立健全大量、高速、多样、低价值密度、真实的信息资产。我国幅员辽阔，区域自然环境与人文理念不一，水土流失时空分布具有随机不确定性，对水土保持监测工作形成挑战。为此，建议充分开发与运用水土保持现代科技如"3S"技术，建立健全监测系统和机制，完备信息数据库，加强和提升水土保持生态建设与科学决策能力。

（2）法制强化和保障防治工作的管理与协调

管理的本质不是管理本身，而是协调，是提高效率和效益的手段与过程。其手段包括强制（如政权），双方意愿交换，物质性和非物质性惩罚、激励、沟通与说服等。《水土保持法》明确了水土保持管理权限和管理职能。国务院及各级政府水行政主管部门在水土流失防治组织运行规则如章程及制度等的确定、人员配置及职责划分与确定、防治目标的设立与分解、防治的组织与实施、监督与协调、效果评价、总结与处理等方面发挥了职能作用。但水土流失防治工作还涉及林业、农业等行政主管部门，协调不畅的情境下容易导致规划不一、资源浪费、扭曲配置等。在市场化程度不断提升和深化的情境下，管理的主体更可以是国家、政府、企业或非正式组织等。"社会办水保"更要求协调职能的有效与高效。由此，参考与比较历史上或现实中成立"国务院水土保持委员会""全国水土保持工作协调小组""全国生态环境建设部际联席会议"的优劣势，建议建立"主管部门一家管，主管部门、协同管理部门、其他有关部门共治，高层协调"的管理体制。体制决定机制，机制决定活力。体制效用的发挥应藉以严明的法制。为此，应在自然资源与环境保护部门法系中，比较、鉴别与修正《水土保持法》《森林法》《农业法》《水法》《环境保护法》《矿产资源法》等规范性文件中涉及多部门业务却绝对独立固封、有失协整的内容，从法制上先强化和保障防治工作的管理与协调。

（3）建立健全依据科学、行之有效的水土保持生态补偿机制

为建立健全水土保持生态补偿机制，不失生态补偿的一般性，需要探索加快建立水土资源环境价值评价体系、生态环境保护标准体系，建立水土资源和生态环境统计监测指标体系以及"绿色GDP"核算体系，明确水土资源耗减、环境损失的估价方法和单位产值的能源消耗、水土资源消耗、"三废"排放总量等统计指标，科学量化评价水土资源和生态环境价值，显现生态补偿机制的经济性。同时，应提高水土保持生态恢复和建设的技术创新能力，大力开发、利用水土保持生态建设以环境保护高新技术，为水土保持生态修复和建设提供技术支撑。

（4）法治保障市场机制的高效运行

在水土流失防治中，尤其是在计划经济时代，我国习惯于管制性的治理工具，志愿性治理工具应用较少。伴随1992年起不断深入的市场经济体制改革，市场机制在水土保持工作中不断渗透与弥漫，为水土流失防治注入活力、效率和效益。总体上，财政政策工具应用较多，市场性工具应用不足，技术治理主要是应用生态学原理进行受损生态系统修复，主要包括林草复合治理、地表植被覆盖、典型流域综合治理等模式。建议加强产权经济建设，综合运用各种治理工具，特别是要发挥契约治理工具、信息治理工具、市场和志愿工具等柔性

化的治理工具。另外，市场经济本质上是法治经济、产权经济，水土流失防治具有公益、长期、综合等特性，存在市场失灵的倾向，建议秉承宏观调控与微观自主、综合预防与整治相兼的策略，法律、法规、制度化防治水土流失，生物和农业技术等多类措施，建设水土保持生态文明。

二、工程弃渣用作植物生长基质的研究

工程弃渣是指施工过程中所产生的固体废弃物，根据施工对象的不同，其组成也不同。广义上的工程弃渣分为两类，一类是指当施工对象为建筑物、道路、桥梁等人造物体时，所产生的落地灰、石灰、砂石、碎砖头、混凝土块（包括混凝土熟料散落物）、废钢筋、铁丝、木材、塑料、沥青块、玻璃、陶瓷等混合物；另一类是指当施工对象为山体、河道、植被等自然物体时，所产生的石块、土壤和植物残体等混合物。本节所讲述的工程弃渣为自然物体产生的工程弃渣。

据估算，修建山区高速公路每 1 km 弃渣量可高达 3.4 万 m³，在英国，每年处理的工程弃渣量要达到 40 ～ 50 万 t。尽管工程弃渣的再利用已经在建筑行业得到认可，但对其再利用成本、质量、数量以及是否适合作为建筑材料都没有深入研究，从而限制了工程弃渣的利用。只有小部分工程弃渣被现场利用，如景观、便利设施、填筑路堤等，大部分工程弃渣被运往垃圾填埋场或弃渣场堆置，引发滑坡、泥石流等水土流失问题并破坏了景观协调性，需要对工程弃渣堆实施植被恢复工程。由于弃渣场欠缺防护措施，弃渣场已经成为水土流失的重要来源和生态环境的主要新增污染点。无疑地，储存工程弃渣要付出高额的经济和社会成本，最好的办法是发现更多的工程弃渣利用方式，如填充矿井、道路工程、基础水利工程、河道堤岸等，以降低处理成本和环境危害。

工程弃渣与工程创面（岩质坡面、岩质土坡面、土质坡面等）往往相伴而生，为了保护工程主体的安全，需要对工程创面进行植被恢复，为此，要从其他地点挖取大量的自然土壤用作创面植被生长的基质，这将再次造成生态环境的破坏。

鉴于此，本节设想把工程弃渣改造为植物生长基质，用于工程创面—岩质坡面的生态恢复，这样做既可以变弃渣为资源，在减少弃渣水土流失等问题的同时，解决工程创面的生态恢复问题，还可以降低治理投入，避免二次环境破坏。工程弃渣是经过人为扰动的不成熟土壤，渣多土少、粗骨松散、稳定性差，而且缺乏养分，持水性能差，必须对其进行改造，以适应植物生长。为此，本节开展了工程弃渣与自然土壤的配比生长实验，以确定适合植物生长的工程弃

渣与表土体积配比，为工程弃渣用于岩质坡面生态恢复实践提供理论依据和数据支持。

1. 实验材料与方法

实验在北京师范大学地表过程与资源生态国家重点实验室房山试验基地（39°30′～39°55′N，115°25′～116°15′E）进行。房山地处北京西南，属暖温带半湿润大陆性季风气候区。年平均气温 11.9 ℃，最冷月平均气温为 -4.7 ℃，最热月平均气温为 26.0 ℃；年平均降水量为 582.8 mm，其中 6—8 月降水量为 431.9 mm，占全年降水量的 74%；年平均相对湿度 61%，年平均蒸发量为 1635.3 mm。

2. 实验设计

实验于 2010 年 5 月—2010 年 11 月进行。将取自吉林蛟河、北京房山、内蒙古赤峰、河北徐水四地的工程弃渣按照粒径分为 2 mm ～ 1 cm 的工程弃渣和 <2 mm 的工程弃渣两种类型，分别和四地的自然土壤按照 11 种不同体积配比混合装盆，三次重复，每个盆中均匀撒播 30 粒高羊茅种子，并用遮阳网遮盖，定期浇水，种子发芽长到一定高度，撤去遮阳网，停止人为浇水（极端干旱除外）。限于篇幅，本节只分析粒径 < 2 mm 的自然土壤和工程弃渣不同体积配比的理化性质变化和对植物生长的影响。

3. 观测项目

①养分含量：测量两次，分别是播种前和收获后。全氮采用半微量开氏法；有效磷采用化学浸提方法；有机质采用重铬酸钾容量法——外加热法。

② pH 酸碱度按《森林土壤 pH 值的测定》（LY/T 1239—1999）测定。

③三相：测量两次，分别是播种前和收获后。取样前，各盆浇水至盆底有水渗出，2 ～ 3 d 后，用容积为 100 cm³ 的环刀取样，在三相仪中测量其三相。收获后，直接用容积为 100 cm³ 的环刀取样，用三相仪测其三相，比较前后两次三相数据。

④吸水性：用环刀取风干土样，下垫滤纸，放在瓷盘中的玻璃皿上，注水，水位略低于培养皿，滤纸浸入水中，每隔 20 min 称重，1 h 后，每隔 2 h 称重，直到第 8 h，停止称重。待到第 3 天，称重，此时含水量为最大含水量。

⑤持水性：吸水至饱和土样，即可进行持水实验，连续数天（10 ～ 12 d）每天定时称重，直到重量不再变化，用前一天重量减去当天称取的重量数，计算当天各配方土中水分的蒸发量。

⑥土壤水分常数：田间持水量采用的是吸水饱和土样，经 2～3 d 后，测其含水量，即得田间持水量；凋萎持水量用高锰酸钾法测定最大吸湿水，乘以系数 1.5～2.0 或 1.34，即得凋萎持水量的近似值。

⑦植物生长状况：发芽率是在播种 15d 后，开始统计发芽数，计算发芽数占撒播种子数的百分率；保存率是指收获时，测定在不同配方土壤上生长的草的数目，与总的播种数之比即为保存率；株高是指收获时，重复选取有代表性的植株 5 株，用钢尺进行株高测定，求平均值；生物量指收获时，将每种配比的植株全部收获，用水冲洗干净放在通风处将植株表面的水分吹干，测其鲜重，计算平均值；将茎、叶、根系在 105 ℃杀青 30 min，然后在 70 ℃下烘干至恒重后称其干重，计算平均值。

4. 结果与分析

（1）不同自然土壤和工程弃渣体积配比对土壤机械组成的影响

土壤机械组成是指组成土壤的颗粒大小及各种大小的颗粒在土壤中的质量百分比含量，不同直径的土壤颗粒有着不同的理化特性，确定土壤的机械组成对于评价土壤十分重要。在这里，引入机械组成的概念对植物生长基质进行评价，但为了在实际工程中使用方便，用体积百分含量替代质量百分含量。

根据我国土壤颗粒分级标准，粒径为 3 mm～1 cm 的颗粒为粗砾，1～3 mm 的颗粒为细砾，0.25～1 mm 的颗粒为粗砂粒，<0.25 mm 的颗粒为细砂粒、粉粒和黏粒。土壤不同粒径颗粒对土壤团粒结构的形成和保水保肥的贡献不同，黏粒的减少抑制了土壤的膨胀、可塑性及离子交换等物理性质。

（2）不同自然土壤和工程弃渣体积配比对三相的影响

该影响的变化决定了土壤结构的差异，进而影响土壤功能。

工程弃渣在与自然土壤混合后的固、液、气三相普遍表现为一种规律性，即液相随着工程弃渣比例的降低，呈上升趋势。土壤结构的功能特点都是依赖于孔隙，含水量较低时，上升趋势缓和，含水量较高时基质在三维空间的连通、扭曲和异质性，三相比上升趋势显著。固相与气相呈轴对称变化，但固相的变化不及液相变化明显。

各地工程弃渣与自然土壤机械组成差异较大的，混合后机械组成变化明显，如赤峰、细砾和粗砂粒比例呈下降趋势，而细砂粒、粉粒和黏粒比例呈上升趋势，蛟河工程弃渣与表土混合后，细砾变化不明显，粗砂粒比例呈上升趋势，而细砂粒、粉粒和黏粒呈下降趋势；工程弃渣与自然土壤机械组成相近的，混合后机械组成变化不大。显然，人为调节工程弃渣机械组成是可行的，工程弃渣与自然土壤混合后，粉沙和黏粒的含量呈明显上升趋势，这对改善植物生长基质的结构和质地，有效增加养分含量具有重要的作用。但这种调节是被动的，受自然土壤机械组成影响巨大，不能够完全按照人们的意志去实现理想的机械组成。

变化与工程弃渣比例没有明显关系。在工程弃渣体积比例处于 30% ～ 60% 范围时，固相、液相和气相比率与自然土壤的三相分布接近，即固相部分约占总体积的 1/2，液相和气相各占 1/4 左右。

种植前由松散的自然土壤和工程弃渣混合而成的植物生长基质，因为浇水而发生沉降，颗粒间的结合变得紧密，固相率普遍较高，平均为 60%；种植后，浇水和降雨使植物生长基质颗粒变得紧密，而植物根系能把粘重的植物生长基质分割成小的颗粒，也能把分散的颗粒粘结成团粒结构，同时促进有机质和腐殖质的积聚形成土壤胶体，综合作用下，固相比率比种植前有所降低，且各配比植物生长基质间的差异缩小。

（3）不同自然土壤和工程弃渣体积配比对 pH 酸碱度的影响

土壤 pH 值是土壤的一个重要属性，是土壤在其形成过程中受生物、气候、地质、水文等因素综合作用所产生的重要属性。四地工程弃渣除蛟河属于碱性外（7.5 ～ 8.5），赤峰、房山、徐水三地的工程弃渣的 pH 酸碱度均属强碱性（>8.5），而四地自然土壤 pH 酸碱度中，房山最大为强碱性（>8.5），赤峰和徐水为碱性（7.5 ～ 8.5），蛟河最小为酸性（5.5 ～ 6.5）。这与四地的岩性、风化强度以及降雨量有关，盐基成分含量高的岩石（如房山的石灰岩等）风化后产生氢氧离子，就使土壤偏碱性或中性；酸性成分的岩石（如蛟河的花岗岩等）发育的土壤，多呈酸性。工程弃渣的 pH 酸碱度均高于自然土壤，因此配比后，植物生长基质的 pH 酸碱度随着工程弃渣的体积比例降低而降低。

除蛟河外，赤峰、房山、徐水三地的自然土壤与工程弃渣配比植物生长基质整体上仍呈碱性。种植植物后，房山植物生长基质的 pH 酸碱度略有下降，蛟河变化不大，而赤峰和徐水植物生长基质的 pH 酸碱度却显著升高，对植物的碱性危害反而增大。分析其原因，可能是赤峰和徐水的工程弃渣在浇水、降雨、植物根系生长影响下加速风化，但北方干旱，淋溶作用微弱，致使 pH 酸碱度上升。

（4）不同自然土壤和工程弃渣体积配比对养分的影响

土壤 pH 酸碱度对微生物的活性、矿物质的有效性和有机质的分解起到重要作用，因而影响土壤养分的释放、固定和迁移等。土壤 pH 酸碱度和大部分养分元素的有效性存在较好的相关性，但土壤是一个复杂的功能体，其 pH 酸碱度对有效养分的影响因土壤条件不同而不一致。这与本实验的结果基本相符，有机质和氮、磷、钾等养分都随着植物生长基质的 pH 酸碱度升高而降低，整体呈负相关。北方高产旱作土壤的养分标准为：有机质含量一般在 15 ～ 20 g/kg 以上，全氮含量达到 1 ～ 1.5 g/kg，有效磷含量 10 mg/kg 以上，速效钾含量 150 ～ 200 mg/kg 以上，而在三地中，只有强风化的蛟河工程弃渣能够满足此标准。种植后，由于降水携带和植物生长消耗，各种养分都比种植前有所下降，尤其是有机质、全氮和有效磷的消耗比较明显。

（5）不同自然土壤和工程弃渣体积配比对土壤水分常数的影响

凋萎持水量反映了植物对干旱的最大忍受能力，凋萎持水量越小，植物抗旱能力越强，最有效的含水量是从田间持水量到凋萎持水量之间的水分。不同级配渣石组合及渣石压实均能提高渣石拦水能力，减小渗水系数，工程弃渣与自然土壤配比意味着不同粒径的颗粒进行重新组合，从而导致植物生长基质结构、养分含量和有机质含量等发生变化，影响田间水量呈增加趋势。凋萎持水量变化要比田间持水量、凋萎持水量和有效水分持水量复杂。研究表明，随着黏粒含量的增加，田间持水量与容重呈正相关，与有机质呈负相关，而徐水和蛟河凋萎持水量呈增加趋势，且两者符合对数函数关系；凋萎持水量与容重呈负相关，与有机质呈正相关。由于本实验容重越大，田间持水量和凋萎持水量越小，且两者没有单独测量黏粒的含量。

（6）不同自然土壤和工程弃渣体积配比对吸水性的影响

土壤水分常数并不能充分说明植物生长基质水分的全部情况，吸水性是一定时间内植物生长基质从外界获取水分补给量的多少，反映了植物生长基质对水分的吸纳能力，是评价植物生长基质的重要指标。植物生长所需水分及水分蒸发都需要植物生长基质从降雨中迅速获取，否则，就不能平衡水分的消耗，而导致植物生长不良、萎蔫死亡。

固定体积风干植物生长基质吸水量随吸水时间的变化曲线，吸水 1 h，2 h，3 h，4 h 和 8 h 后，四地不同自然土壤和工程弃渣配比的植物生长基质含水量可以达到田间持水量的 30%、50%、8%、90%、101% 以上。植物生长基质的含水量为田间持水量的 65% 时，植物吸水困难，生长受到阻滞，此时的含水量称为毛管破裂含水量，低于此含水量，植物生长基质处于干旱，高于此含水量，植物生长基质处于湿润。因此，大部分工程弃渣与自然土壤配比的植物生长基质要满足植物生长需要的水分，至少需要吸水时间在 2 h 以上。植物生长基质无法在短时间的降雨中获得足够的水分满足植物生长及其他消耗所需。

赤峰工程弃渣体积比例为60%，房山工程弃渣体积比例为50%，徐水工程弃渣体积比例为50%，70%，90%，蛟河工程弃渣体积比例为60%和30%时，植物生长基质可以在40～60 min内吸水达到田间持水量的50%以上，说明对于短时间的降雨，这些配比的植物生长基质可以迅速补充水分。

总体上，吸水能力随着工程弃渣体积比例的降低而升高，吸水量的峰值在工程弃渣体积为50%～70%之间时出现。四地中，以徐水的吸水速率最快，在24 h后达到最大持水量，房山次之，赤峰再次之，蛟河最慢，24 h后并没有达到最大持水量。

（7）不同自然土壤和工程弃渣体积配比对持水性的影响

持水性是反映植物生长基质抗旱保墒性能优劣的一个重要指标。赤峰和蛟河的不同自然土壤和工程弃渣体积配比的植物生长基质随着自然土壤含量的增加，其持水量降低越慢，而房山和徐水的植物生长基质持水量变化速率差别不大，这与四地的植物生长基质机械组成变化基本一致，主要是粒径＜0.25 mm的土壤颗粒影响毛管系统，从而导致毛管水变化。四地中，以蛟河不同自然土壤和工程弃渣体积配比的植物生长基质持水性最好，蒸发18d还没有到达持水量最低点，赤峰和房山次之，蒸发18 d时已经到达持水量最低点，徐水最差，在蒸发16 d时已经到达持水量最低点。

（8）不同自然土壤和工程弃渣体积配比对植物生长的影响

1）不同自然土壤和工程弃渣体积配比对种子发芽率与植株保存率的影响

植物生长基质中矿物营养元素和有机质的含量，是植物持续健康生长的根本。pH酸碱度过高或过低，不仅会直接影响植物生长，同时会使植物必需营养元素的生物有效性发生变化，从而导致植株某元素失调。工程弃渣与自然土壤的不同体积配比导致植物生长基质机械组成、三相、pH酸碱度、养分和土壤水分常数的差异，从而影响植物的生长状况。

在自然土壤与工程弃渣配比后，高羊茅的种子发芽率随着工程弃渣体积比例降低而上升，工程弃渣体积比例为70%时，种子发芽率达到峰值80%，此后直至工程弃渣体积比例降为0，种子发芽率都没有大的变化。种子发芽后，在生长过程中植株会受降雨、干旱、养分缺乏等影响而死亡，最终的植株数会与种子发芽数有很大的差别，不能真实反映植物的生长效果。因此，引入植株保存率概念，以一段时期内植株的存活状况来反映植物生长基质对植物生长的影响。除工程弃渣体积比例为100%的植物生长基质植株保存率较小外，其他处理的植物生长基质的植株保存率均在 60% ～ 80% 范围内波动。

2）不同自然土壤和工程弃渣体积配比对植物株高的影响

由实验可知，除了徐水植物株高会随着植物生长基质中不同自然土壤和工程弃渣体积比例降低而升高外，赤峰、房山和蛟河三地的植物株高变化与不同自然土壤和工程弃渣体积比例没有明显的关系。

3）不同自然土壤和工程弃渣体积配比对植物生物量的影响

在赤峰、房山、徐水和蛟河四地，植物生物量随工程弃渣体积比例降低而发生变化的趋势并不一致，赤峰植物生物量最高值出现在不同自然土壤和工程弃渣体积比例为 20% 时，在 20% ～ 70% 比例范围内，鲜重变化较小；徐水和蛟河植物生物量均表现为随不同自然土壤和工程弃渣体积比例降低而上升的趋势，徐水工程弃渣体积比例在 20% ～ 50% 范围时，鲜重小幅度增加，最后在工程弃渣体积比例为 10% 时达到峰值，蛟河工程弃渣体积比例在 30% ～ 90% 范围时，鲜重小幅度波动，后在工程弃渣体积比例为 10% 时达到峰值。不同自然土壤和工程弃渣体积比例为 20% ～ 80% 范围时，四地干重在 0.5 ～ 1.0 g 范围波动，差别不大。

本节通过对赤峰、房山、徐水和蛟河四地的工程弃渣和自然土壤进行不同体积配比生长实验，以验证改造工程弃渣为植物生长基质思路的可行性，并确定工程弃渣的适合添加体积比例。以下结论并不一定具有普适性，笔者更多地想通过这种设计和实验，为解决工程弃渣资源化利用问题提供一种参考。

①小于 2 mm 的自然土壤与工程弃渣混合后可作为植物生长基质用于工程创面生态恢复，体积比例随自然土壤和工程弃渣理化性质的不同而有所差异，工程弃渣与自然土壤的体积比例以 1：1 ～ 7：3 为宜，在这种比例下，基本能够保证植物的生长需要，同时可减少对自然土壤的使用。

②自然土壤与工程弃渣混合后三相没有表现出明显规律变化，但混合物的 pH 酸碱度、养分含量、土壤水分常数、抗旱保墒能力等指标随工程弃渣体积比例变化而规律变化。

③自然土壤与工程弃渣混合物对植物生长发育影响主要表现为种子发芽率和植株保存率随工程弃渣体积比例降低而升高，徐水株高和植物生物量均随工程弃渣体积比例降低而升高，但赤峰、房山和蛟河三地的株高和植物生物量变化与自然土壤与工程弃渣体积比例没有明显规律。

④要尽量选择风化程度较高的工程弃渣用于生态恢复，强风化工程弃渣的养分含量、pH 酸碱度及抗旱保墒能力都更适于植物生长。

⑤工程弃渣的养分含量一般比较贫乏，必须添加肥料以满足植物生长对养分的需要。

三、新疆长输管道建设过程中水土流失特点及防治措施

近年来，随着我国输气、输油等长距离建设管道步伐的加快和建设规模的不断加大，在管道建设工程中，造成的水土流失问题也日益突出。目前开发项目建设，长输管道产生的水土流失量，仅排在煤矿、铁路、公路项目之后，位列第四，长输管道建设工程引发的水土流失问题已引起社会各界的高度关注。本节针对新疆长输管道建设过程中造成的水土流失特点，探讨适宜的水土流失综合防治措施，以期对相似气候区的同类工程水土流失综合防治提供参考。

1. 管道建设水土流失特点

①管道敷设距离较长，造成的扰动面积较大，影响的作业面较长，导致因工程建设扰动的破坏较大，新增水土流失总量较大。

②水土流失成带状线形分布。项目施工过程中的建设区控制宽度一般在28 m以内，而长度少则几百千米，多则几千千米，所以其总体呈线状布置。

③建设工程的周期长。新疆面积较大，所以穿越过程中的管线距离较长，管线建设工期可能长达几年，其长时间的建设过程给水土流失的治理带来很大的难度。

④横跨区域较多，地形地貌复杂。穿越地形主要是天山北坡和吐哈盆地，地貌类型包括低山、沙漠、荒漠戈壁和农田草地。由于管道开挖扰动及回填，破坏沿线基本农田耕层土壤结构，尤其是天山北坡农田段，对周边环境产生影响；管道经过山地、沟谷和河道时，由于开挖，破坏了坡体支撑，极易引起崩塌、滑坡等重力侵蚀，新疆主要集中在果子沟山体、后沟山体及大中河流穿越段，堆积在沿线的弃土弃渣，易受暴雨洪水冲刷，淤积下游河道。

2. 管道建设防治措施

（1）水土流失治理工程措施

1）草地、耕地段防护措施

草地、耕地段防护措施主要为表土剥离、回填。管道作业带经过的农地一般位于河流冲洪积平原，该区土层相对较薄，风沙较大，为保护表土资源，管道施工前应将农地及平原草地沟槽开挖范围及施工机械扰动区表层熟土剥离，剥离的表层熟土集中堆置在管道作业带开挖土体的外侧，采用彩条布苫盖。管

道敷设结束后回填管沟开挖土体，管沟上方及施工机械扰动区回填表土复垦。

2）沙漠段防护措施

沙漠为干旱区典型地貌特征，防治措施主要为草方格沙障固沙。风力侵蚀是沙化严重地段最主要的侵蚀方式，也是干旱、半干旱区气候条件下所特有的一种侵蚀方式，风蚀以春季和夏初最为强烈。新疆干旱区，北疆沿线均属风力侵蚀区，区内流动沙丘和半固定沙丘主要采取草方格沙障固沙，增加管线地表粗糙度，形成风蚀基准面，削减风速、阻挡蠕动沙粒，减缓或阻止沙丘移动。

①沙障类型选择。根据沙垄高度、沙丘移动方向、主风向、管道敷设位置等条件，沙障有高立式、低立式两种型式。本方案选择低立式沙障，采用较软的柴草或芦苇，露出地面 0.2～0.3 m，埋入地下 0.1～0.2 m（管道范围内埋深 0.3 m、0.35 m）。

②沙障平面配置。根据主风向、沙丘形态、管道防护要求，在管沟表面以及管道两侧布置低立式沙障。由于风向与管道方向垂直，沙障应呈行、带状布设，并与风向垂直。配置形式采取方格形式，以适应沙垄上气流性质变化，方格尺寸为 1 m×4 m。

③沙障施工。先由人工用平锹在埋草的部位挖沟，再由人工将草把均匀排列在沟内，开始进行埋草把、草把基部培沙的埋植方式。人工开挖回填沟槽深为 30 cm，沟上口宽平均为 30 cm，下底宽 10 cm。

3）荒漠戈壁防护措施

荒漠戈壁防护措施主要为土地整治及砾石压盖。管道施工结束后对管道作业带占地除工程措施及永久占地外均进行土地整治，对在生产建设过程中因挖损、塌陷、压占等造成破坏的土地进行整治，使其恢复到可利用状态。当管道通过戈壁区时，管道施工建设将使表层砾幕地表遭到破坏，降低表层抗风蚀能力，加剧管道沿线地表风蚀沙化。在平原戈壁区设的管道，在施工结束后，为防止风蚀，管道作业带应进行砾石铺压，管沟开挖过程中，将表面砾石或管沟开挖出的砾石另行堆置，作为铺压材料，或通过筛分管道开挖方获取，砾石均匀覆盖在作业带上，铺压厚度 6 cm。

4）低山丘陵区防护措施

低山丘陵区管沟开挖工程量较大，产生的土石方动迁较大，将会产生大量弃渣土石方，所采取的主要措施为弃渣处理。

弃渣沿线处理施工要求，管道工程施工线路较长，工程在施工后期应做好沿线分散堆渣的处理，沿线堆渣可利用附近洼地或废弃料场填坑，填渣过程中仍需注意保护沿线地表，沿施工作业带或伴行道路行驶，禁止新占压道路和破坏地表植被，运渣前需对运渣车辆防尘网压盖，弃渣填坑需保证表面平整，禁止零散堆放成土堆，在大风天气下造成新的风蚀。

山体段爆破的石方有可能产生弃渣，局部有大的沟谷和山包，开挖时会产生弃渣，部分穿越段会产生少量弃渣，沿山体或坡面堆渣的需要保证渣体修整成指定坡面与挡渣墙平顺连接，渣体表面尽量铺填粗颗粒弃渣，以减少大风天气对渣体的风蚀，渣体规整后，周边采用干砌石衬砌。

对平原区和缓坡区产生的大块石弃渣，集中规整成矩形体，渣堆之间间距不小于 500 m，渣体周围选取干砌石进行衬砌。干砌片石护坡高可低于整平后的渣堆高度，片石厚约 20 cm，分 1.2 层堆砌，边坡比为 1∶1，干砌块石粒径为 300 cm，干砌材料可就地取材；施工前应当将堆渣表面修筑整平，使坡面自然稳定，再进行干砌石堆砌防护；干砌石护坡高度 1.5 m，现场堆渣视实际地形情况调整。

（2）水土保持防治植物措施

1）植树造林

苗木选择：苗木是绿化的基础，苗木质量好坏直接影响造林质量高低和造林计划的落实情况，绿化和防护林所用苗木要严格按苗木规格标准起苗，要起壮苗、好苗，防止弱苗、劣苗、病苗混入。苗木选择当地适生的树苗，起苗后应尽快栽植，不能及时栽植的，要进行假植，以防苗木根部过分失水而死亡。

造林设计：在农田或林地的管道作业带中心线两侧各 5 m 范围外进行补植，以减轻管道施工对环境的破坏，其中新疆杨株距 3 m，胸径 5 cm、8 cm，整地规格 90 cm×50 cm（挖坑直径 × 坑深）；柽柳、柠条，株距 1 m，白榆、沙枣，株距 3 m，行距 3 m。

苗木栽植：苗木种植时间一般为春、秋季节，以阴而无风天气最佳，种前先检查树穴，如有塌落的坑穴应适当清理。在植苗造林时要求根系舒展，深浅要适当，根系与土壤要紧密结合。采用"一提（苗）二踩三覆土"的栽植方法。

2）撒播种草

草种选择：撒播种草一是根据工程建设区自然特点，在措施的布设上，遵循因地制宜、适地适草的原则，草种的选择尽量以乡土草种为主；二是林草措施的设置以防治水土为前提，结合绿化美化需要，与周边现有植物种类相协调，使之达到既保持水土，又美化环境的目的。植物种类选择遵循以下原则：选择保水固土能力强、耐干旱、根系发达的草种；选择容易种植和管理、抵抗病虫能力强的草种；草种具有良好的景观效果，与周围的植被和景观相协调，主要是与周边植被特征相似的草种。

种草设计：根据地貌特征和海拔高度，选择不同的适生草种。栽植方式主要为混播，草籽采取对半混合。整地采用全面整地，撒播草籽前，先把地面耙平，均匀撒播，撒播的质量为 8020 kg/km²，根据种子的要求而定。

撒播施工：根据各段地貌特征选择不同的草种，撒播季节也根据草种而定，高海拔人工植被，如早熟禾、黑麦草适合于 4—5 月施工，抗旱耐碱植被，如梭梭、木地肤适合于秋末入冬前施工。

3. 几点体会和认识

①鉴于新疆特殊的地形地貌特征和气候特征，工程建设过程中的水土流失防治，要将工程措施与植物措施相结合。工程措施进行治理，植物措施进行恢复，并合理运用，是水土保持长期治理的主要手段。

②生态优先与恢复利用相结合。长输管道在穿越天山北坡绿洲区时，破坏的土地利用类型主要以耕地为主，在水土保持施工图设计中，始终坚持水保措施以恢复原土地利用类型为主。

③生态治理与经济发展相辅。在长输管道建设过程中，对沿线百姓造成的影响，应多考虑当地百姓经济利益，尽可能地少占耕地，保护水源，修复因管道建设造成破坏的道路及管排水系统，力争做到管道建设与当地经济和谐发展。

第八节　山区及黄土高原坡耕地水土流失的防治

一、山区坡耕地水土流失的防治

1. 坡耕地水土流失的严重性不容忽视

安化县是湖南省的一个山区大县，总面积 4950 km²，而大于 25° 以上的坡地就占总面积的 79.5%，平地仅占 2.8%。全县 82 万农业人口，人均耕地仅有 0.058 km²，是一个耕地少、条件差的贫困县。而这个县在中华人民共和国成立初期是一个森林茂密，水土流失甚微的地方。中华人民共和国成立后，随着人口的增加，人均耕地面积逐年减少，粮食生产压力一年比一年增大。农民迫于吃饭的需要，常常只好扩大旱粮播种面积，向山地要粮。全县曾大开荒，旱粮种植面积高峰期达 5.6 万 km²，其中毁林开荒地达 3.7 万 km²，森林资源遭到毁坏。据 1984 年普查测算，全县林地面积由中华人民共和国成立初期的 33.7 万 km² 减少到 29.1 万 km²，减少 13.2%；森林蓄积量由中华人民共和国成立初期的 1350 万 m³ 减少到 791 万 m³，减少 41%；水土流失面积由 3.9 万 km² 增加到 14 万 km²，增长了 2.6 倍。大面积的水土流失造成地力下降，河床抬高，塘库淤积，灾害频繁，洪旱加剧，年流失泥沙总量 313 万 t，1959—1984 年 25 年统计，全县共出现水灾 4 次，旱灾 11 次。就是说全年有灾，不是洪灾就是旱灾。该县大福镇的沂溪上游，由于 40% 的山坡地被开垦，成了全县最严重的水土流失区，这条河 50 年代可以行船，60 年代只能放竹筏，到 70 年代河床淤浅，可以行车了。这就说明，毁林开荒和无限度地扩大坡耕地的垦复耕作，是导致农业自然生态环境恶化的因素之一。加上山区农民经济收入水平低，人们为了生活，多采用撂荒耕作制度，广种薄收，致使大批坡耕地地力下降，水肥流失，种粮产量低，栽树难成林。据典型调查，坡耕地占有越多，水土流失愈加激烈，水旱灾害日趋加剧。因此，加强对坡耕地水土流失的防治，是当前山区水土保持工作的首要任务，不可忽视。

2. 综合治理坡耕地的经济效益

安化县从频繁的水旱灾害中看到了坡耕地造成水土流失的严重性，下决心退耕还林，治理坡耕地，控制水土流失的发展，恢复生态良性循环。从实践出发，因地制宜，科学规划，广泛宣传《水土保持法》，有效地提高了全民的水土保持意识。采取除害与兴利，治山与治水，保土与保水，脱贫与致富相结合的办法，分期分批进行退耕还林，改造坡耕地，治理水土流失。全县在"七五"与"八五"期间，已退耕还林 3.4 万 km²，人工营造水保林 5.1 万 km²，封禁水保林 17.6 万 km²，种植茶果药等经济作物 0.8 万 km²，兴修水保工程 1000 多处，坡改梯土 0.67 万 km²。全县共治理水土流失面积 670 km²，占应治理面积的 46.2%。为解决封山群众烧柴困难，帮助 19 万农户建起了"两省灶"。经过治理，植被覆盖率由治理前的 32% 提高到 57%，森林郁闭度由治理前的 0.27 上升到 0.67。荒坡重披绿装，枯泉重涌清水，溪河清水长流，1800 多台已入库的提水筒车又活跃在溪边，浇灌良田，18 万村民告别了挑水扁担，吃上了清洁卫生的自来水。全县旱涝保收面积已占总面积的 85%，防洪抗旱能力有了较大的提高。1995 年全县遭受特大洪灾，而列入水土保持治理范围的沂溪、伊水、涟水三大流域，却雨大灾轻，与没有列入治理的区域形成了鲜明的对比。东山、新桥两乡原是全县最贫困的地方，通过综合治理水土流失，群众的生产生活条件有了较大改善。1995 年粮食生产比治理前的 1985 年增产 74%，人平纯收入比治理前增加了1.2倍，有2/3的农户生活安定，不愁吃穿。乐安乡乐兴村，全村426人，稻田19 km²，旱土14 km²，从1986年开始已退耕还林7.3 km²，封禁山林227 km²，10年封山活立木蓄积达21355 m³。按山价200元/m²计算，等于人平耕地在山上存有一万元存款。全村已全部使用沼气做饭，一跃成了全县的"双文明"先进村。由此可见，治理坡耕地的水土流失，利国利民，造福子孙，经济效益是十分明显的。

3. 巩固与治理坡耕地水土流失的对策

山区坡耕地水土流失的防治，涉及面广，政策性强，工作难度大，要巩固治理成果，防止新的垦荒地出现，不单是水利水土保持部门一家能做得到的，还涉及多家职能部门，需要各级政府的协调与支持。其中最突出的是山区耕地少，人口与粮地的矛盾突出。据该县人平占有耕地情况的调查，全县人平耕地面积0.027 km²以下的村有502个，28.9万人，占全县农业人口的35.2%，而全县大于25°的坡地面积有38万km²。由于山区地貌特征的差异，在2万km²常年旱土中，35°以上的坡地有35万km²。这些耕作旱土，基本上是农村人口的口粮土，已责任到户，一定15年不变。而要对0.47 km²以上的常年旱土再退耕，难度确实大。一是涉及农户人口的增加，而耕地由于基本建设、开矿、修路、水利用地及农村建房等占用每年达700万km²之多。二是粮价放开后，林业挂勾粮政府部门不再增加，粮价上涨，吃饭问题靠市场调剂。三是林业、木本药材的再生周期长，一般都要一年才有收益，农民的当年收入得不到保证。因此，控制25 km²以上的坡土耕作，是关系到水土保持、利国利民的大事，是各级政府义不容辞的职责。安化县通过调查研究，部门协调，结合实际，从以下五个方面采取了具体对策。

（1）加强领导，把治理坡耕地作为经常性工作来抓

安化县委、县政府坚持把治理坡耕地作为提高抗灾能力的重要工作，列入同意任期目标管理，签订责任状，实行"一票否决"制。做到领导换届，治理蓝图不变。从1986年开始，县、乡、镇分别建立了水土保持领导机构，由分管农业的县长、乡镇长任组长。县里还从县直有关部门抽调12名科级领导，分别在沂溪、涟水、伊水三大流域地区蹲点，摸索治理坡耕地经验。县直各有关部门先后从各自的专项经费中投入480万元用于坡耕地的治理改造。目前全县从事坡耕地改造的乡镇干部已达380人，占全县农村干部的1/3，使水土保持工作真正做到了年初有规划，年中有检查，年底有总结评比，常抓不懈。

（2）合理规划，解决人粮争地的问题

《水土保持法》第二十条规定："禁止在25°以上陡坡地开垦种植农作物。"针对这一条款，该县结合山区实际，在规划上把重点放在控制坡耕地的开发上，明确了几项具体政策：一是人平耕地0.04 km²以上（其中稻田0.027 km²/L）自产粮达到350 kg。以上耕地一律退耕还林，不准开垦种植农作物。这些坡土退耕后，以发展经济林果为主，如杜仲、厚朴、板栗、柑桔等，实行以林换粮，以药换粮，以果换粮，以钱换粮，解决吃饭问题；二是人平耕地0.033 km²以下（其中稻田0.02 km²以下），自产粮不足300 kg的村组，允许农民在25°～35°之间开一部分水平梯土，作为基本农田种粮或者粮林间作。其梯土梯田坚持高标准，用岩石干砌，固土保水保肥，实现高产稳产。如木孔乡共17500人，只有水田320.7 km²，人平耕地0.02 km²，旱土493 km²，大于35°的耕地140 km²，占28.5%，25°～35°之间的180 km²，占36%。25°以下的只有173 km，仅占旱土面积的35%，人平只有0.01 km²。像这样的贫困乡，生产条件差，群众生活水平低，如果25°以下的陡坡地全部退耕，群众吃饭问题就难于解决。人粮争地，政府包不了，单靠25°以下的耕地也解决不了。像这样的特殊乡镇，县政府规定，允许群众在25°～35°之间的坡土中采取保土耕作法，种植部分粮食作物，然后逐步改建成基本农田，以解决群众吃饭问题。除此之外，凡列入退耕计划而又不退耕者，则追究当地管理部门和直接农户的责任。

（3）增加投入，解决坡耕地治理问题

25°以下的坡耕地要改造成水平梯土，需要大量的人力、物力与财力。"八五"期间，全县计划改水平梯土6667～10000 km²，每个村民小组0.67 km²以上，土改田333 km²。这些任务分年度已列入乡村水利建设计划，统一下达，统一验收评比。县里对改造坡耕地给予了适当的扶助，从以工代赈经费、库区移民补偿费、小农水切块经费等适当安排一部分用于水土保持，统一纳入计划，统一掌握使用。凡群众投劳改成1 km²梯土或1 km²梯田者，经验收后，1 km补助3000～4500元的器材费，以调动群众改造陡坡地的积极性。此外，水土流失与森林过量采伐密切相关，该县规定林业部门应从每年收取的"两金一费"中拿出10%的资金，统一用于坡耕地的综合治理。

（4）政策倾斜，解决退耕后群众生活困难问题

陡坡地退耕还林后，对群众的吃饭问题采取"三定"给予解决，即定耕地面积，定用粮水平，定退耕任务。除确定的耕地面积自产粮外，不足部分在县

管的林业粮内补足。全县从1986—1995年，共补退耕还林1800万km²，此外，全县统一规定，退耕1km²补林业挂勾粮指标2250kg，当年少完成的，扣减林业挂勾粮指标1125kg，退耕又复种的，1km²扣挂勾粮指标3000kg。县政府还规定，退耕还林人平面积为0.033km²的，核减农业税和农林特产税，以鼓励农户巩固退耕还林、防治水土流失成果的积极性。

（5）法规保驾，解决新的水土流失问题

①《水土保持法》颁布以后，该县切实加强了对《水土保持法》的宣传力度，健全了水土保持监督队伍，认真依法查处危害水土保持的案件，坚持"谁开发、谁保护、谁造林、谁治理"的政策，对开矿、办厂、建房、修路、弃渣等生产、生活活动形成的水土流失，一律由县级水土保持监督站审批，并按章征收水土保持防治费，从多方面提高水土保持工作在全社会的知名度，切实解决山区坡耕地水土流失的问题。

②渠系水利用系数是衡量渠道系统的输水效能、工程质量和管理水平的指标，建议将此指标真正落实到管理工作中去，作为工程部门水管单位重要的考核指标之一。

③建议对各灌区渠系进行一次全面的调查评价。

从对湘乡市桃林水库灌区的实地调查和测流中知，所测干、支二级的渠系水利用系数仅0.35，而所测区间的明漏（洞眼、缺口流水）损失就占区间水总损失量的33%，若加强管理，堵塞好那些洞眼、缺口，则渠系水利用系数就可达0.47。这可能是一个典型例子，但相信在全省现有渠系水利用系数较低（仅0.41）的情况下，将它提高0.1是不需很大资金和力气的，主要是维修严重渗漏地段和加强管理。

④加强对提高渠系水利用系数的必要性和重要性的宣传。

二、黄土高原坡耕地沟蚀土壤质量评价

黄土高原坡耕地沟蚀广泛而严重。科学评价沟蚀土壤质量是侵蚀环境下土壤保育和利用的重要基础。本节以沟间土壤为对照，分析了坡耕地沟蚀对土壤质量单因子的影响并建立了沟蚀土壤质量综合评价模型。利用加权和法对黄土高原坡耕地不同沟蚀深度下土壤质量进行了综合评价。

结果有以下几点。①沟蚀对坡耕地不同土壤质量因子的影响有较大差异。沟蚀导致土壤硬化，pH酸碱度增加，而土壤团聚体和养分含量（除全磷）随着沟蚀深度增加表现出明显的层次性，近似呈"W"形变化规律。②沟蚀深

度对土壤质量的影响可以用幂函数 $y = 0.8668x - 0.142$ 较好地拟合。微度侵蚀（<5 cm）、中度侵蚀（5～30 cm）和重度侵蚀（30～50 cm）的土壤质量指数较沟间土壤分别降低了 10.6%、27.9% 和 36.5%。沟蚀深度 5 cm 和 30 cm 是土壤质量显著下降的两个关键点。③反映沟蚀土壤质量的指标可以归为肥力因子、质地因子和结构因子三类。土壤有机质、水稳性团聚体、土壤比表面积和容重四项指标能够很好地反映土壤质量状况，可作为坡耕地沟蚀土壤质量的表征指标。

土壤侵蚀是全球主要环境问题之一，严重的土壤侵蚀将导致水土资源流失和土地生产力下降。目前全世界每年由水土流失而造成的耕地损失为 $5 \times 10^6 \sim 7 \times 10^6$ km²，其中我国每年损失耕地近 7×10^4 km²，由水土流失引起的退化耕地占我国总耕地面积的 1/3。黄土高原现有耕地 7.84×10^6 km²，其中约 78.6% 属于坡耕地，是该区粮食的重要产地。由于黄土区侵蚀性降水较为集中、坡地容易跑水跑土以及土壤本身抗侵蚀性较低等因素的影响，坡耕地细沟、浅沟侵蚀频繁发生。每年的翻耕将沟间土壤填埋到侵蚀沟，表面上不会带来土壤质量的严重下降而被人们忽视。然而，长期翻耕使得下层较为贫瘠的土壤与上层土壤混合导致表层土壤逐步被稀释，土壤质量明显减退。定量化评价坡耕地土壤侵蚀对土壤质量的影响越来越引起管理者和科学家们的重视。

土壤沟蚀是指暂时性线状水流对地表的侵蚀作用，形成细沟、浅沟和切沟等侵蚀系列的过程。黄土高原坡耕地土壤水蚀主要表现为面蚀和沟蚀。有学者将沟蚀划分为细沟、浅沟和切沟侵蚀系列。其中，浅沟和切沟是人类活动作用下产生的现代侵蚀沟，而细沟由于沟床不固定没有明显的汇水面积，有学者将其归入面蚀类。

黄土高原坡耕地的主要侵蚀形式，将细沟划入沟蚀系列。国内外在土壤沟蚀、土壤质量演变、土壤退化方面开展了大量研究，取得了重要进展。就坡耕地沟蚀与土壤质量关系研究发现，长期土壤侵蚀不仅造成富集养分的表层土壤的流失，而且会恶化流失区土壤理化性质，如土壤质地硬化、颗粒粗化和养分含量下降，进一步导致土壤质量的严重退化。但是以往的研究关于沟蚀演化过程中土壤质量退化规律较少，尤其是定量化分析不同沟蚀深度对土壤质量的影响研究更少，使得坡地侵蚀土壤质量评价缺乏系统性和指导性。因此，本节以黄土高原坡耕地为对象，研究了不同沟蚀深度下土壤质量特征。目的在于量化表达沟蚀对土壤质量的影响，筛选出坡耕地沟蚀土壤质量评价的关键指标，以期为侵蚀环境下土壤质量评价及土壤保育提供参考。

1. 材料与方法

（1）研究区概况

黄土高原位于北纬 34° ～ 40°、东经 103° ～ 114° 之间。总面积 64.2×10^4 km²，其中水土流失面积 4.3×10^5 km²。气候属于温带大陆性季风气候。降水量集中在 200 ～ 600 mm 之间，平均年降雨 492 mm。以梁峁坡为主要地形，土壤类型以黄土母质发育而成的黄绵土为主。土壤水蚀在该区坡耕地上主要表现为片蚀和沟蚀。其中，沟蚀（细沟和浅沟）是坡耕地土壤侵蚀的主要方式，平均侵蚀模数为 2180 $t \cdot hm^{-2} \cdot a^{-1}$，侵蚀量占坡面侵蚀量的 35% ～ 70%。由于长期强烈的土壤侵蚀，土壤质量严重退化。土壤有机质流失量可达 216 $kg \cdot hm^{-2} \cdot a^{-1}$，土壤全氮流失 118 $kg \cdot hm^{-2} \cdot a^{-1}$，全磷流失 255 $kg \cdot hm^{-2} \cdot a^{-1}$。

（2）样品采集与方法

通过对黄土高原坡耕地大面积调查，选取不同侵蚀深度的侵蚀沟道 24 条，选择典型部位测量侵蚀沟截面特征（如上底宽、下底宽、深度等）来推算沟道土壤侵蚀量。在不同侵蚀深度（2 ～ 53 cm）下沿沟底垂直于侵蚀部位挖取土壤剖面 64 个（以侵蚀沟旁的沟间土壤为对照），它们代表不同退化程度的土壤。

为避免因取样深度过大而掩盖沟蚀对表层土壤性质所产生的影响，每个剖面分 4 层（0 ～ 2 cm、2 ～ 5 cm、5 ～ 10 cm、10 ～ 20 cm）分别采集侵蚀沟和沟间土壤样品。土壤容重和原状土来自侵蚀沟与沟间表层土壤（0 ～ 10 cm），数量均为 64×2=128 个。养分土样分层采集，数量是 64×2×4=512 个，其中原状土用铝盒存放带回室内测定。

（3）测定内容与方法

将野外采集土样带回室内风干，剔除根系、石块等杂物。研磨过筛（1 mm 和 0.25 mm）测定 16 项土壤理化属性。其中物理指标包括土壤容重、孔隙度、黏粒含量、粉粒含量、砂粒含量（MS2000 激光粒度仪—马尔文法）、土壤比表面积。土壤比表面积 =0.05Sa+4.0Si+20Cl，Sa、Si 与 Cl 依次是砂粒（2 mm ～ 50μm）、粉粒（50 ～ 2μm）和黏粒（< 2μm）在土壤中所占的百分数。

2. 结果与分析

（1）坡耕地沟蚀土壤质量单因素评价

土壤质量的综合评价先要对各评价因素的优劣状况进行评价。但各评价因素在优劣之间仍是渐变的，对土壤功能的影响具有模糊性。因此，本节借助模糊数学原理，建立土壤性质与土壤功能（以生产力和抗侵蚀能力为主）之间的隶属函数。以沟间土壤为对照，结合区域特征及前人研究结果，确定各土壤性质的阈值，从而建立黄土高原坡耕地沟蚀土壤单因素评价模型，模型依据一定范围内评价因素指标值与土壤功能的相关情况划分为"S"形隶属度函数、反"S"形隶属度函数和抛物线型隶属度函数。

"S"形隶属度函数指一定范围内评价因素值与土壤功能呈正相关，而低于或者高于此范围评价因素指标值的变化对土壤功能的影响很小。土壤有机质、全氮、全磷、碱解氮、速效钾、速效磷、阳离子代换量、水稳性团聚体、团聚体平均重量直径、总孔度属于此类。在建立这些土壤性质的隶属函数时，可将"S"形曲线近似成升半梯形分布。

反"S"形隶属度函数即因素值与土壤功能呈负相关，而低于或者高于此范围评价因素指标值的变化对土壤功能的影响很小。例如，碳酸钙含量属于此类，本节选取指标均不属于此类。

抛物线型隶属度函数即评价因素指标值对土壤功能有一个最佳的适宜范围，超过此范围，随着偏离程度的增大，对土壤功能的影响越不利，直达某一值时土壤丧失其功能。pH酸碱度、容重和质地属于此类，在建立隶属函数时，可将抛物线型曲线近似成梯形分布。

坡耕地不同沟蚀深度对土壤主要物理性质和化学性质的影响有较大差异。当坡耕地发生沟蚀后，与对照相比，土壤容重和pH酸碱度均有不同程度的增加，其中土壤容重在沟蚀深度15～30 cm增幅最大（14.3%），而土壤pH酸碱度在沟蚀深度50 cm处增幅最大（4.1%）。土壤有机质、阳离子交换量、碱解氮、速效钾、土壤比表面积和团聚体平均质量直径随着沟蚀深度的增加近似呈"W"形变化趋势。即在侵蚀初期（<5cm），土壤养分含量（除全磷变化较小，变化区间为 -3.7%～2.2%）保持稳定或略有增加；当侵蚀程度增强（5～20 cm或30 cm）时，土壤养分含量呈现出先下降后趋于稳定阶段，当侵蚀深度继续增加（20 cm或30～50 cm）时，土壤养分含量再次呈现出先下降后趋于稳定的趋势。可见，坡耕地沟蚀作用会导致土壤硬化，pH酸碱度增加，且土壤养分含量（除全磷）随着沟蚀深度变化表现出明显的层次性，近似呈"W"形变化规律。

（2）坡耕地沟蚀土壤质量综合评价

1）评价方法的选择

土壤质量是各土壤属性综合作用的结果，因而在土壤单因素评价之后，需要将单因素评价结果转换为由各评价因子构成的土壤质量的综合评价。科学的土壤质量评价方法应能同时考虑各评价因素间的交互作用及各评价因素的权重对土壤质量评价结果的影响，参考前人研究成果，本节采用加权和法对土壤质量指数进行计算：

$$n\mathrm{SQI}=\sum \mathrm{K}_i \times \mathrm{C}_i \ (i=1)$$

式中：SQI——土壤质量指数，C_i——各个评价指标的隶属度值，K_i——第 i 个评价指标的权重，n——评价指标的个数。权重值是通过多元统计分析中的主成分分析法计算公因子方差及各个公因子方差占公因子方差总和的百分数，将公因子方差转换为 0～1 的数值来确定的。

2）土壤质量指数的建立

土壤质量指数的建立以沟间土壤为对照（未发生沟蚀），反映坡耕地沟蚀对土壤质量的影响。沟蚀深度对土壤质量的影响可以用幂函数曲线较好地拟合（R^2=0.877）。当沟蚀深度 <5 cm 时，侵蚀作用改变了原来土壤的微环境，土壤质量指数为 0.894，较对照下降约 10.6%。当沟蚀深度增加（5～30 cm）时，土壤质量指数处于 0.808～0.821，与前者相比降低 13.2%～20.6%，平均降幅为 17.3%。当侵蚀强度继续增大（30～50 cm）时，土壤质量指数出现再次下降的趋势，处于 0.624～0.650 之间。与微度（<5 cm）和中度（5～30 cm）侵蚀相比，土壤质量指数显著下降，降幅分别为 25.9% 和 8.6%。可见，黄土高原坡耕地随着沟蚀深度的增加，土壤质量指数呈幂函数曲线递减。微度侵蚀（<5 cm）、中度侵蚀（5～30 cm）和重度侵蚀（30～50 cm）的土壤质量指数较沟间土壤分别降低 10.6%、27.9% 和 36.5%，且在沟蚀深度 5 cm 和 30 cm 处发生显著下降。

（3）坡耕地沟蚀土壤质量评价的关键指标

土壤质量各指标之间包含的信息存在一定的相关性。因此，可利用较少的指标来反映土壤质量变化。本节采用主成分分析法，将原始数据归一化处理后，利用相关系数矩阵计算出相应的特征值及特征向量，依据累积贡献率 85% 的原则，从所测得的 16 项土壤指标中提取出 3 个主成分。各主成分的方差贡献率分别是 39.976%、36.644% 和 10.364%，累积贡献率达 86.984%。各主成分以因子特征值的大小进行排序。第一主成分与土壤有效氮、速效钾、有机质、酸碱度、黏粒含量、全氮均有较高的正荷载（≥0.8），这些指标都与土壤肥力有较好的相关关系，因此可将第一主成分称为土壤肥力因子。第二主成分与粉粒含量、容重、土壤比表面积、速效磷及阳离子交换量有较高的正荷载，而与土壤砂粒含量和孔隙度有较高的负荷载，这些指标中砂粒含量、粉粒含量、土壤比表面积、土壤容重、孔隙度均是反映土壤质地优劣的重要指标，而土壤速效磷、阳离子交换量与土壤质地有较好的相关关系，所以将第二主成分称为土壤质地因子。第三主成分与团聚体含量、团聚体平均质量直径有较高的正荷载（0.897和0.718），而这两个指标均是反映土壤结构的指标，因此将第三主成分称为土壤结构因子。

由于各个主成分中指标之间依然包含信息的重叠，根据各个指标之间的相关性和权重大小，通过逐步判别分析法，对主成分分析所筛选出的土壤质量的主成分进一步分析，从而选择出在不同沟蚀程度之间差异最大的指标。最终确定能够表征坡耕地沟蚀土壤质量的关键指标。判别函数式如下：

$$Y_1 = 5.498 \times SOM + 0.484 \times CEC + 0.632 \times AK - 6.987$$

$$Y_2 = 2.276 \times SSA + 1.268 \times BD - 4.328$$

$$Y_3 = 4.220 \times WSA - 6.674$$

其中，Y_1、Y_2、Y_3分别是反映土壤肥力、土壤质地和土壤结构因子的判别得分，无量纲；WSA为水稳性团聚体含量。判别函数中的因子判别系数大小反映了该因子在判别函数中的重要程度。

结合主成分分析和判别式分析结果，主成分1中以土壤有机质分量最大（5.498）。主成分2中以土壤比表面积和容重分量最大（2.276和1.268）。主成分3中以水稳性团聚体分量最大（4.220）。因此，将土壤有机质、土壤比表面积、水稳性团聚体含量和土壤容重4项指标作为黄土高原坡耕地沟蚀土壤质量评价的简化评价指标。

为了验证简化指标对坡耕地沟蚀土壤质量评价结果的代表性，将研究区64个样点的综合指标评价结果（SQI_1）与简化指标评价结果（SQI_2）进行相关性分析。综合指标与简化指标的评价结果具有显著的线性相关关系。表明所筛选的土壤质量简化评价指标基本能够反映综合评价指标的信息，评价结果具有较好的代表性。

坡耕地侵蚀对土壤质量的影响存在时间差异性的特征。通过耕作可以在一定程度上消除坡耕地沟蚀对土壤形态的影响，但沟蚀对土壤质量的影响由于年复一年的翻耕，下层较为贫瘠的土壤与上层土壤混合会导致表层土壤逐步被稀释。对于一般坡地来讲，土壤侵蚀将导致土壤质量迅速退化。但就黄土高原坡耕地沟蚀土壤而言，由于犁底层的存在以及侵蚀 - 沉积过程并存使得侵蚀沟内土壤质量的下降没有随着沟蚀深度的增加呈线性下降，而是表现出明显的层次性。坡耕地发生微度侵蚀（< 5 cm）、中度侵蚀（5 ~ 30 cm）和重度侵蚀（30 ~ 50 cm）导致土壤硬化，酸碱度增加。而土壤团聚体与养分含量（除全磷）和土壤质量指数近似呈"W"形变化规律。可能原因是坡耕地在微度侵蚀下坡面土壤水分下渗，土壤颗粒填充孔隙、养分累积明显；当侵蚀强度增加（5 ~ 30 cm）时，坡面上溅蚀分散物质被陆续搬运，养分随之流失，土壤质量指数显著下降；当侵蚀继续加强（30 ~ 50cm）时，坡面可能因失去犁底层保护在较大水流冲刷下土壤养分随着土壤颗粒迁移流失，导致土壤质量再次下降。因此，在该区坡耕地管理中对沟蚀要做到防微杜渐。当有细沟出现时要通过中耕、翻耕等措施及时填埋。同时坡耕地在耕作中要做好分洪措施，防止侵蚀沟过深而使底层土壤质量再次退化。

如何选取土壤指标临界值是建立隶属度函数的重要环节。因研究对象和目的不同，土壤指标临界值的选择方法也有较大差异。以往的研究主要运用横向或纵向对照法来确定。例如，评价天然草地、灌木地、乔木林地土壤质量指数时，一般将发育时间较长的乔木林地土壤属性作为指标临界值的标准。也可以针对同一土地利用类型，根据研究区内所采样品土壤属性指标的最值（或极值）来确定隶属度函数的临界值。这种方法较为普遍，但需要测定较大的样本量来获取客观的临界值。本节选择沟间土壤属性值作为临界值，即土壤指标阈值上限 a_2、下限 a_1 分别为沟间土壤指标的最大值和最小值。b_1、b_2 为最适宜值的上下界点，适宜值的确定依据的是所测土壤指标值的分布特征，指标数值的集中分布区间是确定指标适宜范围的重要依据。这种方法使得评价结果能比较直观地反映侵蚀沟与沟间土壤质量的差距。

黄土高原坡耕地沟蚀土壤的 16 项理化属性指标，可以归纳为三类土壤质量因子：土壤肥力因子、土壤质地因子和土壤结构因子。土壤有机质、水稳性团聚体、土壤比表面积和容重 4 项指标，能够较好地反映黄土高原坡耕地沟蚀对土壤质量的影响，可作为评价黄土高原坡耕地沟蚀土壤质量的简化指标。许明祥等通过研究黄土丘陵区 10 种土地利用类型下 29 个土壤属性指标发现，该区侵蚀土壤质量的简化评价指标包括土壤有机质、渗透系数、抗冲性等 8 项。可见，由于研究目标的不同，评价侵蚀土壤质量指标体系存在较大差异。但土壤有机质、颗粒组成因其是土壤肥力差异的内在原因而对土壤侵蚀响应敏感，成为关键土壤质量指标。总之，建立侵蚀土壤质量指标体系不能一概而论，而应该针对研究目标并结合区域特征进行具体分析。

结　语

　　山区比较贫困，而其水土流失又相比较其他地区更严重一些，因此，在其治理难度上来讲就相对大了许多，河长制的推进实际上是针对我国山区水土流失治理工作的变相提升，对我国水土流失的防治工作起到了极其重要的作用。

　　《基于山区水土流失防治的河长制推进研究》这本书到这里就全部结束了，本书共有 19 个小节，分别介绍了我国目前的水土流失问题现状及由此推出的河长制治理制度以及基于山区水土流失放置的河长制推进问题，这几个话题在水土流失的防治工作上基本都属于我们比较熟悉且容易谈及的话题。通过本书的论述，希望从事这方面工作或者是相关的学者以及研究人员能在我国山区水土流失治防工作中取得相应的进展和新的工作发现，以此促进我国水土流失工作的进步及延伸。

参考文献

[1] 北京林学院森林改良土壤教研组.水土保持学 [M].北京：农业出版社，1961.

[2] 陈新军.水土保持与生态文明——沂蒙山区水土保持探索与实践 [M].北京：知识产权出版社，2011.

[3] 水利部，中国科学院，中国工程院.中国水土流失防治与生态安全（长江上游及西南诸河区卷）[M].北京：科学出版社，2010.

[4] 水利部，中国科学院，中国工程院.中国水土流失防治与生态安全（开发建设活动卷）[M].北京：科学出版社，2010.

[5] 蒋定生.黄土高原水土流失与治理模式 [M].北京：中国水利水电出版社，1997.

[6] 水利部，中国科学院，中国工程院.中国水土流失防治与生态安全（北方土石山区卷）[M].北京：科学出版社，2010.

[7] 李占斌，张平仓.水土流失与江河泥沙灾害及其防治对策 [M].郑州：黄河水利出版社，2004.

[8] 水利部，中国科学院，中国工程院.中国水土流失防治与生态安全（水土流失数据卷）[M].北京：科学出版社，2010.

[9] 孙辉，唐柳，杨万勤，等.水土保持与荒漠化防治理论及实践 [M].成都：四川大学出版社，2010.

[10] 水利部，中国科学院，中国工程院.中国水土流失防治与生态安全（北方农牧交错区卷）[M].北京：科学出版社，2010.

[11] 杨海龙，齐实，安宏发.公路水土保持防治体系 [M].郑州：黄河水利出版社，2012.

[12] 张胜利，吴祥云.水土保持工程学 [M].北京：科学出版社，2012.

[13] 张学俭，肖幼.淮河流域土石山区水土保持研究 [M].北京：中国水利水电出版社，2009.

[14] 中国科学院南方山区综合科学考察队.中国亚热带东部丘陵山区水土流失与防治 [M].北京：科学出版社，1989.